四書

本—全—注—全—译

〔东汉〕班昭等 著

中华文化讲堂 注译

吴江波 修订

团结出版社

图书在版编目（CIP）数据

女四书 / (东汉) 班昭等著 ; 中华文化讲堂注译.
— 北京 : 团结出版社, 2016.11
（谦德国学文库）
ISBN 978-7-5126-4586-8

Ⅰ. ①女… Ⅱ. ①班… ②中… Ⅲ. ①女性－修养－中国－清代②《女四书》－注释③《女四书》－译文
Ⅳ. ①B825.5

中国版本图书馆CIP数据核字(2016)第266615号

出版: 团结出版社
（北京市东城区东皇城根南街84号 邮编: 100006）
电话: (010) 65228880 65244790 （传真）
网址: www.tjpress.com
Email: 65244790@163.com
经销: 全国新华书店
印刷: 北京天宇万达印刷有限公司

开本: 148×210 1/32
印张: 10.5
字数: 260千字
版次: 2017年2月 第1版
印次: 2022年2月 第4次印刷

书号: 978-7-5126-4586-8
定价: 38.00元

《谦德国学文库》出版说明

人类进入二十一世纪以来，经济与科技超速发展，人们在体验经济繁荣和科技成果的同时，欲望的膨胀和内心的焦虑也日益放大。如何在物质繁荣的时代，让我们获得内心的满足和安详，从经典中获取智慧和慰藉，或许是我们不二的选择。

之所以要读经典，根本在于，我们应当更好地认识我们自己从何而来，去往何处。一个人如此，一个民族亦如此。一个爱读经典的人，其内心世界必定是丰富深邃的。而一个被经典浸润的民族，必定是一个思想丰赡、文化深厚的民族。因为，文化是民族之灵魂，一个民族如果不能认识其民族发展的精神源泉，必定就会失去其未来的生机。而一个民族的精神源泉，就保藏在经典之中。

今日，我们提倡复兴中华优秀传统文化，当自提倡重读经典始。然而，读经典之目的，绝不仅在徒增知识而已，应是古人所说的“变化气质”，进一步，是要引领我们进德修业。《易》曰：“君子以多识前言往行，以蓄其德。”实乃读经典之要旨所在。

基于此理念，我们决定出版此套《谦德国学文库》，“谦德”，即本《周易》谦卦之精神。正如谦卦初六爻所言：“谦谦君子，用涉大川”，我们期冀以谦虚恭敬之心，用今注今译的方式，让古圣先贤的教诲能够普及到每一个人。引导有心的读者，透过扫除古老经典的文字障碍，从而进入经典的智慧之海。

作为一套普及型的国学丛书，我们选择经典，不仅广泛选录以儒家文化为主的经、史、子、集，也将视野开拓到释、道的各种经典。一些大家所熟知的经典，基本全部收录。同时，有一些不太为人熟知，但有当代价值的经典，我们也选择性收录。整个丛书几乎囊括中国历史上哲学、史学、文学、宗教、科学、艺术等各领域的基本经典。

在注译工作方面，版本上我们主要以主流学界公认的权威版本为底本，在此基础上参考古今学者的研究成果，使整套丛书的注译既能博采众长而又独具一格。今文白话不求字字对应，只在保证文意准确的基础上进行了梳理，使译文更加通俗晓畅，更能贴合现代读者的阅读习惯。

古籍的注译，固然是现代读者进入经典的一条方便门径，然而这也仅仅是阅读经典的一个开端。要真正领悟经典的微言大义，我们提倡最好还是研读原本，因为再完美的白话语译，也不可能完全表达出文言经典的原有内涵，而这也正是中国经典的古典魅力所在吧。我们所做的工作，不过是打开阅读经典的一扇门而已。期望藉由此门，让更多读者能够领略经典的风采，走上领悟古人思想之路。进而在生活中体证，方能直趋圣贤之境，真得圣贤典籍之大用。

经典，是一代代的古圣先贤留给我们的恩泽与财富，是前辈先人的智慧精华。今日我们在享用这一份财富与恩泽时，更应对古人心存无尽的崇敬与感恩。我们虽恭敬从事，求备求全，然因学养所限、才力不及，舛误难免，恳请先贤原谅，读者海涵。期望这一套国学经典文库，能够为更多人打开博大精深之中华文化的大门。同时也期望得到各界人士的襄助和博雅君子的指正，让我们的工作能够做得更好！

团结出版社

2017年1月

前言

古人云：“建国君民，教学为先。”一个国家想要有好的国民，必须有良好的教育，而家庭教育是一切教育的根本，也是最初的教育，特别是母亲的教育更是至关重要。然而良母来自贤良的媳妇，贤良的媳妇来自受过伦理教育的女子。因此，女子是世界的源头，源头不浊，水流自然清洁。所以，古人认为，天下之本在国，国之本在家，家之本在身。而女子之身，乃是贤才诞生之所，故尤为重要。所以古人说：“闺阃乃圣贤所出之地，母教为天下太平之源。”

早在周朝时，三太（太姜、太妊、太姒）的德行便照耀古今，母仪天下，为天下女子所效法。孟母三迁，培养出了儒家的“亚圣”孟子。三国时期，诸葛亮的夫人以其才德辅佐诸葛亮，她的才能并不比诸葛亮差，甚至可能超过他，可是依然安守于自己的本分，辅佐丈夫。唐太宗时长孙皇后明大德，善于劝谏，以天下为重，也是一位难得的贤内助。

近代著名的佛门大德印光法师说：“治国平天下之权，女人家操得一大半。”又说：“教子为治平之本，而教女更为切要。盖以世少贤人，由于世少贤母。有贤女，则有贤妻贤母矣。有贤妻贤母，而其夫与子之不为贤人者，盖亦鲜矣。其有欲挽世道而正人心者，当致力于此焉。”

可见，一个社会的兴衰，女德关系重大。社会中如果都是善良贤淑的女性，那社会一定是祥和太平。因此女德教育是人类幸福的源泉、国家安定的关键、社会和谐的根本。

稍有常识的人，都知道《大学》《中庸》《论语》《孟子》是儒家的“四书”，但是，很多人不知道古人除了这套“四书”，另外还有一套“女四书”，是专门给女子学的。由此可见，古人对女德教育是多么重视，因为他们知道这是治国、平天下的根本。

“女四书”形成于清代，是由学者王相编辑的。王相，约生活于清朝康熙年间，编辑和注释过多部启蒙书籍，如《三字经训诂》《百家姓考略》等。《四库》总集类存目四著录了他的《尺牍嘤鸣》一种。其所注《三字经》《百家姓》《增订广日记故事》，现已成为社会上通行的版本。他又把其母刘氏所著的《女范捷录》与《女诫》《女论语》《内训》三书合编为“女四书”，为当时女子之必读教科书，流传所及，遍布全国，声势达于近代。

“女四书”第一部为《女诫》，是汉朝班昭所著，其目的是为了教导女子做人的道理，内容包括卑弱、夫妇、敬慎、妇行、专心、曲从和叔妹七章。班昭是著名的女史学家，她的父亲叫班彪，兄长叫班固。她父亲着手写《汉书》，但是不幸英年早逝，没有写完这本书，于是她的兄长班固接着写。可是后来班固又遭到小人陷害，死在狱中。班昭继承父兄的事业，在她四十岁时，终于把《汉书》写完。

班昭人称曹大家（“大家”读音为“太姑”），所以《女诫》也叫《曹大家女诫》。因为班昭十四岁的时候就嫁给了同郡一户姓曹的人家，她的先生叫曹世叔，所以别人称她曹大家。因为曹大家非常有女德，所以后来皇帝延请她到宫廷里面教导后宫嫔妃，做了皇后的老师。当时的皇帝是汉和帝，在他驾崩后，因为皇帝还小，所以由邓太后主政。而曹大家是邓太后的老师，所以邓太后便请她来参与政务，使班昭也得以为朝廷尽忠，辅佐王政。

班昭本人并不是女强人，虽然她直接帮助太后来治理国政，地位很崇高。记载中说她是一位生性温柔细腻的女子。她先生是外向活泼的，她自己是温柔细腻的，和先生在一起，夫妇之间生活得十分幸福美满。

“女四书”第二部是《内训》。《内训》是明成祖的徐皇后为了教育宫中妇女，而对古圣先贤关于女子品德的教诲加以整理而成的书，共分为二十章，内容包括女德标准、女德修养、女德规范、母教之责等方面。这里，“训”是教训，“内”是指专门对妇女（因为女主内）。主内很重要，甚至比主外还重要，所以女德教育就尤其要重视。

第三部是《女论语》，这是唐朝一位叫宋若华的女学士编著的。宋氏家族有五姊妹，都是具备女德的。宋若莘写的这部《女论语》，是仿效《论语》的体例写的。因为《论语》里面多半是孔子跟学生、门人的问答，所以《女论语》的原版也是用师生问答的方式写的。宋若昭是宋若莘的妹妹，她注解了她姐姐写的这部《女论语》。宋若莘写的《女论语》原版现在已失传，可能是因为妹妹宋若昭给它做注释，注释做完后，原版就不需要了，所以直接用了她的注释版本，我们现在看到的可能就是这个版本。它以四字为一句，分十二章，已经不是问答的体例，但是内容应该是基本一致的。

《女论语》又叫《宋尚宫·女论语》。“宋”是作者的姓氏，“尚宫”是她的官职。尚宫是宫廷里面教化那些公主、后妃们（包括公子、王子这些宫里的人）的女官，因此取名《宋尚宫·女论语》。

第四部书《女范捷录》，是清朝初年王相的母亲刘氏所作，也是以宣扬贞德教育为主。《女范捷录》分统论、后德、母仪、孝行、贞烈、忠义、慈爱、秉礼、智慧、勤俭、才德十一篇，宣扬古代的贞妇烈女与贤妻良母等事迹，称赞《女诫》《内训》诸书。

这四部书被称为“女四书”，是中国历史上女德教育最重要的教材，由王相一一加以笺注。

明朝时，也有“女四书”的版本。明天启四年（1624年），由多文堂合刻的《闺阁女四书集注》，是一套对女子进行道德教育的教材。后代的翻印者翻印此书，简称为《女四书》，广泛流传，甚至流传到了国外。当时王相还没有编辑“女四书”，当然其中就没有《女范捷录》。但从那时日本流传的《女四书》来看，当时的《女四书》包括《女诫》《女论语》《内训》和唐朝侯莫陈邈（“侯莫陈”三字是复姓）之妻郑氏编写的《女孝经》。

我们此次整理的《女四书》为王相笺注的“女四书”，不仅对原文进行了注释和翻译，王相笺注的文字，我们也翻译成了白话文，以方便读者阅读。

女德教育，在中国历史的漫长岁月里影响深远。言者谆谆，时至今日，我们深刻地体会到古圣先贤的良苦用心，感激他们留给了后世女子最真切的良言。女性的教育，关系着个人的幸福、子孙的贤良，也影响着国运的昌隆与世界的和平。深愿此书的出版能唤醒人们对女德教育的认知，从而得以昌明世道，共创太平。

目 录

女诫

曹大家[(1)]，姓班氏，名昭，后汉平阳[(2)]曹世叔[(3)]妻，扶风[(4)]班彪[(5)]之女也。世叔早卒，昭守志[(6)]，教子曹谷[(7)]成人，长兄班固，作《前汉书》，未毕[(8)]而卒，昭续成之。次兄班超，久镇[(9)]西域，未蒙[(10)]诏还，昭伏阙[(11)]上书，乞赐兄归老。和熹[(12)]邓太后，嘉[(13)]其志节，诏入宫，以为女师，赐号大家，皇后及诸贵人[(14)]，皆师事之。著《女诫》七篇。

【注释】(1) 大家：读音为“太姑”，是古代对有德行和学问的女子的尊称。(2) 平阳：古代地名，治在今陕西眉县东北。(3) 曹世叔：班昭的丈夫。(4) 扶风：古郡名，在今陕西境内。(5) 班彪：(3年～54年)，东汉史学家、文学家，字叔皮，扶风安陵（今陕西咸阳）人，《女诫》作者班昭的父亲。家世儒学，造诣颇深。(6) 守志：谓女子不改嫁。(7) 曹谷：班昭的儿子。(8) 毕：完成。(9) 镇：镇服。(10) 蒙：蒙受，得到。(11) 伏阙：拜伏于宫阙下，多指直接向皇帝上书奏事。(12) 和熹：当时皇后的谥号由两个字组成，第一个字是其皇帝丈夫的谥号，第二字则是皇后本人的谥号。所以和熹邓太后的“和”字是其丈夫汉和帝的谥号，“熹”是她自己的谥号，两字连成她完整的谥号。“和熹”二字的意思《后汉书》注有解释：“不刚不柔曰和”，“有功安人曰熹”。“有功安人”就是有功于社稷，安定人心的意思。(13) 嘉：赞美、称道、颂扬。(14) 贵人：女官名，后汉光武帝始置，地位次于皇后。历代沿其名，而位尊卑不一。《后汉书·皇后纪序》：“及光武中兴，斲彫为朴，六宫称号，唯皇后、贵人。贵人金印紫綬，奉不过粟数十斛。”

【原文白话】曹大家，她姓班，名字叫昭，是东汉平阳曹世叔的妻子，也就是扶风县班彪的女儿。班昭的丈夫曹世叔很早就过世了，班昭早年守寡，教导儿子曹谷成人。长兄班固著《前汉书》，没有写完就去世了，班昭继承兄长的遗志，继续将《汉书》完成。二哥班超，长期镇守西域，年纪已经很大了还没有得到皇帝的恩准返回。于是班昭就亲自上书皇帝，请求皇上恩赐她的兄长（班超）告老还乡。当时的和熹邓太后赞赏班昭的志向和节操，于是就命她入宫，做了后宫女子们的老师，并且赐号“大家”。从此皇后、皇妃们都以老师的礼节来侍候班昭。班昭著有《女诫》七篇。

女诫原序

鄙人[(1)]愚暗[(2)]，受性[(3)]不敏[(4)]，蒙[(5)]先君[(6)]之余宠[(7)]。

［笺注］先君，大家父彪也。彪字叔皮，光武时官著作郎[(8)]，典[(9)]文翰[(10)]，名称当时。

【注释】（1）鄙人：对自己的谦称。（2）愚暗：愚钝而不明事理。此处表示自谦。（3）受性：犹赋性，生性。（4）敏：思想敏锐，反应快。（5）蒙：敬词。承蒙。（6）先君：已故的父亲。（7）余宠：谓传留的恩泽。（8）著作郎：官名。三国魏明帝始置，属中书省，掌编纂国史。（9）典：主持；主管。（10）文翰：公文信札。

【原文白话】在下班昭愚钝而不甚明白事理，天生禀赋又不聪慧，只是承蒙父亲大人的恩泽。

［笺注白话］先君就是曹大家（班昭）的父亲班彪。他的字称叔皮，在东汉光武帝时，班彪担任著作郎的官职，掌管公文，在当时很有名气。

赖[(1)]母师之典训[(2)]，年十有[(3)]四，执[(4)]箕帚[(5)]于曹氏。

［笺注］箕帚，所以除污秽贱者之事也。谦言不敢当为曹氏妇，但执箕帚之役耳。

【注释】（1）赖：仰赖，依靠。（2）典训：准则性的训示。（3）有：通“又”。（4）执：拿。（5）箕帚：畚箕和扫帚，皆扫除之具。

【原文白话】仰赖母亲的教诲，十四岁时嫁到曹家，开始操持家庭内务。

［笺注白话］箕帚是指代做洒扫除尘等家庭杂务之事，这是地位低下之人所做的事。此处是班昭谦虚不敢称自己是曹氏家的媳妇，仅仅只能做一些家务之事罢了。

今四十余载[(1)]矣，战战兢兢，常惧黜[(2)]辱。

［笺注］战兢，恐惧不安之貌。黜，遣退也。辱，诃责也。常怀恐惧之心，惟虑得罪于舅姑[(3)]夫主也。

【注释】(1) 载：年。(2) 黜：废除；取消。(3) 舅姑：指公婆。

【原文白话】到现在已经四十多年了，可是常常内心恐惧不安，深怕得罪（公婆夫君）而招致遣退与呵责。

［笺注白话］战兢是指内心恐惧不安的一种状态。黜是遣退的意思。辱指遭到（公婆夫君）大声或粗暴的责骂。因此常怀恐惧不安之心，深怕得罪公婆夫君。

以增父母之羞，以益中外之累[(1)]。

［笺注］妇道不修，或被谴责，则贻[(2)]羞于父母，玷累[(3)]于中外。中为夫家，外谓父母家之眷属也。

【注释】(1) 累：拖累；使受害。(2) 贻：遗留。(3) 玷累：沾污连累。

【原文白话】给父母亲带来耻辱，也连累了夫家和娘家。

［笺注白话］如果不好好修养作为妇人的道德，有可能就会被谴退责骂，那么就会给父母带来羞辱，从而连累夫家和娘家的亲戚。

是以夙夜劬[1]心，勤不告劳。

[笺注]劬音渠。夙，早也。劬，劳苦也。告，夸示也。言之事躬执[2]妇道，备执劳苦，早暮虽亟[3]忧勤，而不敢夸示于人也。

【注释】(1) 劬〔qú〕: 过分劳苦，勤劳。(2) 躬执: 亲自操持烦劳的事。(3) 亟: 屡次。

【原文白话】所以恪守妇道，辛勤劳苦，虽然早晚忧勤，但不敢向人夸耀自己的功劳。

[笺注白话]夙是早的意思。劬是劳苦的意思。告是向别人夸耀的意思。言下之意是说班昭恪尽自己的妇道，辛勤劳苦，从早到晚只怕自己不够勤快，从来不敢向他人夸耀自己的勤劳。

而今而后[1]。乃知免耳。

[笺注]今年已老，子孙成立，庶几[2]免于忧勤。

【注释】(1) 而今而后: 从今以后。《论语·泰伯》:“而今而后，吾知免夫。”(2) 庶几: 或许可以，表示希望或推测。

【原文白话】从今以后，我总算可以退下来了。

[笺注白话]现在我已经老了，子孙也成家立业了，差不多可以免于忧勤了。

吾性疏[1]愚，教导无素[2]，恒恐子穀，负辱清朝[3]。

[笺注]疏，阔略[4]也。无素，时训时不训也。子穀，大家子曹穀，字贻善。清朝，清明圣治之朝也，自言教子无疏常，恐其入仕，负罪[5]于

朝廷也。

【注释】(1) 疏：不细密，忽略。(2) 无素：不经常。(3) 阔略：粗疏；不讲究。(4) 清朝：清明的朝廷。(5) 负罪：负有罪责；身担罪名。

【原文白话】我生性疏略顽钝，疏忽于儿子的教导，常常担心儿子曹穀做官以后，辜负玷辱清明圣治的朝廷。

［笺注白话］疏就是粗疏；不讲究的意思。无素指对孩子不能够持之以恒地加以教导。子谷就是曹大家（班昭）的儿子曹穀，他的字叫贻善。清朝指政治清明的朝廷。曹大家自述自己疏忽对儿子长时期的教导，担心儿子入朝做官，触犯了国家的刑律。

圣恩横加[(1)]，猥[(2)]赐金紫[(3)]，实非鄙人庶几所望也。

［笺注］言子幸无过，蒙圣恩增其爵禄[(4)]，赐以金紫之荣，其实非我所敢望也。

【注释】(1) 横加：肆意施加；无端施予。(2) 猥：谦辞，犹言辱。(3) 金紫：即“金印紫绶”，黄金印章和系印的紫色绶带。(4) 爵禄：官爵和俸禄。

【原文白话】承蒙圣恩，儿子曹穀加官晋爵，赐以金紫的荣耀，这实在是我不敢奢望的。

［笺注白话］曹大家自述儿子幸好没有犯过，又承蒙皇上的圣恩，给子谷加官进爵，并且赐以金紫的荣耀，这实在是我所不敢奢望的。

男能自谋矣，吾不复以为忧，但伤诸女，方当适人[(1)]，而不渐加训诲，不闻妇礼，惧失容他门，取辱宗族[(2)]。

［笺注］言男能服官[(3)]，自善其身，诸女时当出嫁，苟不教之以礼，

或失礼节容貌于他姓之门，而贻羞耻于父兄宗族也。

【注释】(1) 适人：谓女子出嫁。(2) 宗族：以父亲为血源纽带划定的家族。(3) 服官：为官；做官。

【原文白话】儿子能尽忠朝廷、自善其身了，我不再为他担忧了，但忧愁你们这些女孩子，将要出嫁了，如果不教你们妇礼，就会在夫家失却礼节、丧失颜面，从而贻羞于父兄宗族。

[笺注白话] 曹大家自述男子能尽忠朝廷、自善其身。可是你们这些女孩子到了出嫁的时候，如果不教你们妇礼，就会在夫家失却礼节、丧失颜面，从而贻羞于父兄宗族。

吾今疾在沉滞(1)，性命无常，念汝曹(2)如此，每用惆怅(3)。

[笺注] 惆怅，忧愤(4)也。言吾有疾，久不能愈。恐或死亡，而诸女失教，是以常增忧愤也。

【注释】(1) 沉滞：凝滞，不够流畅。(2) 汝曹：你们。(3) 惆怅：伤感，愁闷，失意。(4) 忧愤：忧虑悲愤；忧虑愤恨。

【原文白话】我现在身患疾病，久治不愈，恐不久于人世了，想到曹家的女孩们不知妇礼，常常心怀忧虑。

[笺注白话] 惆怅就是忧虑悲愤的意思。曹大家自述自己现在身患疾病，久治不愈，恐不久于人世了，想到曹家的女孩们不知妇礼，常常心怀忧愤。

因作《女诫》七篇，愿诸女各写一通(1)，庶(2)有补益，俾(3)助汝身。去矣，其勖(4)勉之。

[笺注] 俾，使也。言作此书以诫诸女。苟能奉行而不失。则可以补

助其身而无咎矣。去矣。谓诸女于归[5]。行去母而归夫家也。

【注释】(1) 一通：表数量，用于文章、文件、书信、电报。(2) 庶：表示希望发生或出现某事，进行推测；但愿，或许。(3) 俾：使。(4) 勖〔xù〕勉：勉励。(5) 于归：出嫁。

【原文白话】因此写下这篇《女诫》共七章，希望女儿们各自抄写一遍，应该对你们多少有些帮助。去吧，希望你们相互勉励，努力去做吧！

[笺注白话]俾是使的意思。曹大家自述自己写这篇《女诫》是为了规劝曹家的女孩子们，让他们谨守奉行而不抛弃《女诫》的训勉，如此则可以帮助自己提升(妇德、妇言、妇容、妇功)而免于过咎了。去是指女孩子出嫁，离开父母嫁到了夫家。

卑弱第一

[笺注]天尊地卑[1]，刚阳阴柔。卑弱，女子之正义也。苟不甘于卑，而欲自尊，不伏于弱而欲自强，则犯义而非正矣。虽有他能，何足尚乎。

【注释】(1) 天尊地卑：语出《易传·系辞上》："天尊地卑，乾坤定矣。卑高以陈，贵贱位矣。"是古人描述天地自然的秩序，在《周易》中，天为乾，代表男子，地为坤，代表女子。

[笺注白话]天尊地卑。刚阳阴柔。卑弱，是女子本来就应该有的德行。如果女子不甘心屈于卑下，而想高高在上，不想谦卑柔弱而想做女强人，这是违背本有的自然之道而并非正确的做法。(如果一个女子有上面

的心态）即使她再有才能，又有什么可效法学习的呢？

古者生女三日，卧之床下，弄之瓦塼[(1)]，而斋告[(2)]焉。

［笺注］塼与砖同。《诗》云：“乃生男子，载寝之床，载衣之裳，载弄之璋[(3)]。乃生女子，载寝之地，载衣之裼[(4)]，载弄之瓦。”寝之床，尊之也。寝之地，卧之床下。卑之也。裳，盛服[(5)]，贵之也。裼，即襁褓[(6)]之衣而无加焉，贱之也。璋，半圭，卿大夫所执弄之璋，尊贵之执也。瓦，纺砖之瓦，织衽[(7)]所用。女子之事，卑贱之执也。齐告，告于宗庙也。裼音替。

【注释】(1) 瓦塼：古代的纺锤。(2) 斋告：斋戒祝告。(3) 璋：古代的一种玉器，形状像半个圭。(4) 裼〔tì〕：婴儿的包被。(5) 盛服：谓服饰齐整。表示严肃端庄。(6) 襁褓：背负婴儿用的宽带和包裹婴儿的被子。后亦指婴儿包。(7) 衽：衣襟。

【原文白话】古人生下女孩三日之后，让她睡在床下面，将织布用的纺锤给她当玩具，（男子则是睡在床上，将卿大夫配饰的圭璋给他当玩具）并将生女之事斋告宗庙。

［笺注白话］塼，古同“砖”。诗经上说：“如果生的是男孩，就让他睡在床上，并且穿上衣服，将卿大夫用的圭璋给他当玩具。如果生的是女孩子，就让她睡在地上，身上还裹着婴儿的包被。将纺线用的纺锤给她当玩具。”睡在床上表示尊贵。睡在床底下表示卑下。赏是指穿上整齐端庄的衣服，表示尊贵。裼是指刚出生时裹在身上的衣服而不再加其它的衣服，表示地位低下。璋就是半圭，是卿大夫们上朝时手执之物，表示尊贵。瓦是指古代妇女纺线时镇定纺车所用的砖，这是卑贱的女子所要做的事情。斋告是指在斋戒之后在宗庙向祖宗回报生女之事。

卧之床下，明其卑弱，主下人[1]也。弄之瓦砖，明其习劳，主执勤也。齐告先君，明当主继祭祀[2]也。

［笺注］此申明前义。下人，谓当执卑下之礼于人也。执勤，欲其躬亲纺织、力任勤苦也。继祭祀，谓职主中馈[3]，洁其酒食[4]，以助夫之祭祀也。孟母曰："妇人之礼，精主饭，幂酒浆[5]，养舅姑，缝衣裳而已。"故有闺门之修，而无阃外[6]之志，此之谓也。女子始生，即以是期之、视之。其实妇人之道，亦即此而无加也。幂[7]音密。阃，困上声。

【注释】(1) 下人：居于人之后；对人谦让。(2) 继祭祀：协助、配合夫君祭祀祖宗。(3) 中馈：指家中供膳诸事。(4) 酒食：酒与饭菜。(5) 酒浆：泛指酒类。(6) 阃外：指家庭之外。(7) 幂：用布覆盖。

【原文白话】睡在床下，表明女子应当卑下柔弱，时时以谦卑的态度待人；玩弄纺锤，表明女子应当亲自劳作、不辞辛苦；斋告先祖，表明女子应当准备酒食，帮助夫君祭祀祖宗。

［笺注白话］再次进一步发挥、阐明前面的义理。下人是指妇人应当以卑下的态度和礼仪待人。执勤指妇人在家亲自纺织、操劳繁杂而劳苦的家务。继祭祀指妇人的职责就是准备好精美的酒食来帮助夫君祭祀祖宗。孟子的母亲说道："妇人应该遵守的礼节就是专心致志地做好饭菜，酿造并保存好美酒，尽心尽力地孝养公婆，为家人做好衣裳。"这就是所谓的恪尽妇人之道，而没有想要外出做其它事情的想法。当女孩子降生的时候，家人就对她有了这样的期许。其实作为妇人的大道，不外乎就是这些而无其它的要求。

三者，盖女人之常道，礼法[1]之典教[2]矣。谦让恭敬，先人后己，有善莫名，有恶莫辞，忍辱含垢，常若畏惧，卑弱下人也。

[笺注]此又申明三者之道。谦让恭敬，不敢慢[3]于人也。先人后己，不敢僭[4]于人也。有善莫名，不敢夸美。有恶，谓奉尊者之命，而有为人所贱恶之事，但承命而行，莫敢辞也。忍辱含垢，不敢致辨。常若畏惧，不敢自安。卑弱，下人之道尽矣。

【注释】(1) 礼法：礼仪法度。(2) 典教：典章教化。(3) 慢：对人怠慢。(4) 僭：超越身分，冒用在上者的职权、名义行事。

【原文白话】(以上)这三点，是女人的立身之本，古来礼法的经典教诲。谦虚忍让，待人恭敬。好事先人后己。做了善事不声张，做了错事不推脱，忍辱负重，常表现出畏惧，这就是所谓的谦卑对待他人。

[笺注白话]此地又再次重申这三方面的道理。谦让恭敬，对待他人不敢有丝毫的怠慢。先人后己，不敢抢在人前。做了善事从不夸耀显示自己的名声。有恶莫辞，尊奉长辈之命，如果做了招人厌恶的事，是不敢推脱的；忍辱含垢，不敢有所争辩；常若畏惧，不敢放任自安。像这样践行不怠，“卑弱”的道义就尽了。

晚寝[1]早作[2]，不惮[3]夙夜，执务私事[4]，不辞剧[5]易，所作必成，手迹[6]整理，是谓执勤也。

[笺注]作，起也。私事，细务也。剧，烦重也。言当迟寝而早兴。不惮深夜。而躬为妇职所务之事。不问难易。惟期勤力操作而必成之。手迹完缮[7]。整理必精美。而不粗率。执勤[8]之道，于斯尽矣。

【注释】(1) 寝：睡觉。(2) 作：起居。(3) 惮：怕，畏惧。(4) 私事：此处指家庭中琐碎的杂事。(5) 剧：繁多；繁重。(6) 手迹：亲自从事；亲手去做。(7) 缮：修补，整治。(8) 执勤：从事劳作。

【原文白话】早起晚睡，不因日夜劳作而有所畏难；亲自操持料理家务，不问难易，有始有终；亲手整理完善事务，使之精美而不粗率。像这样践行不怠，“执勤”的道义就尽了。

［笺注白话］作是早起的意思。私事是指琐碎的家务事。剧是繁重、繁杂的意思。晚睡早起，不畏惧熬夜的劳苦，亲自操持料理家务，不挑剔劳作的繁重或简易，只是做事有始有终，样样事情都做得有条有理，没有丝毫草率。如此才是尽到了妇道的责任。

正色[(1)]端操[(2)]，以事夫主，清静自守，无好戏笑，洁齐酒食，以供祖宗，是谓继祭祀也。

［笺注］齐如字。言正其颜色。端其操行。以事其夫。幽闲贞静。言笑不苟。洁治整齐酒食祭品。以相夫主而供先祀。是继祀之道尽矣。

【注释】(1) 正色：谓神色庄重、态度严肃。(2) 端操：谓端正其操守。

【原文白话】外表端庄，品行端正，侍奉夫君；幽闲贞静，自尊自重，不苟言笑；备办酒食祭品，配合夫君祭祀先祖。像这样践行不怠，“继祭祀”的道义就尽到了。

［笺注白话］面容端庄，品行端正，以服事夫君。清静自重，不喜好戏笑玩闹。准备好洁净的酒食和其它祭品，协助夫君祭祀祖宗。这就是尽到了祭祀祖先的责任啊！

三者苟备，而患[(1)]名称之不闻、黜辱[(2)]之在身，未之见也。

［笺注］言为妇人，能下于人习执勤劳，承继祭祀三者咸备，则名誉彰著于内外，黜辱不及于身矣。

【注释】(1)患：担心，忧虑。(2)黜辱：贬斥受辱；贬斥侮辱。

【原文白话】如果这三条都做到了，却还忧虑好名声不能够传扬，身上背负别人的误解和屈辱，这是从来没有听说过的事。

［笺注白话］为人之妇，能够待人谦卑，做事勤快，祭祀祖先。这三方面都做到了，那么好的名声自然就会传扬于家内家外，自己不会遭受到他人的侮辱。

三者苟失之，何名称之可闻，黜辱之可免哉。

［笺注］无是三者，则黜辱必不能免，又何名誉之可称哉？

【原文白话】如果没有做到这三点，有什么美德值得人称赞？又怎么能免得了耻辱呢？

［笺注白话］没有做到这三个方面，那么遭到斥退或者耻辱的事情是不能避免的，还有什么可受人称赞的名誉呢？

夫妇第二

［笺注］三者既备，然后可以为妇。然夫妇之道，又不可不知也，故次夫妇第二。

［笺注白话］前面讲的三个方面都具备了，然后才配作别人的太太。尽管如此，对于夫妻相处的道理，也不能不懂啊！因此就把夫妻如何相处放在第二个方面来讲。

夫妇之道，参配[(1)]阴阳，通达神明，信天地之弘义[(2)]，人伦[(3)]

之大节也。

[笺注]参，合也。弘，大也。言夫妇之礼，阴阳配合，纲维[4]之义，感格[5]神明，乃天地之大经，人生之大道也。

【注释】(1) 参配：犹匹配。(2) 弘义：大义；正道。(3) 人伦：人与人之间自然的五种关系：即君臣(领导与被领导)、父子、夫妇、兄弟、朋友。(4) 纲维：总纲和四维。比喻法度。(5) 感格：谓感于此而达于彼。

【原文白话】夫妇之间的道义，阴阳配合，感格神明，这绝对是天地的大义、人伦的大道。

[笺注白话]参是合的意思。弘是大的意思。夫妇之间相处的礼仪，有阴阳参配的道理，有维护伦常大道和法度的义务，这些行为都会感动天地神明。因此夫妇之道要符合天地的法则，也是人生最重要的大道。

是以礼贵男女之际，诗著关雎[1]之义，由斯言之，不可不重也。

[笺注]言圣王制礼，始谨于男女之别。夫子删诗，首列关雎之篇，文王好逑[2]淑女[3]，以成其内治[4]之美。夫妇之道，人伦之始，不可不重也。

【注释】(1) 关雎：《诗·周南》篇名。为全书首篇，也是十五国风的第一篇。《诗·周南·关雎序》：“《关雎》，后妃之德也。风之始也，所以风天下而正夫妇也。”(2) 逑：配偶。(3) 淑女：贤良美好的女子。(4) 内治：古指对妇女进行的教育。《礼记·昏义》：“古者，天子后立六宫、三夫人、九嫔……以听天下之内治，以明章妇顺，故天下内和而家理。”

【原文白话】所以《礼记》开篇就说要重视男女之别，《诗经》首篇就列出《关雎》一诗。从这些教诲中我们应该明白夫妇之道，是人伦的开始，不可以不重视。

［笺注白话］圣贤的君王制定礼法，最谨慎的是从男女各自天然的角色、应有的地位、承担的责任开始。孔子删定《诗经》，把《关雎》这首诗放在了整部《诗经》的开篇。说明善良贤惠的女子才是周文王的好伴侣，能够帮助文王教育好全天下的女子。夫妇之道是人伦的开始，不能够不重视啊！

夫不贤则无以御[(1)]妇，妇不贤则无以事夫，夫不御妇，则威仪废缺，妇不事夫，则义理堕阙[(2)]，方斯二者，其用一也。

［笺注］御，节制也。事，敬奉也。夫不贤明，则威仪废失，不足以御其妇。妇不贞淑，则义理荡逸[(3)]，不可以事其夫，二者均不可失。

【注释】(1) 御：封建社会指上级对下级的治理，统治。此处指丈夫以身作则来带领自己的妻子。(2) 堕阙：谓毁坏亡废。(3) 荡逸：毁坏散失。

【原文白话】丈夫要是没有贤德品行，则无法驾驭领导妻子，妻子要是不贤惠，则无法事奉丈夫。丈夫驾驭不了妻子，就失去了威严，妻子如不事奉丈夫，就失去了道义。刚才所说的这两件事，它的作用是一样的。

［笺注白话］御是节制的意思。事是敬奉的意思。丈夫如果不知书达理，他自身应有的威仪就会失去，就很难带领好自己的妻子。太太如果不端庄贤惠，那么就会违背做妻子的道义，就很难事奉好自己的丈夫。这两方面都不能够缺失。

察今之君子，徒知妻妇之不可不御，威仪之不可不整，故训其男，检[(1)]以书传[(2)]。

［笺注］言当世之君子，亦知治家之道。亟[(3)]知妻妾之间，不可不御之以礼，而整肃其威仪。故时检古书经传，以训其子孙。

【注释】(1) 检：注意约束(言行)。(2) 书传：著作；典籍。(3) 亟〔qì〕：屡次。

【原文白话】观察现在的君子，只知道要管束好妻子，整肃好自己的威仪，所以就用古书、经典、传记来教训家中的男孩子。

［笺注白话］观察现在的君子，也明白治家的道理。但只知道要管束妻子，整肃自己的威仪，所以用古书、经典、传记来教育子孙。

殊不知夫主之不可不事，礼义之不可不存也。

［笺注］非不知之，但重于男而畧于女，谓不可语以诗书经传之义也，是以当时无女教之书，而女子鲜知事夫之义，未明闺门之礼。

【原文白话】殊不知丈夫是不可以不事奉的，礼节和道义是不可以不力行的。

［笺注白话］很多人不是不明白这些道理，但是只知道光教育男的不教育女的，还说不可以告诉诗书经传这里面的道理。这是由于当时还没有教育女孩子的书籍，因此女子就很少懂得事夫的道理，也不明白作妻子的礼数。

但教男而不教女，不亦蔽于彼此之数乎？

［笺注］蔽，偏蔽[(1)]也。言男女之训，其义一也。知此而不知彼，不亦偏蔽乎。

【注释】(1) 偏蔽：偏执而有所蔽；偏执不明。

【原文白话】如果重男轻女，不用古书经传中的道理教育女子，只教育男子而不教育女子，这不也是偏执不明吗？

［笺注白话］蔽是偏蔽的意思。对于男子和女子的教育，它的义理是一致的。只知道教育男子而不懂得教育女子，也是有所偏废，而未能通达道理呀！

礼，八岁始教之书，十五而至于学矣，独不可以此为则哉？

［笺注］古礼，男女六岁，教之数目[(1)]、方名[(2)]。七岁男女不同食、不共坐。八岁，男入小学而就外傅。十五则入大学。女八岁，亲姆教训以礼让，教以织纴[(3)]组紃[(4)]。十五而笄[(5)]，二十而嫁。此言男子既知教以诗书矣，女子独不可教以礼让乎。

【注释】(1) 数目：事物的个数、数量。(2) 方名：四方之名。指辨识方向。(3) 纴：织布帛的纱缕。(4) 紃〔xún〕：饰履的圆形饰带。(5) 笄〔jī〕：指女子十五岁成年。亦特指成年之礼。

【原文白话】《礼记》上说，男子自八岁起，便教他读书，到十五岁就教他专志于成人的学问。能这样教育男子，为什么不能这样教育女子呢？

［笺注白话］古礼，男女成长到六岁的时候，就教学习算术、辨认方向。到了七岁，男女就要分开吃饭，不能坐在一起。八岁，男子入小学跟随老师学习，到了十五岁进入大学继续学习。女子八岁，接受女师的教诲学习礼敬谦让，并教她学习女工。十五岁就成人了，二十岁就出嫁了。这是说既然知道男子需要诗书的教育，难道教给女子的只有礼让这点吗？

敬顺第三

［笺注］前章但言夫妇之大端，不可不教以为妇之道，此章方发明敬顺之礼。敬顺，即首章卑下习劳之事也。

［笺注白话］上一章只说明了夫妇相处之道的主旨，不能不教导为妇之道。这一章就来发挥恭敬顺从的礼数。敬顺就是第一章关于谦卑习劳的这些事情。

阴阳殊性，男女异行，阳以刚为德，阴以柔为用，男以强为贵，女以弱为美。故鄙谚[1]有云："生男如狼，犹恐其尫；生女如鼠，犹恐其虎。"

［笺注］言阴阳男女，性行各别。阳刚阴柔，天之道也。男强女弱，人之性也。鄙俗之言曰："生男如狼之强，犹恐其有尫羸[2]之弱疾[3]，生女如鼠之伏，犹恐其有猛虎之强概。"极言之也。

【注释】(1) 鄙谚：俗语。(2) 尫羸〔wāng léi〕：亦作"尪羸"。瘦弱。亦指瘦弱之人。(3) 弱疾：衰弱多病。

【原文白话】天地之道，一阴一阳，阴阳之性不同，男子属阳，女子属阴，男女之行亦各有别，阳性主刚，阴性主柔。故男子以刚强为贵，女子以柔弱为美。所以有俗语说："生下像狼一样刚强的男孩，还唯恐他懦弱；生下像鼠一样柔弱的女孩，还唯恐她像老虎。"

［笺注白话］阴阳男女，性情各有差别。阳刚阴柔，这是天然之道。男强女弱，这是人的天性。所以谚语说："生男如狼，还害怕他懦弱；生女如鼠，还害怕她像老虎般凶猛。"说的就是这个道理。

然则修身莫如敬，避强莫若顺。故曰：“敬顺之道，为妇之大礼也。”

［笺注］敬者，修身之本也。顺者，事夫之本也。故为礼之大者。

【原文白话】修身的根本在“敬”，与强共处而能避其锋芒，得其久利，其要领在“顺”。所以说，“礼”是用来保护人的，敬和顺，是妇人最重要的行为准则，也是对女子最大的保护。

［笺注白话］恭敬是修身的根本。顺从是事奉丈夫的根本。这两点是礼的主旨。

夫敬非他，持久之谓也。夫顺非他，宽裕之谓也。持久者，知止足也。宽裕者，尚恭下也。

［笺注］夫妇之久，非一时之敬，久而能敬，故偕老而不衰。亦非一时之顺，宽裕温柔，故含容而弱顺。止足安分，故于夫无求全之心，而敬可久。宽柔恭下，故于夫多含弘(1)之度，而顺可长。则敬顺之道全矣。

【注释】(1) 含弘：包容博厚。

【原文白话】“敬”没有别的意思，讲的是人与人之间之所以能够长久相处的道理。“顺”也没有别的意思，讲的是女子应该宽容厚道，谦恭卑下，善于忍让，才能活得游刃有余的道理。

［笺注白话］夫妇相处的时间很长，不能够只有短时间的恭敬，而是要长久的恭敬，这样才能白头偕老而不伤害彼此的情分。顺也并非一时之顺，宽容温柔，如此才能包容、柔顺。知足安守本分，如此才能对丈夫没有求全责备的心态，恭敬之心自然就会长久。宽柔恭谦，如此才能对丈夫

有包容的心胸，顺从自然可以长久。做到这样的地步，敬顺的妇道就算很圆满了。

夫妇之好，终身不离，房室周旋(1)，遂生媟(2)黩(3)。

［笺注］媟，戏慢也。黩，忤触也。言夫妇有终身之好。闺房狎玩而戏侮日生。则敬顺之道亏矣。

【注释】(1) 周旋：谓辗转相追逐。(2) 媟〔xiè〕：过于亲昵而不庄重。(3) 黩〔dú〕：轻慢不敬。

【原文白话】夫妇之间的亲爱，在于能够终身相守，如果常在家中过分地戏耍嬉闹，轻慢的心就会生出来了。

［笺注白话］媟是过于亲昵而不庄重，黩是轻慢不敬。夫妇本应该终身相好，但是在室内过于亲昵嬉戏，这样时间长了，容易产生轻薄怠慢，那么敬顺之心就会亏失啊！

媟黩既生，语言过矣，语言既过，纵恣(1)必作，纵恣既作，则侮夫之心生矣。此由于不知止足者也。

［笺注］媟则不敬，黩则不顺，敬顺既亏，则语言骄慢，故纵肆恣而无忌，凌侮其夫，无所不至矣。由于不知足，而求全责备，不安分，而放纵自强，不明敬夫之道也。

【注释】(1) 纵恣：亦作“纵姿”，肆意放纵。

【原文白话】轻慢的心一生出来，言语就失去了恭敬。言语一旦不恭，行为就会放纵。行为一旦放纵，就连凌侮丈夫的心都有了。这都是由于人的习气中有不知止、不知足的毛病导致的啊。

[笺注白话] 媟就会变得不恭敬，黩就会变得不顺从。敬顺一旦失去，语言就会变得骄傲怠慢。于是就变得放荡无忌，侮辱自己的丈夫，很多不善的行为就都出现了。由于不知足，而对丈夫求全责备；不安于本分，而放纵要强，一点也不懂得恭敬丈夫的道理。

夫事有曲直，言有是非，直者不能不争，曲者不能不讼，讼争既施，则有忿怒之事矣，此由于不尚恭下者也。

[笺注] 讼者，理本曲而务求其直也。夫妇之间，言语乖侮，则争讼日生，忿怒相向，而不安于室，苟能宽裕(1)温柔，恭顺卑下，何至于此乎。

【注释】(1) 宽裕：宽大；宽容。

【原文白话】当遇到事情有曲有直、言语有是有非之时，为了争个你对我错，双方就会发生口角，口角之争一旦生起，就会忿怒相向。这是由于女子不懂得恭顺卑下的礼节。

[笺注白话] 讼是指事情本来不合道理反而要变得有理。夫妇之间，如果言语侮慢，争讼的事情渐渐就会产生，彼此之间忿怒相向，如此就会愈加不和谐。倘若能够宽厚、温柔，恭顺谦卑，怎么会到如此地步呢？

侮夫不节，谴呵(1)从之，忿怒不止，楚挞(2)从之。夫为夫妇者，义以和亲，恩以好合，楚挞既行，何义之存，谴呵既宣，何恩之有，恩义俱废，夫妇离行。

[笺注] 谴，谓斥辱也。楚挞，鞭笞(3)也。行，列也。离行，黜退也。言妇人侮夫，不知止节，必致诃遣之辱，楚挞之伤，则恩义废绝，夫妇乖

离，不可复合矣。

【注释】（1）谴呵：谴责呵叱。（2）楚挞：杖打。（3）鞭笞〔biān chī〕：用鞭子抽打。

【原文白话】凌侮丈夫没有了节制，就会遭到谴责呵斥，如果谴责呵斥仍然不能止住愤怒的情绪，就会有鞭打杖击。作为夫妻本应以礼义相互亲善和睦，以恩义相互亲爱好合。一旦出现鞭打杖击的情况，哪里还有什么礼义可言？一旦谴责呵斥相加，哪里还有什么恩爱存在？礼义恩爱都没有了，夫妻也就要分离了。

［笺注白话］谴是斥责侮辱的意思。楚挞是鞭打的意思。行是列的意思。离行指黜退的意思。如果妇人侮辱丈夫，不知道节制，必然招来谴责斥退的耻辱。如果遭受鞭打，恩义就会失去，夫妇就要分离，从此就再也不能重新和好了。

妇行第四

［笺注］敬顺主于心，行则见于事，四行，即四德是也。

［笺注白话］敬顺主要在于自己的那颗心，而表现出来就会体现在所做的事情上。四行指的就是四德。

女有四行：一曰妇德，二曰妇言，三曰妇容，四曰妇功。

［笺注］四行，女子常行也。心之所施，谓之德；口之所宣，谓之言；貌之所饰，谓之容；身之所务，谓之功。

【原文白话】女子的日常行为规范有四种：妇德，心之所施；妇言，口之所宜；妇容，貌之所饰；妇功，身之所务。

［笺注白话］四行这是女子永恒不变的行为。内心的造作称之为德，口里所说的话称之为言语，对于容貌的修饰打扮称之为容颜，身体的作为称之为功夫。

夫云妇德，不必才明绝异也；妇言，不必辩口利辞也；妇容，不必颜色美丽也；妇功，不必技巧过人也。

［笺注］四行，但取其适中无忝(1)。不期其才辩美巧，大过于人。

【注释】(1) 忝：不玷辱；不羞愧。

【原文白话】妇德，不必富有才干、聪明绝顶；妇言，不必伶牙俐齿、辩才过人；妇容，不必颜色美丽、娇娆动人；妇功，不必技艺精巧、工巧过人。

［笺注白话］女子的四德只要适中而不因此感到羞愧，不希望她在能力口才容貌技能方面超过她人。

幽闲贞静，守节整齐，行己有耻，动静有法，是谓妇德。

［笺注］幽，清肃(1)也。闲，整暇也。贞，正固也。静，慎密也。节，制度威仪之节，守之敬慎而无失也。行己有耻，行事中礼，无贻(2)耻笑于人也。动静有法，行止有常，中乎法度也。

【注释】(1) 清肃：清平宁静。(2) 贻：遗留，留下。

【原文白话】清幽闲适，端庄娴静，敬慎守节，有羞耻心，行事符合礼仪，叫做妇德。

［笺注白话］幽是指清净庄严。闲是指清闲，不忙碌。贞是指内心正定。静是认真细致。节是指待人处世有礼貌威仪，行为恭敬谨慎而无过失。做事情中规中矩，不会做出让他人嘲笑的事情出来。言谈举止都合乎人情事理法度。

择辞而说，不道恶语，时然后言，不厌于人，是谓妇言。

［笺注］择辞，谓未言之先。选择量度不失礼义，而后言自无恶语，伤触[(1)]于人也，然又当因时而后言，虽言之详，而人自不厌也。

【注释】(1) 伤触：冒犯。

【原文白话】选择善语而说，不说难听的话，即使是好话，也要选择在适当的时候说出来，不招人厌。如此叫做妇言。

［笺注白话］择辞是指在还没有说话之前，在心里面先衡量将要说的话是否合理，然后说出来自然没有不中听和伤害他人的言语。假如再能够因人因时因地地说话，即使言语很多、很详细，别人心里也不会厌烦的。

盥浣[(1)]尘秽[(2)]，服饰鲜洁，沐浴以时，身不垢辱[(3)]，是谓妇容。

［笺注］盥浣，皆洗也。衣无新旧，皆当洗濯鲜明洁净，沐髮浴身，使不垢污以取耻辱，而容光润泽矣。

【注释】(1) 盥浣：亦作“盥澣”。洗涤。(2) 尘秽：犹污秽。(3) 垢辱：犹耻辱。

【原文白话】衣服不论新旧，都洗得干干净净。按时洗头洗澡，使身体洁净，叫做妇容。

［笺注白话］盥浣是指洗涤。衣服无论新旧，都应该洗得干净、整洁。定时洗头沐浴，让身体干净而不要受到耻辱，容貌自然而然就会有光泽。

专心纺绩，不好戏笑，洁齐酒食，以供宾客，是谓妇功。

［笺注］纺绩，妇人之常业，故宜专心习之而不倦。戏笑，非妇女所宜，故戒谨而不好。宾客时至，则整齐洁净酒食，以待之。诗曰："无非无仪，唯酒食是议。"此之谓也。

【原文白话】专心纺纱织布，不好与人戏笑玩闹。准备好酒食饭菜，以招待宾客，叫做妇功。

［笺注白话］纺织是指妇女所要长期做的事情，因此就应当专心学习而不懈怠。戏笑对妇女来讲是很不合适的举动，因此应当谨慎而不要戏笑。当宾客将要到来时，就准备好干净整洁的饭菜美酒招待他们。《诗经》上说道："对女子没有特别的要求，只要准备好洁净的佳肴招待宾客，这就是女子的礼仪。"说的就是这个意思。

此四者，女子之大节，而不可乏无者也。然为之甚易，唯在存心耳。古人有言："仁远乎哉，我欲仁，而仁斯至矣。"此之谓也。

［笺注］言德言容功四者，妇道之常，而不可缺一。然为之亦不难，但存心而一无不当也。古圣人之言，仁岂远于人哉，我一心欲行仁，仁即至矣。何德言容功之不可备乎？

【原文白话】这四点，是女人最重要的德行，缺一不可。想要做好这些并不难，只要真正用心就行了。古人说："仁德离我们很远吗？我一心想要行仁，这仁德立刻就来了。妇人的德、言、容、功亦是如此。

［笺注白话］对于妇德妇言妇容妇功这四个方面，是妇女永恒不变的常道，缺一不可。其实做起来并不困难，只要用心就没有一样做不好的。古圣先贤说，仁离我们很遥远吗？我自己只要一心想要利益别人，仁就马上得到，还担心妇德妇言妇容妇功这些不能具备吗？

专心第五

〔笺注〕专，一也。谓妇人之道，专于夫而无二志[(1)]也。

【注释】(1) 二志：心志不专一；异心。

［笺注白话］专是指心志专一而无异心。对于妇人之道，就是要对丈夫一心一意而没有其他的想法。

礼，夫有再娶之义，妇无二适[(1)]之文。

［笺注］适，谓更嫁也。夫无妻则烝尝[(2)]无主，继嗣[(3)]不立，故不得不再娶。妇人之道，从一而终，故夫亡无再嫁之礼也。

【注释】(1) 二适：再嫁。(2) 烝尝：本指秋冬二祭。后亦泛称祭祀。(3) 继嗣：后嗣；后代。

【原文白话】考之于《礼记》，丈夫没有妻子就没有人辅助祭祀，没有儿女继承家统，所以不得不再娶；妇人的道义，应当是从一而终，所以丈夫去世后不应再嫁。

［笺注白话］适是指再嫁的意思。丈夫失去妻子就没有祭祀祖先的

后代了，因此不得不再娶。对于妇人来说，应当从一而终，所以当丈夫去世之后就不应当再改嫁了。

故曰："夫者天也，天固不可违，夫故不可离也。"

［笺注］礼曰："夫乃妇之天，天命不可违，夫义不可离也。"夫亡而嫁，是离背[1]其夫也。

【注释】(1) 离背：背叛。

【原文白话】所以说，夫是妻子的天。天是无法逃离的，丈夫也是不可以背离的。

［笺注白话］《礼记》曰："丈夫是妻子的天，天命是不可以违背的，对于丈夫应尽的道义不可以失去。丈夫去世之后再改嫁，这是背叛丈夫的行为。"

行违神祇[1]，天则罚之，礼义有愆[2]，夫则薄[3]之。

［笺注］人之德行有亏，干犯[4]神怒，天则降殃，罚于其身。妇人之礼，时有愆咎[5]，则为丈夫所薄。

【注释】(1) 神祇："神"指天神，"祇"指地神，神祇泛指神。(2) 愆：罪过，过失。(3) 薄：轻视，看不起。(4) 干犯：冒犯；触犯；干扰。(5) 愆咎：罪过。

【原文白话】人的德行有亏，上天就会降之殃罚；妇人在礼义上有了过失，就会遭到丈夫的轻薄与遣辱。

［笺注白话］一个人的德行有了亏失，触怒了天神，天就会降灾祸给我们。如果妇人的言行有了过错，就会被丈夫瞧不起了。

故女宪曰:“得意一人,是谓永毕[(1)],失意一人,是谓永讫[(2)]。”由斯言之,夫不可不求其心。

[笺注]《女宪》,古贤者训女之书,今未详其所出。一人,夫也。毕,终也。讫,离散也。谓妇得意于其夫。则和谐而永终毕世。若失意于其夫。则悖乱乖离。夫妇之道讫矣。由此观之。为妇之道。岂可不求其夫之心志。而失其意乎。

【注释】(1) 毕:完毕,结束。(2) 讫:完结,终了。

【原文白话】所以《女宪》说,妇人得意于丈夫,就能仰赖终生,幸福美满;妇人若失意于丈夫,一生的幸福就断送了。由此看来,作为妇人,不可不求得丈夫的心意。

[笺注白话]《女宪》是古代圣贤之人教训女子的书籍,现在不知道它的来源。一人指丈夫。毕指终其一生。讫指关系破裂。如果妻子得到丈夫的欢心,就会幸福美满的度过一生。如果失去丈夫的欢心,就会互相伤害、离心离德,最终夫妇之间的道义恩义情义就会完结。由此看来,作为妻子,怎能不求得丈夫的心意呢?

然所求者,亦非谓佞媚[(1)]苟亲也。固莫若专心正色,礼义居絜[(2)],耳无涂听,目无邪视,出无冶容,入无废饰,无聚会群辈,无看视门户,则谓专心正色矣。

[笺注]言欲得夫之心,非恃巧佞媚悦苟取欢爱也,必专一其心。端正其色,专心者以礼为居守,以义为提絜,罔敢或悖。非礼勿听,非礼勿视,是谓专心。出则无妖冶艳媚之姿容,入不以暗室而弛废其仪饰,不聚女伴以嬉游,不在户内而窥门外,是谓正色也。

【注释】(1) 佞媚：谄媚。(2) 絜〔xié〕：约束。

【原文白话】但要获得丈夫的心，并不是要巧佞、媚悦，苟取欢爱。只要专一其心、端正其色。执守礼义，居止端洁，非礼勿听，非礼勿视，叫做专心。外出时不妖冶艳媚，在家时不蓬头垢面，不和女伴聚会嬉游，不在户内窥视门外。这样就叫做专心正色。

[笺注白话]丈夫的心意，并不是靠花言巧语谄媚而获取，而是要一心一意地对待丈夫。端正自己的妆容，对丈夫专心的女子应当用礼仪和道义来要求自己，不敢有所违背，不合礼的不去听、不去看，这才是所谓的专心。外出不要把自己打扮的妖冶妩媚(以免引起其他男性的邪念)，在家不要邋里邋遢、不修边幅，不要和女伴聚在一起嬉戏、玩耍，不要在屋内偷看外面的情境，这才是所谓的正颜色。

若夫动静轻脱[(1)]，视听陕输，入则乱发坏形，出则窈窕作态，说所不当道，观所不当视，此谓不能专心正色矣。

[笺注]陕与闪同，闪烁不定之貌，动静轻脱，行动无常也。视听闪输，心志不定也；乱鬓毁容，入则废饰也；窈窕作态，出则冶容也；说不当说，言非礼义也；观不当视，非礼乱视也。此之谓不能专心正色，不得意于夫也。

【注释】(1) 轻脱：轻佻。

【原文白话】如果举止轻率、心志不定，回家就懒散邋遢，出门就梳妆打扮，说不该说的，看不该看的，这样就叫不能专心正色。

[笺注白话]“陕”同“闪”，是指心志不定的状态。动静轻脱是指言谈举止轻浮、行为没有规矩。视听闪输就是心志不定。在家披头散发，

出门就浓妆艳抹，说不恰当的话，看不该看的事物，这些都是“非礼”的行为。这就是所谓的不能专心正色，不能得到丈夫的心意。

曲从第六

[笺注]此章明事舅姑之道，若舅姑言是，而妇顺从之正也，惟舅姑使令以非道，而妇亦顺从之，是谓曲从。惟曲从乃可谓之孝。大舜闵骞，皆不得意于父母而曲从者也。

[笺注白话]这一章是说明事奉公婆的道理。如果公婆说的是正确的，媳妇顺从当然是对的。可是如果公婆要求媳妇做的是不正确的，而媳妇也能够顺从，这就是所谓的曲从。唯有曲从才能够称之为孝顺。大舜和闵子骞都是不得父母的心意而委屈顺从的榜样啊！

夫得意一人，是谓永毕。失意一人，是谓永讫。欲人定志专心之言也，舅姑之心，岂当可失哉？

[笺注]此承上章而言，妇不失意于其夫，则永谐而毕终矣，此盖为夫而言也。若夫之上，则有舅姑，又可以失意而无咎乎。

【原文白话】上面说，妇人得意于丈夫，就能仰赖终生，幸福美满；妇人若失意于丈夫，一生的幸福就断送了。这是让妇人定志专心以求得丈夫的心。然而要想得到丈夫的心，公婆的心，又怎么可以失掉呢？

[笺注白话]这一章是承接上一章的义理而说的。妻子不失意于丈夫，则会幸福美满地度过一生。这或许是对丈夫而说的。可是丈夫之上还有公婆，失去公婆的欢心怎么可能不出现问题呢？

物有以恩自离者，亦有以义自破者也。

［笺注］言世固有专恩于一人，而人或恶之，不能自保其恩，执义于一人已，而人或乱之，不能自守其义，如妇之不得于舅姑是也。

【原文白话】事情有时候也会有这样一种情况：虽然你对别人不失恩惠，却仍然使自己遭到别人的离弃，你有恩于人，别人反而离弃你。有时你虽然对别人做到了有情有义，却仍然使自己受到莫大的伤害。

［笺注白话］世上固然有对某人恩爱的，可是有人却偏偏讨厌，导致其不能够保有这种恩爱。有对某人忠心尽义的，却有人从中破坏，使其不能够保有这种恩义，这就如同媳妇得不到公婆的欢心一样。

夫虽云爱，舅姑云非，此所谓以义自破者也。

［笺注］夫虽甚爱其妻，而舅姑不爱，则离恩而破义矣。

【原文白话】丈夫对你虽然恩爱，可公婆却不一定喜欢你，这就是你虽然对丈夫有情有义，却仍然使自己受到伤害的根本原因。

［笺注白话］丈夫虽然深爱自己的妻子，可是公婆却不喜欢这个儿媳妇，这就是所谓的因道义而对夫妻关系的深重伤害。

然则舅姑之心奈何，故莫尚于曲从矣，姑云不，尔而是，固宜从令。姑云是，尔而非，犹宜顺命。勿得违戾[(1)]是非，争分曲直，此则所谓曲从矣。

［笺注］欲得舅姑之心，则莫尚于从舅姑之命。如姑所云本非是，而

妇云是，亦当从姑之言。若姑行事本非，而言是，妇明知其非，亦当从姑之令而行之。勿得与姑明是非而争曲直，是谓曲从，则无不得舅姑之意也。

【注释】(1) 违戾：违背。抵触；不一致。

【原文白话】但公婆的心意就是如此，你奈何不了，所以最好委曲自己来顺从公婆。婆婆说不好，你觉得好，自然要听从婆婆；婆婆说好，你觉得不好，更要顺着婆婆的话去做，切不可违背抵触，争辩对错。这就是曲从。

［笺注白话］想得到公婆的欢心，最好是听从他们二老的命令。如果婆婆说的本来就不对，但是媳妇还是要认同，听从婆婆的话。如果婆婆所做的事情本来就不对，还非要说是对的，当媳妇的明明知道不对，还是要听从婆婆的命令而行事。千万不要和婆婆辨明是非、争论曲直，这就是曲从，能够这样去做，没有不得公婆心意的。

故女宪曰："妇如影响，焉不可赏。"

［笺注］言妇之顺从舅姑，若影之随形，响之应声，焉有不得其意而不蒙其赏者乎。

【原文白话】所以《女宪》说，媳妇听从公婆的命令，就像影子随着形体，回响随着声音一样，哪有得不到公婆赞叹的呢？

［笺注白话］所以《女宪》说，妇人顺从公婆的意思，如影随形、如响应声，哪有得不到公婆的喜欢和奖赏的呢？

和叔妹第七

［笺注］叔妹，夫之弟妹也。不言伯姊者，伯必受室[(1)]，姊必适人[(2)]，叔妹幼小，常在舅姑之侧，犹当和睦，以得其欢心，然后不失意于舅姑也。

【注释】(1) 受室：娶妻。(2) 适人：谓女子出嫁。

［笺注白话］小叔子小姑子就是丈夫的弟弟妹妹。为什么不提丈夫的哥哥姐姐，因为丈夫的哥哥已经结婚了，丈夫的姐姐已经出嫁了。小叔子小姑子年龄还小，常常还在公婆的身边。所以要和他（她）们和睦相处，才能得到他（她）们的欢心，这样才不会失去公婆对自己的心意。

妇人之得意于夫主，由舅姑之爱已也，舅姑之爱己，由叔妹之誉已也。由此言之，我之臧否[(1)]毁誉，一由叔妹，叔妹之心，不可失也。

［笺注］为妇者，不敢失礼于叔妹，然后得舅姑之爱。得舅姑之爱，然后得意于夫，则是妇之贤否毁誉，皆由于叔妹，不可不得其心，而失敬于彼哉。

【注释】(1) 臧否：褒贬，评论

【原文白话】妇女能得到丈夫的钟意，是因为公婆对你的爱，公婆疼爱你，是由于小叔子小姑子对你的喜爱，由此推论，对自己的肯定或否定，推崇或诋毁，全在于小姑子。小姑子的心是不可失去的。

［笺注白话］作人媳妇的，不敢对小叔子小姑子失礼怠慢，这样才

能得到公婆的欢心。得到公婆的欢心，然后才能得到丈夫的欢心。这个媳妇被肯定或否定，推崇或诋毁，全在于小叔子小姑子。不能不得到他们的欢心，哪里能够对他（她）们失去恭敬呢！

人皆莫知，叔妹之不可失，而不能和之以求亲，其蔽也哉。

［笺注］言人皆不知叔妹不可失，而往往得罪于舅姑。

【原文白话】一般人都不懂得小姑子的心意不可失去，可是不能与她们和睦相处以获得双亲的喜爱，这是很糊涂的啊。

［笺注白话］没有人不懂得小叔子小姑子的心意不可失去，可是还是因此而得罪于公婆。

自非圣人，鲜(1)能无过，故颜子贵于能改，仲尼嘉其不贰，而况于妇人者也。

［笺注］言人皆不能无过，颜子大贤，但有过即改，故圣人嘉其不贰过(2)，而况妇人，岂能无过乎？

【注释】(1) 鲜：少，很少。(2) 不贰过：不重犯同样的错误。

【原文白话】人非圣贤，很难不犯错误。所以颜子贵于有过即改，仲尼称赞他不贰过。何况是妇人呢？

［笺注白话］但凡一般的人怎么可能没有过失？颜回是大贤人，只要有了过错立即改正，因此孔子赞赏颜回能够不犯相同的过失。更何况妇人，哪里能够没有过失呢？

虽以贤女之行，聪哲之性，其能备乎？

［笺注］言虽贤明聪哲之女，亦不能备诸[1]众善而无过也。

【注释】(1) 诸："之于"或"之乎"的合音。

【原文白话】即使具备了贤慧的品行，敏锐的天赋，就能说不会犯错了吗？

［笺注白话］即使是贤惠聪明的女子，也是不能够尽善而无过失啊！

故室人和则谤掩，内外离则过扬，此必然之势也。易曰："二人同心，其利断金。同心之言，其臭[1]如兰。"此之谓也。

［笺注］言同室之人相和，虽有过必掩其谤，内外离间，虽无过必扬其恶，故同心其事，则有断金之利。同心相告，则有如兰之馨。大易之言，岂欺于我哉！

【注释】(1) 臭〔xiù〕：气味的总称。

【原文白话】所以能与一家人和睦相处，你虽然偶有过错，也会被大家遮掩袒护掉；如果家里家外都与你不合，你所犯的错误就会被迅速传播，恶名远扬。这是一定会出现的状况。《易经》上说，两个人同心，力量可以断金；同心的言语，如兰花般芬芳，说的就是这个道理。

［笺注白话］如果一家人团结和睦，那么即使有人犯了过失，也一定会被遮掩而免遭诽谤。如果内姓与外姓相离间，所犯的错误就会被迅速传播，恶名远扬。因此大家团结一心来做事情，就会有断金的力量。彼此都把自己内心的话语告诉对方，这种氛围就如同兰花一样芬芳。所以《易经》上的教诲，怎么会欺骗我们呢？

夫叔妹者，体敌[1]而分尊，恩疏而义亲，若淑媛[2]谦顺之人，则能依义以笃好，崇恩以结授，使徽美[3]显彰，而瑕过隐塞，舅姑矜善[4]，而夫主嘉美，声誉耀于邑邻，休光延于父母。

［笺注］叔妹班与己同，而称之为叔为姑，故体敌而分尊，与己异性，而为夫之同气，故恩疎而义亲。贤淑之女，自能推夫主之义，舅姑之恩，以笃和好而结助授。叔妹既和，则徽懿美善，日益彰显，瑕玷过失，相为隐蔽，而得舅姑夫主之欢心，贤圣美誉，扬于里邑，盛德光辉，荣于父母矣。

【注释】(1) 体敌：谓彼此地位相等，不分上下尊卑。(2) 淑媛：美好的女子。(3) 徽美：美好，多指美德。(4) 矜善：夸奖。

【原文白话】嫂嫂和小姑，地位尊卑差不多，从两家人变成一家人，刚刚相处，相互之间谈不上有多少恩情，是因为道义才相互亲爱。倘若是个贤淑谦逊之人，就能依循道义，和她们搞好关系，布施恩惠，让她们都成为自己日后的助援，自己有些许美德就能彰显出来，而偶尔一点不好的地方就可以被遮掩掉。公婆都称赞你，丈夫更会嘉奖赞美你，这样就会使好名声传于邻里之间了，父母也会感到光彩。

［笺注白话］小叔子和小姑子是与自己同辈份的，所以称为叔和姑，虽然他（她）们和自己是异姓，没有血缘关系，但却是丈夫的亲弟妹，因此从道义上来说是亲近的。善良贤惠的好女子，一定能推崇丈夫和公婆的恩义情义，和他们和睦相处并得到他们的帮助。与小叔子小姑子和睦相处，自己美好的德行就会日益彰显出来。彼此有了过失互相掩盖，就会得到丈夫、公婆的欢心。（天长日久）自己高尚的美德就会传扬乡里，父母也会因此而感到荣耀。

若夫愚惷之人，于叔则托名以自高，于妹则因宠以骄盈。骄盈既施，何和之有？恩义既乖，何誉之臻[1]？

［笺注］惷与蠢同。臻，至也。言愚惷之人。于叔则自恃兄宠之嫂。而有矜高[2]尊大之心。于妹则自恃为助于夫。而有骄盈傲慢之色。骄盈既着。则自不能和。不和而恩义乖离。又何誉之臻也。

【注释】(1) 臻：到，来到。(2) 矜高：高傲自大。

【原文白话】如果是愚蠢的女子，作为嫂嫂，就倚仗长嫂的身份而高傲自大，作为小姑，则自恃在家中从小受宠爱的优势，而骄盈傲慢。彼此之间一旦有了骄横之心，哪里还会有和睦呢？一家人之间没有了恩义，又哪会有美好的声誉呢？

［笺注白话］臻是到的意思。如果你是个愚蠢的人，当着兄嫂自恃清高，对着小姑子持宠示骄，这样做，哪还有和睦？恩义都没有了，哪还有什么美誉可传？

是以美隐而过宣，姑忿而夫愠[1]，毁訾[2]布于中外，耻辱集于厥[3]身，进增父母之羞，退益君子之累，斯乃荣辱之本，而显否[4]之基也，可不慎欤。

［笺注］如是则美善日隐，过咎日宣，舅姑忿恨，而夫主愠怒。谤毁訾詈[5]，扬于中外，羞耻诟辱，加于本身，其为父母贻羞，夫主玷累匪浅矣。是故和叔妹者，乃己身光荣扬显之根本，不和者反是，可不慎哉。

【注释】(1) 愠：怒，怨恨。(2) 毁訾：亦作“毁疵”。亦作“毁訿”。亦作“毁呰”。毁谤；非议。(3) 厥：其；他的；她的。(4) 显否：荣枯；穷通。

(5) 訾詈：责骂诋毁。

【原文白话】这样就会美善日渐隐蔽，过咎日渐宣扬，公婆忿恨，丈夫愠怒。毁谤不善之言传扬于家里家外，遭受羞耻垢辱。不是给父母增羞，就是给丈夫添累。这是荣辱的根本、名誉好坏的根基，怎么能够不谨慎呢？

［笺注白话］所以说没有了美德，缺点就会显现。婆婆愤怒则丈夫就会憋屈，使自己不善的名声传扬于家里家外，羞耻、侮辱都归于一身。这就会给父母增添羞耻，给丈夫增添不小的麻烦。因此能否和叔妹和睦相处，这是荣辱的根本，并且是好坏划分的基本点，怎么能够不慎重呢！

然则求叔妹之心，固莫尚于谦顺矣。谦则德之柄，顺则妇之行，知斯二者，足以和矣。诗曰："在彼无恶，在此无射[(1)]。"此之谓也。

［笺注］言惟谦恭逊顺，可以和叔妹之心。谦为入德之本，顺乃妇人之行。二者不失，自能和合于叔妹，不失于舅姑、夫主矣。射与妒同。大家引诗以明之曰，人能在彼无厌恶之心，在此无妒忌之害，则何所往而美善不著，名誉不彰哉。

【注释】(1) 射：有嫉妒的意思。

【原文白话】要想求得小姑子的心，只要做到谦顺。谦是德行的根本，顺是妇人的行为准则。能够做到这两点，足以和小姑子搞好关系。《诗经》上说，在彼没有厌恶之心，在此没有妒忌之心。大概说的就是这种情况啊！

［笺注白话］只要能够做到谦虚恭敬柔顺，就可以得到叔妹的欢

心。其实谦虚是一个人德行的根本，柔顺是妇人高尚的行持。这两方面能够保持，自然可以与叔妹和睦相处，不会失去公婆、丈夫的心意。原文中“射”与“妒”意思相同。曹太姑引用《诗经》明白地显示说：“一个人不会引起他人厌恶的心，而自己没有嫉妒的心，如此做什么事情不会彰显自己善良贤惠的好名声呢？”

内训

仁孝文皇后姓徐氏，中山武宁王达之女，明成祖文皇帝元配也。博学好文，著《内训》二十篇，以教宫壸。○壸与阃同。

【题解】仁孝文皇后是明成祖朱棣的原配夫人，也是明朝开国功臣中山王徐达的嫡长女。徐皇后博文好学，仁孝温和，是当年明太祖朱元璋亲自到徐家提亲迎娶的燕王妃，深得太祖和马皇后的赞许。永乐元年明成祖朱棣登基后，徐皇后主理内宫、母仪天下，她对女子的教育非常重视，结合历代女教著作和马皇后的言传身教，于永乐二年著成《内训》一书，作为当时教导后宫嫔妃以至于仪范天下女子的教材。其内容共分20篇，提出女子德性内在要“贞静幽闲，端庄诚一”，外在要“孝敬之明，慈和柔顺”。女子的修身要从“目不视恶色，耳不听淫声，口不出傲言”做起。女德的规范是慎言谨行、勤俭节约、反躬自省、积德迁善等。徐皇后还非常强调女子要敦伦尽分，尽到侍奉父母、公婆、夫君的责任和敬奉祖先祭祀的义务，并在家庭中做好母亲的表率，和睦宗亲、慈爱晚辈、善待婢妾、约束娘家亲属等。《内训》一书结构清晰，内容完备，不失为女德教育的好素材。

御制序

【题解】此篇序言讲述了作者徐皇后三十多年来遵照婆婆马皇后教诲，谨慎侍奉皇上。徐皇后担任后宫之主后，希望找到一本女德教材教育后宫嫔妃，但苦于前人著作要么简略要么失传，没有合适的善本。因此徐皇后谦称将从马皇后那里传承下来的教诲，汇集成《内训》一书，并将此书20章的内容做了简要说明。

吾幼承父母之教，诵诗书之典，职谨女事。蒙先人积善余庆，夙(1)备掖庭(2)之选。

［笺注］掖庭，宫中两掖廊除之间，媵侍所居也。不敢直言为妃，但谦言备宫掖媵侍之选耳。

【注释】(1)夙：早，早年。备：充任，充当。(2)掖庭：宫中房舍，妃嫔居住的地方。

【译文】我自幼接受父母的教诲，诵读《诗经》、《尚书》此类的经典，谨慎地做好女子分内的事。承蒙祖辈积德行善留下吉庆，我很早就被选入后宫。

［笺注白话］掖庭原指宫中侧门周围的居室，是供地位不高的陪嫁婢妾居住的地方。这里徐皇后没有直接说自己被封为妃，而是谦称被选中做后宫佳丽而已。

事我孝慈高皇后(1)。

[笺注]高皇后姓马氏，太祖高皇帝元配也。成祖，高后第四子。初封燕王，洪武中选文皇后为燕王妃。建文四年，燕王靖难，称帝立妃为后。

【注释】(1) 孝慈高皇后：明太祖朱元璋的皇后马氏，马皇后仁慈、聪明、有见识，朱元璋称帝前后，马皇后给了很多帮助。她将宋代的家法汇编成册，让后妃们朝夕攻读。正是由于马皇后的这一措施，使得明朝的皇后贤惠的占了大多数，也很少出现外戚专权的局面。

【译文】侍奉孝慈高皇后。

[笺注白话]高皇后马氏是明太祖高皇帝朱元璋的元配夫人。明成祖朱棣是马皇后的第四个儿子。开始被封为燕王，洪武年间徐皇后被选中做燕王妃。建文四年，燕王朱棣以平定变乱为名，自称帝，立燕王妃为皇后。

朝夕侍朝。

[笺注]上朝字音招。下朝字音潮。

【译文】(徐皇后)早晚都在朝堂上侍奉(马皇后)。

[笺注白话]前一个"朝"字念招，后一个"朝"字念潮。

高皇后教诸子妇，礼法唯谨。吾恭奉仪范(1)，日聆教言。祇敬(2)佩服，不敢有违。肃(3)事今皇帝三十余年。

[笺注]今皇帝，成祖也。

【注释】(1) 仪范：典范，表率。(2) 祇敬：恭敬。(3) 肃：恭敬。

【译文】孝慈高皇后(马皇后)教导各位儿媳要严谨恪守礼仪规

范。我恭敬地把高皇后举止奉为典范，每天聆听她的教诲，内心恭敬佩服，不敢有违礼之处。我这样小心地侍奉当今皇帝已经有三十多年了。

［笺注白话］这里的当今皇帝是指明成祖。

一遵先志，以行政教。

［笺注］遵高皇后之志，行其政教于宫内也。

【译文】（我）专心一意地遵循先人的意愿，并在内宫推行高皇后的教导。

［笺注白话］遵循高皇后的意愿，在宫内继续施行传承下来的教诲。

吾思备位(1)中宫(2)，愧德弗似，歉于率下(3)，无以佐皇上内治(4)之美，以忝(5)高皇后之训。

［笺注］谦言正位中宫，愧无德率下，以成内治，有玷于先后之教。

【注释】(1) 备位：居官的自谦之词，谓愧居其位，不过聊以充数。(2) 中宫：指皇后。(3) 率下：作下属表率。(4) 内治：指对妇女进行的教育。(5) 忝：羞辱，有愧于。

【译文】我想到自己愧居皇后的位置，却德不配位，不足以作属下众人的表率，没有才德辅佐皇帝治理好后宫，辱没了高皇后的教诲。

［笺注白话］徐皇后谦虚地说自己位居中宫，却惭愧德行不够作众人的表率，不能出色完成后宫的管理，有愧于高皇后的教导。

常观史传求古贤妇贞女，虽称德行之懿，亦未有不由于教而成者。

〔笺注〕言史书所载，贤女虽多，未有不教而善者。

【译文】我曾经阅读史书传纪，探求古代的贤妇贞女，那些有美好德行被称颂的，没有一个不是通过教育而成就的。

［笺注白话］讲史书中记载的贤德女子很多，但都是得到很好的教育而成就善行的。

古者教必有方，男子八岁而入小学，女子十年而听姆教[(1)]。

［笺注］此《礼记》之言。姆教，女师之教也。

【注释】(1) 姆教：女师传授妇道于女子。

【译文】古人的教育有很好的方法，男子八岁入小学学习，女子十岁开始由女师传授妇德。

［笺注白话］这是《礼记·内则》中的话："女子十年不出，姆教婉娩听从。"姆教就是女师传授妇道。

小学[(1)]之书无传，晦庵朱子[(2)]爰[(3)]编辑成书，为小学之教者，始有所入。

［笺注］古小学之书，散失无传。宋朱晦庵公熹，始编撰小学，以训幼学。

【注释】(1) 小学：《小学》由朱熹编纂，向儿童教导道德伦理的基本原则，对中国传统启蒙教育产生了深远的影响。全书共6卷，分内外篇。内篇分为《立教》《明伦》《敬身》《稽古》4个部分。外篇分为《嘉言》《善行》2个部分。(2) 晦庵朱子：朱熹，字元晦，号晦庵。南宋著名的理学家、思想家、哲学家、教育家、诗人、闽学派的代表人物，世称朱子，是孔子、孟子以来最杰出的弘扬儒学的大师。(3) 爰〔yuán〕：于是，就。

【译文】古时的小学课本没有流传下来，朱熹夫子就编辑了《小学》一书，从事小学教育的人才有了依据。

［笺注白话］古代小学课本流散遗失没有流传下来。宋朝的晦庵公朱熹夫子编辑撰写了《小学》一书，作为启蒙教育的课本。

独女教未有全书，世惟取范晔《后汉书》(1)曹大家《女诫》(2)为训，恒病其略。有所谓《女宪》《女则》，皆徒有其名耳。

［笺注］小学之教，施于幼男，而训女之书，则未备焉。惟南朝刘宋时范晔作《后汉书》，内载汉曹大家《女诫》七篇，可谓善矣。但病其文辞简略，阐发未全，而所引《女宪》《女则》之书，又俱遣佚，徒存其名耳。

【注释】(1)《后汉书》：是由南朝宋时期历史学家范晔编撰的记载东汉历史的纪传体史书，记载了从光武帝刘秀起至汉献帝的195年历史。(2)《女诫》：是东汉班昭（史称曹大家）所作的一篇教导女性做人道理的书，包括卑弱、夫妇、敬慎、妇行、专心、曲从和叔妹七章。

【译文】唯独女教没有一个完整的教材，世人常用范晔《后汉书》中记载班昭的《女诫》来教育女子，但常常苦于太过简略。还听说有《女宪》《女则》，但都已经失传了。

［笺注白话］《小学》是教男孩的启蒙课本，但教育女子的教材还没有。只有南朝宋时范晔的《后汉书》中记载了班昭的《女诫》七篇可以算不

错的教材，但缺点是文字比较简略，阐述不够全面。还有《女宪》《女则》都已失传，只留下书名而已。

近世始有，女教之书盛行，大要撮[(1)]曲礼内则之言，与周南召南诗[(2)]之小序，及传记而为之者。

［笺注］近世，谓元末明初时。有训女之书数种，皆是择《礼记》、《毛诗》之词，及古烈女传记，合而为之，非一人之言。

【注释】(1) 撮：摘取，摄取。《礼记·内则》：主要内容是记载男女居室事父母、公婆之法。即是指家庭主要遵循的礼则。(2) 周南召南诗：指《诗经》中的《周南》《召南》。

【译文】近代才开始兴起女教方面的书，但大都是从《礼记·内则》和《诗经》当中摘取的文字，以及古代烈女传记编辑而成的。

［笺注白话］近世指元末明初这段时间。有几种教育女子的书，都是选自《礼记》《毛诗》，以及古代烈女传记，合编而成的，不是统一的言论。

仰[(1)]惟我高皇后教训之言，卓越往昔，足以垂法[(2)]万世。吾耳熟而心藏之，乃于永乐二年冬，用述高皇后之教以广之，为《内训》二十篇，以教宫壶[(3)]。

［笺注］女学诸作，既无详备之书，于是仰承先志，采辑教言，广为《内训》，以教宫闱。

【注释】(1) 仰：依赖，依靠。(2) 垂法：垂示法则，流传法则以示后人。(3) 宫壶：帝王后宫。亦指后妃。壶通“阃”。

【译文】依赖我高皇后的教诲训诫，比之前的女教高明卓越，足以流传后人作为法则，我耳熟能详且铭记在心。于是在永乐二年冬天，我重述高皇后的教诲，扩写成《内训》二十篇，以此来教导后宫众人。

［笺注白话］女子教育的著作，既然没有周详完备的书籍，于是我（徐皇后）敬承先后的意愿，收集编辑了高皇后的教导，扩写成《内训》，来教导后宫嫔妃。

夫人之所以克圣[(1)]者，莫严于养其德性，以修其身，故首之以德性[(2)]，次之以修身。

［笺注］此言《内训》篇名之作。圣，犹善也。《书》云："克念作圣。"盖人欲修其身，必先养其德性，故德性为首，而修身次之。

【注释】(1) 克圣：指克念作圣。克制妄念成为圣人。(2) 德性：指人的自然至诚之性。

【译文】一个人之所以能克制妄念成为圣人，没有比涵养德性，继而修正身心更重要的了，所以把"德性章"放在第一章，之后是"修身章"。

［笺注白话］这是说《内训》篇名的由来。圣是善的意思。《尚书》说："克念作圣。"人要想修正身心，一定先要涵养德性。所以把"德性章"放在第一章，第二章是"修身章"。

修身莫切[(1)]于谨言行，故次之以慎言谨行。

［笺注］慎言谨行，修身之基也。故次之。

【注释】(1) 切：重要，要领。

【译文】修身，没有比言行谨慎更重要的了，所以之后是"慎言章"和"谨行章"。

［笺注白话］出言谨慎和行事谨慎，是修身的基础，所以在“修身章”之后。

推而至于勤励[1]节俭，而又次之以警戒[2]。

［笺注］勤俭者，修身之用。警戒所以黾勉提撕，恐言行之或失，勤俭之未能。故次四者之后。

【注释】(1) 勤励：勤劳奋勉。(2) 警戒：警惕防备。

【译文】之后是“勤励章”和“节俭章”，再之后是“警戒章”。

［笺注白话］勤俭是修身的运用。警戒是努力提醒自己，唯恐言行有过失，或者没有做到勤俭，因此放在慎言、谨行、勤励和节俭四章的后面。

人之所以获久长之庆者，莫加[1]于积善。所以无过者。莫加于迁善[2]。

［笺注］修身者，见善则迁，有过必改。能迁能积，修身之道毕矣。

【注释】(1) 加：超过。(2) 迁善：去恶为善，改过向善。

【译文】人之所以能得到长久的福庆，都是源于积德行善；人之所以能少犯过失，都是源于改过迁善。(所以之后是“积善章”和“迁善章”。)

［笺注白话］修正身心就是见人善即思齐，有过就改。能去恶就善，能积善得福，修身之道就完成了。

数者皆修身之要[1]，而所以取法[2]者，则必守我高皇后之教也，故继之以崇圣训。

［笺注］崇圣训，不忘高后之教也。

【注释】(1) 要：纲要，要点。(2) 取法：取以为法则，效法。

【译文】这几件事都是修身的关键。我所奉行的法则，是一定谨守高皇后的教诲，所以之后是“崇圣训章”。

［笺注白话］崇圣训是指不忘记高皇后的教诲。

远而取法于古，故次之以景(1)贤范。

［笺注］景贤范，取法古之贤女也。

【注释】(1) 景：仰慕。贤范：才德兼备的榜样。

【译文】再扩展来看，还要向古代的贤女学习，所以之后是“景贤范章”。

［笺注白话］景贤范是指向古代的贤女学习。

上而至于事父母、事君、事舅姑(1)、奉祭祀，又推而至于母仪、睦亲、慈幼、逮下(2)，而终之以待外戚(3)。

［笺注］君亲长幼之克尽，人伦之要备矣。而外戚者，后妃之家，尤当裁之以礼，不悖于法，则长保其富贵矣。故以为《内训》之终。

【注释】(1) 舅姑：称夫之父母，即公婆。(2) 逮下：恩惠及于下人。(3) 外戚：帝王的母族、妻族。

【译文】向上的角度来看，就有了“事父母章”“事君章”“事舅姑章”“奉祭祀章”，再扩展开就是“母仪章”“睦亲章”“慈幼章”“逮下章”，最后是“待外戚章”。

［笺注白话］对君主亲人长辈晚辈的责任都尽到了，人与人之间的伦理关系就完备了。外戚是指后妃的娘家人，对他们更应当教之以礼，让他们遵守法度，才能长保富贵。所以把“待外戚章”作为《内训》最后一章。

顾以言辞浅陋，不足以发扬深旨(1)，而其条目亦粗(2)备矣。观者于此，不必泥(3)于言，而但取于意，其于治内之道，或有裨(4)于万一云。永乐三年正月望日序。

［笺注］谦言此书虽浅陋，而条目具备，读书但取其意而省察焉。庶可以资于内治矣。

【注释】(1) 深旨：深刻的意旨。(2) 粗：略微。(3) 泥：拘执，不变通。(4) 裨：补益。

【译文】以我贫乏的言辞，不足以宣扬高皇后深刻的教意，但条目还算完备。读者看此书不要局限于文字，只需领会它的意思，对于女子教育或许能有所帮助。永乐三年正月十五序。

［笺注白话］徐皇后自谦说此书虽然浅陋，但条目完备，读此书时只要领会精神和反省自身，希望可以为女子教育提供素材。

德性章第一

【题解】本章讲述女子德性的内容及其重要性。女子内在要具备：坚贞沉静、幽寂闲雅、端正庄重、诚实纯一的品格；外在要具备：孝亲敬养、仁爱明察、慈淑和睦、温柔恭顺的行为，这样德性就完备了。女子只有努力修身养德，不积小过，才能配得上有德行有地位的人，才能保有尊贵福禄。

贞静[1]幽闲，端庄诚一，女子之德性也。孝敬之明，慈和柔顺，德性备矣。

［笺注］贞固沉静，幽寂闲雅，端楷庄肃，诚实纯一。此八者，女子之德性，粹于中者也。孝亲敬养，仁爱明察，慈淑和睦，温柔恭顺。此八者，女子之德性，著于外者也。女子能此，德性全矣。

【注释】(1) 贞静：坚贞沉静。

【译文】坚贞沉静，幽寂闲雅，端正庄重，诚实纯一，这些是女子内在的德性；孝亲敬养，仁爱明察，慈淑和睦，温柔恭顺，这些是女子外在的德性表现。做到了这些，女子的德性就齐备了。

［笺注白话］坚贞沉静，幽寂闲雅，端正庄重，诚实纯一，这八点是女子内在的德性精华。孝亲敬养，仁爱明察，慈淑和睦，温柔恭顺这八点是女子德性外在的表现。女子能做到内外两方面，德性就完备了。

夫德性原于所禀[1]，而化成于习。匪[2]由外至，实本[3]于身。

［笺注］禀，受也。习，教之所移也。言人之德性，皆禀受于有生之初。本有善而无恶，及夫稍长，因习气而化。父母教之以善，则日就于贤明。苟不率教而为恶习所移，日迁于不善，而成下愚矣。

【注释】(1) 禀：领受，承受。(2) 匪：同非，不，不是。(3) 本：

起源，肇始。

【译文】人的德性源于先天的秉赋，后天的变化形成于习气。不是从外部来的，实际都来自于自身。

［笺注白话］禀是领受的意思。习是指教育产生的变化。这里讲人的德性都是出生的时候被赋予的，本来是纯善的。在成长的过程中，因为沾染的习气不同产生了不同的变化。父母教导孩子向善，孩子就会日渐贤明；如果不注重教育而沾染了恶习，孩子就会日渐不善，最终成为愚蠢之人。

古之贞女，理情性，治(1)心术，崇道德，故能配君子以成其教。是故仁以居之，义以行之，智以烛(2)之，信以守之，礼以体之。匪礼勿履，匪义勿由，动必由(3)道，言必由信。

［笺注］言古者贞淑之女，能调摄其性情，而不紊乱；理治其心术，而无邪僻；尊崇道德，而效法贤明。始能克配君子，以成内教。仁主于心，居而不失。义发于事，行而不悖。智以烛理，信以践言，礼以持躬。礼义道信，行动必由，斯备乎德性矣。

【注释】(1) 治：修养。(2) 烛：明察，洞悉。(3) 由：奉行，遵从。

【译文】古代贞淑女子能够调摄性情、修养内心、尊崇道德，所以能与君子的品行相配，成就女子的教育。因此女子应该以仁爱主宰内心，以道义指导行为，以智慧洞悉事理，以诚信固守承诺，以礼法约束行为。非礼勿行，非义勿经。行动一定要遵从道，说话必须奉守诚信。

［笺注白话］这是说古代的贞淑女子，能够调摄性情使之不乱，修养内心使之无邪，尊崇道德，效法贤明。这样才能配得上君子的德行，完成女子的教育。以仁爱主宰内心，存心就不会偏失。以道义指导行为，做事就不会违逆。以智慧洞悉事理，以诚信践行承诺，以礼法约束行为。日常

奉行礼义道信，这就使德性完备了。

匪言而言，则厉阶[(1)]成焉；匪礼而动，则邪僻形焉。阃[(2)]以限言，玉以节动，礼以制心，道以制欲。养其德性，所以饬[(3)]身，可不慎欤！

［笺注］厉，祸乱也。阶，梯也。《诗》曰："妇有长舌，为厉之阶。"妇人不当言而言，必为祸乱之阶；不循礼而动，则为邪僻之事。阃，闺阃之界也。《礼》："内言不出于阃，外言不入于阃。"是以阃阈之间，内外之限也。古者女子行必佩玉，以为禁步。动则玱然有声，无故不敢妄行也。心恐专肆，制之以礼。欲恐放纵，制之以道。时时警饬其身，必敬必慎。庶能养其德性也。

【注释】(1) 厉阶：祸端。(2) 阃〔yù〕：妇女所居之内室。(3) 饬〔chì〕：谨慎，谨严。

【译文】女子说了不该说的话，就会引起祸端；做了不合礼法的事，就会形成恶行。所以深居简出以限制多言，佩戴玉器以节制行动。用礼法约束心念，用道义限制欲望。涵养她的德性，谨严修正身心，不可以不慎重啊！

［笺注白话］厉是指祸乱，阶是指梯子。《诗经》说："女人好说闲话，是祸乱的源头。"女人如果说了不该说的话，一定会引起灾祸；如果不遵循礼法行事，就会有恶行。阃是指女子所居之内室。《礼记》说："闺房中的话不外传，外面的言论不传到内室。"是说女子之间说话，内外要有界限。古代女子走路必须佩玉，防止疾行失礼。走起路来玉动有声，就不敢胡作非为。怕心念专横，用礼法来约束它。怕放纵欲望，用道义来限制它。经常警惕自己一定要恭敬谨慎，希望可以修养德性。

无损于性者，乃可以养德。无累于德者，乃可以成性。

［笺注］凡一言一行，无损于天性之良，无玷于醇淑之德。德以养其性，性以成其德也。

【译文】无损于善良的本性，就可以涵养德性。德行上没有过失，就可以成就本性。

［笺注白话］凡是一言一行都不能有损于善良的本性，也不能玷污醇淑的德性。用德性涵养本性，用本性促成德性。

积过由小，害德为大。故大厦倾颓[(1)]，基址[(2)]弗固也。己身不饬[(3)]，德性有亏也。

［笺注］小故不改，必损大德。基址不固，宫室必倾。德性弗修，则己身不饬，百行俱亏矣。

【注释】(1) 倾颓：倾覆、崩溃、衰败。(2) 基址：建筑物的地基、基础。(3) 饬：谨慎，谨严。

【译文】积累小过失，就会严重地损害德性。就像大厦倾覆，是因为地基不稳固。不谨慎修身，德性就有亏失了。

［笺注白话］小的过失不改正，必然会损害大的德性，正如地基不稳固，宫室必然会倾塌。不修养德性，就不会谨言慎行，各种品行都会有亏失了。

美玉无瑕，可为至宝；贞女纯德，可配京室[(1)]；检身[(2)]制度，足为母仪[(3)]；勤俭不妒，足法闺阃。

［笺注］京，大也。配京室，大家之妇也。言贞女德性醇美，如无瑕之玉，可以配大家。女子检约其身心，修明其制度，克勤克俭，不妒不忌，始可以为母仪，而法于闺阃矣。

【注释】(1) 京室：多指王室。(2) 检身：检点自身。(3) 母仪：人母的仪范，多指皇后。

【译文】没有瑕疵的美玉，是最珍贵的宝物；有醇美德性的女子，可以许配名门望族；检点约束自身，整顿昭明制度，可以做人母的仪范；勤劳节俭不怀嫉妒，足以成为女人的楷模。

［笺注白话］京是大的意思，配京室是指做大户人家的妻子。这是说贞女德性醇美，如没有瑕疵的美玉，可以许配名门。女子检点约束身心，整顿昭明制度，既勤劳又节俭，没有妒忌心，才可以母仪天下，做女子的榜样。

若夫骄盈嫉忌，肆意[(1)]适情，以病其德性，斯亦无所取矣。古语云："处身[(2)]造宅，黼[(3)]身建德[(4)]。"诗云："俾[(5)]尔弥尔性，纯嘏[(6)]尔常矣。"

［笺注］骄，自恣也。盈，自满也。嫉忌，妒害也。病，损也。黼，锦绣黼黻之衣，以比身之光荣也。诗，大雅卷阿之诗。俾，使也。弥，长久也。性，犹命也。纯，厚。嘏，福也。言不贤者于己，则骄矜盈满。于人则嫉妒忌害，放肆任意，以顺适其情，而损其德性。虽有他才，亦无所取矣。是以古语有云，欲安其身，必须造室；欲华其身，非取衣服之美，必须立德，然后光荣。若召康公从周成王于卷阿之上，颂王之诗云：王既有德，以加于民信，岂弟之君子矣；夫当使尔长永性命，厚集其福禄，而常享之也。凡为男女具有其德，福禄亦如是矣。

【注释】(1) 肆意：纵情任意，不受拘束。适情：顺应性情。(2) 处身：立身处世。(3) 黼〔fǔ〕：指礼服所绣华美花纹。此处指尊贵的身份。(4) 建德：建立德行或功业。(5) 俾〔bǐ〕：使。弥：久远。(6) 嘏〔gǔ〕：福。

【译文】如果骄傲自满，嫉贤妒能，恣意放纵，为所欲为，损害了自己的德性，即使有才华也毫无用处。古语说："安身立命要建宅第，安享尊贵要修德行。"《诗经》说："使君长命百年寿，天赐洪福永享受。"

［笺注白话］骄是放纵自己。盈是自满。嫉忌是嫉妒。病是损害。黼是锦绣华美的衣服，比喻地位尊贵显耀。诗是指《诗经·大雅·卷阿》。俾是使的意思。弥指长久。性指寿命。纯指厚大。嘏指福。这是说没有德行的人对自己骄傲自满，对人嫉妒伤害，恣意放纵，顺从情绪，损伤了自己的德性。虽然有些才能也毫无用处。所以古语说，要安顿身体必须建房子；要尊贵显耀不是穿华丽的衣服，而是必须建立德性，然后才能保有地位。就像召康公跟随周成王到卷阿之上，赞颂成王的诗说，大王有贤德，使百姓信服，是平易近人的君子。这样的大王定会长寿百年，天赐福禄享用不尽。凡有人具有大王的贤德，也会享受这样的福禄。

修身章第二

【题解】本章讲述女子修身的重要性，先以太任为例，说明女子重视自身的修养对于子孙后代有着重要的作用。之后告诫女子不要重视华美的外表，只有注重修身立德，才具备治家的基础。最后点明女子的修身养德关系到家族血脉传承，甚至关乎家庭盛衰和国家兴废，一定要慎重。

或曰。太任[1]目不视恶色。耳不听淫声。口不出傲言。若是者。修身之道乎。

［笺注］此设或问答之辞。太任，王季之妃，文王之母也。礼言：“其妊文王时，目不邪视，耳不倾听，口无傲言，席不正不坐，谓之胎教。”故问此数者，可谓修身已乎。

【注释】(1) 太任：商朝时期西伯侯王季（季历）之正妃。周文王姬昌之母，历史上有记载的胎教先驱。与她的婆婆太姜和她的儿媳太姒合称为“周室三太”，后世以“太太”作已婚女性的尊称，代表效法三太的贤德。

【译文】有人问：“太任（在怀着文王时）眼睛不看邪恶的事物，耳朵不听不合礼仪的声音，口不说傲慢的言语。像这样，就是修身的方法吗？”

［笺注白话］这是一个自问自答的设问句。太任是王季的正妃，文王的母亲。《礼记》上说：“太任在怀文王时，眼睛不看邪恶事物，耳朵不听不合礼的声音，口不讲傲慢的话，座位不正就不坐，这就是胎教。”所以问这个问题的人自答，这可以称之为修身了。

曰：“然，古之道也。夫目视恶色，则中眩[1]焉。耳听淫声，则内褫[2]焉。口出傲言，则骄心侈焉。是皆身之害也。故妇人居必以正，所以防慝[3]也。行必无陂[4]，所以成德也。

［笺注］眩，惑乱也。褫，夺丧也。慝，差失也。陂，偏也。答以所问，乃古圣人修身之道也。盖视恶色则眩乱于性情，听淫声则褫夺其德性，出傲言则骄侈之心生，三者皆身之害也。故居必以正，行必无偏，所以防邪而成德也。

【注释】(1) 眩：迷惑，迷乱。(2) 褫〔chǐ〕：夺去。(3) 慝〔tè〕：邪恶。(4) 陂〔bì〕：偏颇，邪僻不正。

【译文】回答："是的。这是自古圣人的修身之道。"眼睛看了邪恶的事物，内心就会迷乱。耳朵听到不合礼的声音，平和的本性就被夺去了。口说了傲慢的话，内心就会骄纵任性。这些都是修身的大忌。所以女人居心要正，才能谨防邪念；行为要正，才能涵养德性。

[笺注白话] 眩是指惑乱。褫是指夺去。慝是指过失。陂指偏颇。自答所问，这正是自古圣人修身之道。看邪恶事物会迷乱性情，听不合礼的声音会夺去本性，口说傲慢的话就会生起骄纵的心，这三样都是严重贻害修身的。所以居心要正，行为要正，才能防范邪恶、成就德性。

"是故五彩盛服，不足以为身华，贞顺(1)率道(2)，乃可以进妇德。不修其身，以爽(3)厥德，斯为邪矣。

[笺注] 爽，差背也。率，由也。言盛服不足为美，惟贞顺循率道理，以成妇德。不修身而悖德，斯为邪慝矣。

【注释】(1) 贞顺：指妇女的专一婉顺。(2) 率道：遵循正道。(3) 爽：差失，不合。厥：代词，其。

【译文】"因此五彩华服不足以增添光彩，专一婉顺、循道而行才可以增进妇德。不修养身心，而使德行有所差失，这就是邪恶了。

[笺注白话] 爽是差失。率是由。是说盛美华服也不足以为美，只有专一婉顺、循道而行才能成就妇德。不修正身心而违背道德的，就是邪恶了。

"谚有之曰：'治秽(1)养苗，无使莠(2)骄；划(3)荆剪棘，无使涂塞。’是以修身，所以成其德也。

［笺注］谚，俗语也。莠，稗草乱苗者也。刬，鉏也。除治污秽，辑理禾苗，而不使稗莠生长，以乱稻谷；刬剪荆棘，无使壅塞道涂，犹修身以育德也。

【注释】（1）秽：杂草。（2）莠〔yǒu〕：田间常见杂草。骄：旺盛。（3）刬〔chǎn〕：铲除，消灭。

【译文】“有句谚语说：‘清除杂草才能长养禾苗，不要使杂草滋长；铲除荆棘，不要使道路堵塞。’这就是修正身心长养德性的过程。

［笺注白话］谚指俗语。莠指与禾苗混淆的杂草。刬是指除去。清除杂草，整理禾苗。使杂草不能生长，就不会扰乱稻谷的成长。铲除削剪荆棘，不使它堵塞道路，就像修养身心培育德性一样。

“夫身不修，则德不立，德不立，而能成化于家者，盖寡矣，而况于天下乎？

［笺注］不修身立德，而能治家者，鲜矣！况天下乎？

【译文】“不修身，就不能立德，不能立德而能教化一家人的，实在很少见，何况是教化天下呢？

［笺注白话］不修身立德而能管好家的，都很少见啊！更何况要管理好天下呢？

“是故妇人者。从人者也。夫妇之道。刚柔之义也。昔者明王[1]之所以谨婚姻之始者。重似续[2]之道也。家之隆替[3]。国之兴废。于斯系焉。呜呼。闺门之内。修身之教。其勖慎之哉。”

[笺注]似，有也。续，继也。隆，兴也。替，废也。言妇人之义，主从伏于人。阳刚阴柔，夫妇之义也。故古圣帝明王，谨始于夫妇，重其克有先姓，继续宗祀。《诗》曰：“似续妣祖。”此之谓也。盖妇人贤不贤，而家国之盛衰兴废，由兹系焉。闺门之内，不可不慎也。

【注释】(1)明王：圣明的君主。(2)似续：继承，继续。(3)隆替：盛衰，兴废。

【译文】“妇人是跟随的人，夫妻之道遵循阳刚阴柔的规律。古代英明的君主之所以对婚姻很谨慎，是因为重视宗室血脉的传承。家族的盛衰和国家的兴废，都与婚姻有关系。闺门女子的修身教育，是多么需要努力谨慎的事啊！”

[笺注白话]似是有，续是继承。隆是兴，替是废。这是说女子处事原则是服从于人，阳刚阴柔是夫妇相处的规律。所以古代圣明君主在选择婚姻伴侣时都非常谨慎，重视家族的传承和宗庙祭祀。《诗经》中说“继承祖先事业”就是说的这件事。因此女子是否贤德，关系到国家和家庭的盛衰兴废。女子的教育不能不慎重了。

慎言章第三

【题解】本章强调了慎言的重要，妇言是女子四德之一。作者引述了几部典籍中有关女子少言慎言的经句，并说明这符合女子坤静的本性，还列举了南宫适谨言和无盐女善言的事例。

妇教有四，言居其一。心应万事，匪言曷[1]宣。言而中节[2]，可以免悔。言不当理[3]，祸必从之。

［笺注］四教谓德言容工，所谓四德也。言，妇言，为四教之一。人以一心应万事，不言则何以宣明其意。然言必中节，则事无后悔。言不中理，则祸辱必随之。

【注释】(1) 曷：怎么。宣：宣泄，抒发。(2) 中节：合乎礼义法度。(3) 当理：合理。

【译文】妇女的教育有四种，妇言是其中之一。内心对外界万事万物的响应，都是通过言语来表达的。说话合乎礼节，可以避免后悔。言语不合理，一定会带来灾祸。

［笺注白话］四教是指妇德、妇言、妇容、妇工，也称作四德。妇女的言教是四教之一，人的内心对万事万物做出反应，没有言语如何表达出来呢？但是说话必须符合礼节，才不会事过后悔。如果说话不合情理，灾祸侮辱一定随之而来。

谚曰："訚訚謇謇[1]，匪石可转；訾訾[2]譞譞，烈火燎原。"又曰："口如扃[3]，言有恒；口如注，言无据。"甚矣！言之不可不慎也！

［笺注］訚訚，和悦也。謇謇，理顺而辞正也。匪石，坚执之心，有甚于石也。訾訾，毁谤也。譞譞，折辩也，无定也。扃，如户之启闭以时也。注，如水之一泻如注而无止节也。言古谚云，人若和颜悦色、敷陈有道之正言于人，虽坚强如石之人，亦可转移而从正。如出言訾毁譞薄，利口伤人，其祸如猛火燎平原之枯草，不可救也。又曰，口如门户常闭，

启发有时，则其言语有时为人所重。若但倾泻，如注水而不收，则其言狂妄而无据，为人所厌矣。可不慎哉！

【注释】(1) 訚訚〔yín〕：说话和悦而又能辨明是非之貌。謇謇〔jiǎn〕：正直之言。(2) 訾訾〔zī〕：诋毁，诽谤。譞譞〔xuān〕：多言。(3) 扃〔jiōng〕：上闩关门。

【译文】谚语说："如果说话和颜悦色、正直在理，即使坚定执着的人也会被感化；如果出言不逊、刻薄伤人，灾祸会如烈火燎原一般难以收拾。"又说："谨慎开口的人会谨守原则，信口开河的人会出言无据。"说话不能不谨慎啊！这点太重要了！

[笺注白话]訚訚是和悦，謇謇是义正辞严。匪石指坚定执着的心可比硬石。訾訾是诽谤。譞譞是争辩。扃指如门闩开关有时。注是指说话像水一样信口开河。古人谚语说，人如果和颜悦色坦陈正言，虽然坚强如石的人也可以被转化从善。如果出言诋毁刻薄伤人，灾祸就如猛火燎枯草一样不能挽救。又说，口像门一样常关，适当时候才开，说出的话就会被人重视。如果信口开河，说出的话就会狂妄没有依据，被人厌弃。怎么能不慎重呢！

况妇人德性幽闲，言非所尚，多言多失，不如寡言。故《书》斥牝鸡[(1)]之晨，《诗》有厉阶之刺，《礼》严出梱[(2)]之戒。善于自持者，必于此而加慎焉，庶乎[(3)]其可也。

[笺注]牝鸡，雌鸡也。晨，当晨而鸣也。言妇人之道，本不尚言辞，言多则多失。故《书》云："牝鸡之晨，惟家之索。"指妇人多言而乱家政，如雌鸡晨鸣，不祥之兆，家必萧索也。《诗》云："妇有长舌，维厉之阶。"言祸乱必生业。《礼》："外言不入，内言不出。"以梱域为界。圣

经之戒妇言，如此其慎。妇人欲修其身，不可不谨也。

【注释】(1) 牝〔pìn〕鸡：母鸡。(2) 梱〔kǔn〕：门限。(3) 庶乎：近似，差不多。

【译文】况且妇人的德性是幽寂闲雅，不该多言，言多必失，不如少说。所以《尚书》中斥责女子掌权，《诗经》中有多言引祸的讽刺，《礼记》中规定了说话内外有别。善于约束自己的人一定对说话多加谨慎，这样做就可以了。

［笺注白话］牝鸡是母鸡。晨指早上打鸣。说妇人本应该不擅言词，话多就过失多。所以《尚书·牧誓》说："母鸡在清晨打鸣，这个家庭就要破败。"比喻女性多言乱家政，就像母鸡打鸣，是不祥之兆，家族一定会衰败。《诗经·小雅·瞻印》说："妇人搬弄是非，是导致灾难的祸根。"是讲祸乱出自口业。《礼记·曲礼》说："外面的话不传到内室，内室的话不传到外面。"以门户为界。圣书如此慎重地禁戒妇言，妇人要想修正身心，对此不能不谨慎。

然则慎之有道乎？曰：有，学南宫縚[(1)]可也。

［笺注］此覆设为问答之辞。南宫縚，又名适，孔子弟子，字子容也。南容谨言，常三复卫武之诗为戒。其诗曰："白圭之玷，尚可磨也。斯言之玷，不可为也。"言白玉之圭，若有瑕玷，尚可磨而去之。言语有玷，则出于口而难追，不可为也。故夫子嘉其谨言，以兄女妻之。妇女欲谨其言，当以此为法。

【注释】(1) 南宫縚：又名南宫适〔kuò〕，字子容，春秋时期鲁国人，孔子七十二弟子之一。南宫适言语谨慎，崇尚道德，孔子称赞他是"君子”“尚德”之人，并把自己的侄女嫁给他。

【译文】那么要做到言语谨慎有什么方法可循吗？回答：有，学习南宫适就可以了。

［笺注白话］这又是自问自答的设问句。南宫縚又名南宫适，是孔子弟子，字子容。他言语谨慎，经常多次重复卫武公的诗来提醒自己。诗出自《诗经·大雅·荡之什·抑》中：“白圭之玷，尚可磨也。斯言之玷，不可为也。”是讲白玉上的污点尚可磨除干净，不好的言语一出口就覆水难收了，所以不能说。孔夫子很赞赏他谨慎言词，将哥哥的女儿嫁给了他。妇人要想谨慎言语，可以向南宫适学习。

夫缄口(1)内修，重诺无尤(2)。宁其心，定其志，和其气。守之以仁厚，持之以庄敬，质之以信义。一语一默，从容中道(3)。以合于坤静之体，则谗慝(4)不作，而家道雍穆(5)矣。

［笺注］缄，犹闭也。诺，许也。尤，过也。言妇人寡言，则内行修明。慎其许诺，必践其言，则无愆尤。志气坚定，辞容和悦，有仁而广敬，一以信义为本。语默之间，中节合度，坤静体而地之道，妇人之义也。妇能静默，合乎坤贞之体，则谗言不兴，邪慝不作，而家道雍肃，则和睦矣。

【注释】(1) 缄口：闭口不言。(2) 尤：过失，罪愆。(3) 中道：合乎道义。(4) 谗慝：进谗陷害。(5) 雍穆：和睦，融洽。

【译文】少言寡语就注重内涵，不轻易承诺就没有过失。宁静内心，坚定志向，平和心气。恪守仁爱敦厚，保持庄重恭敬，坚守诚信道义。无论说话还是沉默，都从容合乎道义。这样做符合女性坤静的本性，就不招来闲言碎语，家庭就和睦融洽了。

［笺注白话］缄是闭。诺是许诺。尤是过失。说妇人少说话就富有内涵。慎重许诺定会言出必行，就没有过失了。志向坚定，说话和气，仁爱恭敬，全以诚信道义为本。言语沉默都合乎尺度，像大地一样包容安静是妇人的道义。妇人能静默就合乎坤德的本性，谗言不起，恶行不作，家庭就和睦融洽了。

故女不矜(1)色，其行在德。无盐(2)虽陋，言用于齐而国以安。孔子曰："有德者必有言，有言者不必有德。"

［笺注］言为妇女不矜昡其色，惟以德行为要。昔无盐锺氏之女，容貌鄙陋，齐王闻其贤而立以为后，上用其言而齐国大治。故孔子曰，人之有德者，非无言也，而言必中节；若夫有言者，徒恃巧佞之言，而未必有德也。

【注释】(1) 矜：自夸，自恃。(2) 无盐：姓钟离，名春，钟离春。相传为齐国无盐邑（今山东东平）人，世称无盐女。容貌丑陋，四十岁还未嫁。她关心政事，曾当面指责齐宣王奢淫腐败，宣王为之感动，并卜择吉日，立无盐为后。

【译文】所以女人不应当夸耀自己的美色，而应该注重德行的培养。无盐女虽然容貌丑陋，但她给齐宣王的谏言却使国家安定。孔子说："有德行的人一定有善言，有善言的人却不一定有德行。"

［笺注白话］妇女不要夸耀自己的美色，而应注重德行的修养。古时的无盐女，容貌丑陋，齐宣王知道她贤德就立她为后，听从她的谏言齐国政事清明。所以孔子说："有德行的人，不是不说话，而说出的话必定符合礼义；那些巧言令色的人，就未必有德行了。"

谨行章第四

【题解】本章讲述女子要谨慎自己的行为，首先是不要自专、自矜和自欺，纯善的品行是要不断积累的。其次成就大德行要从细微的小事做起，有一点德行的亏失都不能成就完美的德行。最后是要服从古训和内外有别，最重要是保守贞节从一而终。

甚哉！妇人之行，不可以不谨也。自是者其行专，自矜(1)者其行危，自欺者其行骄以污。行专则纲常废，行危则疾(2)戾兴。行骄以污，则人道绝。有一于此。鲜克终也。

［笺注］言妇人之行，以德为先。苟无德行，则自以为是者，其行必专，擅而自由。矜高自夸者，其行必危，殆而不安。昧心而自欺者，其行必骄肆，而妄行污贱之事。盖自专者，无君无夫，而废纲常之大节。自危者，则招人疾恶，而灾祸生。自骄而行污贱者，则妇道绝灭，而非人类矣。三者有一，鲜有终身无咎者也。

【注释】(1) 自矜：自负，自夸。(2) 疾：厌恶，憎恨。

【译文】妇人的行为非常重要啊，不可以不谨慎。自以为是的人行为必定专横；矜高自夸的人行为必定危险；自欺欺人的人行为必定骄纵污秽。行为专横，三纲五常就废弃了；做危险的事就会招人厌恶，灾祸就发生了；行为骄纵污秽，就断绝了人伦之道。只要沾染其中的一种，很少能善终。

［笺注白话］妇人的行为应该重视养德，如果没有德行，自以为是的

人必定专横，擅做主张。矜高自夸的人必定做危险事而不安分守己。昧着良心自欺欺人的人必定骄纵放肆，乱行下贱之事。专横的人目无君主和夫君，废弃三纲五常的基本法则。做危险事的人招人厌恶，就会有灾祸发生。自我放纵乱行下贱事的人是灭绝了妇道，根本不像个人。此三者只要沾染一种，很少能终身没有灾殃。

夫干霄(1)之木，本之深也。凌云(2)之台，基之厚也。妇有令誉(3)，行之纯也。本深在乎栽培，基厚在乎积累，行纯在乎自力。不为纯行，则戚疏离焉，长幼紊焉。

［笺注］言干霄之大木，由于根本深固。凌云之高台，由于基址之坚厚。妇人有贤名令誉，由于德行之纯备。而根本之深，在于栽培植养之功。基址之厚，在于积累增高之力。妇行之纯，在于自尽其力，而无一毫亏欠。妇行不纯，则不论亲疏，皆离间而远之，长幼之礼紊杂，贵贱之分淆乱，而不整矣。

【注释】(1) 干霄：高入云霄。(2) 凌云：直上云霄。(3) 令誉：美好的声誉。

【译文】参天的大树是因为根深；摩天的高台是因为地基深厚；妇人有美好的声誉，是因为德行美善。根深在于栽培，地基深厚在于积累，行为美善在于自己努力。行为不善，亲属就会远离，长幼的秩序就会紊乱。

［笺注白话］这是说参天大树是因为根深地固；摩天的高台是因为地基坚实厚重；妇人有贤德美名是因为德行纯善。根深在于栽培种植的功夫，地基厚重在于积土成基付出的力气，妇人的行为纯善在于自己尽力而为，没有丝毫的德行欠缺。如果妇人行为不善，不论远近的亲属都会疏远她，长幼的礼节紊乱了，贵贱的区分混杂了，行为就不端正了。

是故欲成其大，当谨其微纵之毫末，本大不伐。昧于冥冥[(1)]，神鉴孔明[(2)]，百行一亏，终累全德[(3)]。

［笺注］言人欲成大节者，当谨察其细微。如放纵于毫末之细，则其祸必至于如萌芽之生，则枝蔓绵延而不可斩伐也。冥冥幽暗之中，如以为无人知觉，而自昧其心，不知神天鉴察，孔大而彰明也。妇人之行，百有一亏，则全德有损矣。

【注释】(1) 冥冥：私下，暗中。(2) 孔明：很明达，很明晰。(3) 全德：道德上的完美无缺。

【译文】所以想要成就盛大的美德，应当从细微的行为上加以谨慎，一旦坏习气养成就很难改掉了。暗中做的昧心事，神明看得很清楚。众多品行中亏欠了一件，就会损害完美的德行。

［笺注白话］人要想成就盛大的美德，应当谨慎细小的行为。如果小事上放纵，就如同祸患萌芽，等到这个恶习生根长大就很难断除。在私下暗中，如果以为无人知晓就做昧心事，却不知神灵明察秋毫，看得一清二楚。妇人的德行有一点儿亏失，那么完美的德行就受损了。

体柔顺，率[(1)]贞洁，服三从之训，谨内外之别，勉之敬之，始终惟一。

［笺注］言妇人之道，当体温柔敬顺之义，持贞守静洁之操。在家从父，出嫁从夫，夫死从子。三从之训不失，内外之体必谨，黾勉庄敬，以持其身，慎始慎终，一心无二，斯为可矣。

【注释】(1) 率：遵行，遵循。

【译文】做到温柔和顺，遵循忠贞纯洁，服从于“三从”的古训，严谨于男女内外有别，努力恭敬，从一而终。

［笺注白话］妇人之道，应当做到温柔敬顺，保持忠贞静洁的操守。在家听从父亲，出嫁听从丈夫，夫君过世听从儿子。遵循“三从”的古训，谨慎男女内外有别，努力庄重恭敬，持守身心，善始善终，再无二心，这样就可以了。

由是可以修家政[1]，可以和上下，可以睦亲戚，而动无不协[2]矣。易曰：“恒其德贞，妇人吉。”此之谓也。

［笺注］协，和也，理也。易恒卦之辞言。妇行既备，则家政修而上下和，亲戚睦而万事理。恒，常也，久也。易之言久于德而不易，妇人之正吉之道，故其象曰：“妇人贞吉，从一而终也。”

【注释】(1) 家政：家庭事务的管理工作。(2) 不协：不一致，不和。

【译文】由此可以治理家政，调和长辈晚辈，和睦亲戚，行为没有不和谐的。《周易·恒卦》说：“妇人要始终保持贞节的德行，就会吉祥。”说的正是这个道理。

［笺注白话］协，是和谐，安定。指的是《周易·恒卦》的卦辞。妇人的德行完备，那么家事顺治，上下和谐，亲戚和睦，万事兴顺。恒是不变，长久。《周易》中说，能长久保持美德是不容易的，这是妇人的吉祥之道。所以卦辞说：“妇人保持贞节便得吉祥，也就是要从一而终。”

勤励章第五

【题解】此章讲述女子勤于女工的重要性。勤劳的女子可以成就德行，懒惰的女子会带来灾祸。古代王后都亲自带头做好纺织缝纫的事，制作衣服、酿酒做菜、准备祭祀，这些都是女子的本职工作，如果没做好就会受到惩罚。女人如果不专心织布缝纫，而干预朝政，这个罪过就太大了。

怠惰(1)恣肆(2)，身之灾也；勤励(3)不息，身之德也。

［笺注］言人怠慢而不敬于事，懒惰而不勤于力，放恣而不检其身，多肆而不谨于礼也。四者，为终身之灾。勤劬勉励，孜孜不息，为成身之德。

【注释】(1) 怠惰：懈怠，懒惰。(2) 恣肆：放肆，无顾忌。(3) 勤励：勤劳奋勉。

【译文】懈怠放肆会带来灭身之灾；勤劳奋勉会成就自身德行。

［笺注白话］一个人如果怠慢且做事不恭敬，懒惰且做事不勤，放逸而不约束自己，随性而不遵礼法，这四样会带来灭顶之灾。勤劳勉励、孜孜不倦能成就自身的美德。

是故农勤于耕，士勤于学，女勤于工(1)。农惰则五谷不获，士惰则学问不成，女惰则机杼空乏。

［笺注］耕者，农之事。惰而废耕，则五谷荒。学者，士之业。惰而不学，则学问疏。工者，女之务。不勤于工，则机杼空，而家道乏。

【注释】(1) 工：指女子所做纺织、刺绣、缝纫等事。

【译文】所以农民勤于耕种，读书人勤于学习，女子勤于纺织缝纫。农民懒惰，五谷就没有收获；读书人懒惰，学业就无所成；女子懒惰，织布机就空置而没有织成的布匹。

［笺注白话］耕田是农民的本分，懒惰不耕五谷就不长。学习是读书人的本业，懒惰不勤就会才疏学浅。纺织缝纫是女子的工作，不勤于女工，就会织布机空置，家道贫乏。

古者后妃亲蚕，躬以率下[(1)]。庶士之妻，皆衣其夫。效绩[(2)]有制，愆[(3)]则有辟[(4)]。

［笺注］言古者王后亲务蚕桑，率妃御织缝以供祭服。大夫士庶之妻，皆躬制衣服，为夫之服。春则赋耕于农，使男耕而女织。秋则计其功，效其绩。收获寡而织缝少，则为愆过，加以罪辟，乃先王之制也。

【注释】（1）率下：作下属表率。（2）效绩：考查成绩。（3）愆〔qiān〕：罪过，过失。（4）辟：罪过，刑罚。

【译文】古时皇后贵妃都养蚕，亲力亲为作天下表率。平民的妻子，都给夫君做衣服。完成多少工作量是有考核的，如果达不到会有惩罚。

［笺注白话］古代的王后亲自养蚕种桑，率领众妃嫔缝制衣服供祭祀用；官吏、百姓的妻子，都给夫君做衣服。春天从事农业耕种，男耕女织各自劳作，秋天计算收成，考查劳动成果。收成少和织布缝纫少就是罪过，会加以处罚，这是先王的制度。

夫治丝执麻，以供衣服，幂酒浆，具菹醢[(1)]，以供祭祀，女之职也。不勤其事，以废其功，何以辞辟。

［笺注］幂，酿造也。菹，废荣。醢，酱也。治丝麻以成服，造酒浆菹醢，以备祭祀宴饮，皆女之事也。不勤事而废女工，难辞责罚矣。

【注释】（1）菹醢〔zū hǎi〕：肉酱。

【译文】纺丝织麻做成衣服，酿酒浆做肉酱以供祭祀，是女人的天职。不勤劳地做事，荒废了工作，怎么能避免惩罚呢？

［笺注白话］幂是酿造，菹是切碎。醢是酱。纺丝麻做成衣服，制作酒浆肉酱用于祭祀的餐饮，这些都是女人的事。不勤劳做事而荒废工作，很难不受责罚。

夫早作晚休，可以无忧。缕绩不息，可以成匹。戒之哉！毋荒宁(1)。荒宁者，刿身之廉刃也。虽不见其锋，阴为所戕矣！

［笺注］荒，废弃也。宁，安闲也。刿，斩割也。廉，利也。戕，杀害也。又引古语云：妇人早起操作，而晚始休息，斯可无忧；一丝一缕，纺绩而不息，乃可以成丈匹。无荒弃工作，而好安闲。安闲之害，如斩身之利刃，虽不见其锋芒，而身暗为其所伤矣。

【注释】(1) 荒宁：荒废懈怠，贪图安逸。

【译文】起早贪黑地工作，就不用担心干不完。纺织不停就能制出成匹的布。要注意啊，千万不可荒废懈怠。偷懒的害处就像斩头的利刃，虽然看不到锋芒，却暗中被杀害了。

［笺注白话］荒是废弃，宁是安闲。刿是斩杀。廉是锋利。戕是杀害。古语说，妇人早起劳作，很晚才休息，这样就不用担心干不完活。一丝一缕不停地纺织，就可以织成丈成匹的布。不荒废工作，不贪图安逸。偷懒的害处就像杀头的利刃，虽然看不见它的锋芒，身体却暗中被斩杀了。

诗曰："妇无公事，休其蚕织。"此怠惰之愿(1)也！于乎(2)！贫贱不怠惰者易，富贵不怠惰者难。当勉其难，毋忽其易。

〔笺注〕诗，大雅瞻卬之篇。休，舍也。引诗言妇人无公家之谋，惟治蚕桑织紝之事而已。今反干预公事，舍其蚕织而不务，则怠惰之愆甚矣。因戒之曰，妇人处于贫贱之家，不惰甚易；处富贵骄奢之地，欲其不惰甚难。人当警勉其所难，不可忽略所易也。〇卬音仰。

【注释】（1）慝：灾害，祸患。（2）于乎：呜呼，感叹词。

【译文】《诗经》说："妇人没有公事要办，现在反而去干预朝政，而荒废了养蚕织布的工作。"懈怠懒惰的罪过就太大了！唉！身居贫贱要做到不怠惰容易，身处富贵能不懒惰就难了。要努力把难做的事做好，也不能忽视做好容易做的事。

［笺注白话］取自《诗经·大雅·瞻卬》，休是舍弃。引用《诗经》说妇人没有公事要办，只是做好养蚕织布的事而已。现在反而去干预朝政，舍弃养蚕纺织的正事不做，这个懈怠懒惰的罪过就太大了。因此告诫说，妇人身居贫贱家庭不偷懒很容易，身居富贵骄奢的地位（如皇宫），想要不懒惰就很难了。应当警诫富贵女子不偷懒，也不可忽略平民女子要勤劳。

节俭章第六

【题解】本章讲述女子节俭的重要性。淡泊朴素可以养性，奢侈靡费必定损德，节俭是一切德行的共同点。一衣一饭都要珍惜，当思来之不易，粗茶淡饭更能去病延寿。节俭要自上而下地做出表率，女主人的节俭可以影响全家。节俭能使国家富足，百姓温饱，形成遵从礼义的良好社会风气。

戒奢者，必先于节俭。夫澹素养性，奢靡伐[(1)]德，人率[(2)]知之，而取舍不决焉。何也？志不能帅[(3)]气，理不足御[(4)]情，是以覆败[(5)]者多矣。

［笺注］言止奢莫若俭，澹泊朴素，所以养其醇性奢华靡丽，所以损其妇德。人亦皆知之，多不能崇俭而任奢，其故何也？盖心志为习气所移，而不能帅之以正；道理为情欲所迷，而不能御之以礼。故因之以败德者多矣。

【注释】(1) 伐：败坏，危害。(2) 率：大概，一般。(3) 帅：统率，率领。(4) 御：控制，约束。(5) 覆败：倾覆败亡。

【译文】要戒除奢侈，一定先从节俭做起。淡泊朴素可以涵养心性，奢华靡费可以败坏德行。这是人人都知道的道理，但大多数人面临选择时却犹豫不决，这是为什么呢？因为志向不能统领习气，义理不能约束情欲。所以因为奢靡而倾覆败亡的人很多。

［笺注白话］戒除奢侈一定要节俭，淡泊朴素可以涵养心性。奢华靡丽会损伤妇人的德行。人们都知道这些，但多数人不能崇尚节俭而喜爱奢靡，这是为什么呢？因为心志被习气动摇了，就不能保持正知正见；义理被情欲迷乱了，就不能用礼义约束自己。因为奢侈而败坏德行的人就多了。

《传》曰：“俭者，圣人之宝也。”又曰：“俭，德之共也；侈，恶之大也。”

［笺注］传，左氏之传也。言圣人富天下，莫如崇俭；欲人久敬而礼不衰，亦莫若用俭，故曰德之共。若夫侈生于奢，僭生于侈，越礼犯分，莫大于侈，故曰恶之大也。

【译文】《左传》上说："节俭是圣人治国的法宝。"又说："节俭是一切德行的共同点。奢侈是最大的恶行。"

［笺注白话］传指《左传》。圣人使天下富裕，最重要是崇尚节俭。想要使人常保恭敬心且礼法不衰败，最重要的还是节俭。所以说节俭是一切德行的共同点。另外，奢侈是源于享受，不安分守己是源于奢侈，越礼犯分都是因为奢侈，所以说奢侈的罪恶太大了。

若夫一缕之帛，出女工之勤；一粒之食，出农夫之劳。致之不易，而用之不节，暴殄天物[(1)]，无所顾惜，上率下承[(2)]，靡然[(3)]一轨[(4)]，孰胜其弊哉？

［笺注］言缕帛虽微，女工不易。粗粟虽少，农力难成。若用之不节，是为暴殄天物，罪莫大焉！奈何愚者不悟，上下相承，不知其弊乎？

【注释】(1) 暴殄天物：任意糟蹋东西。(2) 承：顺从，奉承。(3) 靡然：群起效尤而成风气。(4) 一轨：风俗一致。

【译文】每缕丝帛均出自女工的辛勤；每粒粮食都出自于农夫的劳作。来之不易，用起来却不节约，任意糟蹋东西，不知珍惜，上行下效，靡然成风，还有什么能比这更糟糕呢？

［笺注白话］一缕丝帛虽然少，但包含着女工的劳动。一粒粟米虽然少，没有农夫的耕作也不能长成。如果使用没有节制，就是糟蹋东西。这是最大的罪恶啊！为何愚痴之人不领悟，还上下传承，不知道其中的坏处吗？

夫锦绣华丽，不如布帛之温也；奇馐[(1)]美味，不如粝粢[(2)]之饱也。且五色坏目，五味昏智，饮清茹[(3)]淡，祛疾延龄。得失损益，判然[4]悬绝[5]矣。

［笺注］粝，粗米。粢，滥饭。祛，却也。言锦绣虽华，不如布帛之煖。珍馐虽美，不如粗饭之饱。且五色眩人之目，五味损人心智，清淡饮食，反能却病而延寿。岂不晓然易见乎？

【注释】(1) 馐〔xiū〕：美味的食品。(2) 粝粢〔lì zī〕：粗糙的饭食。(3) 茹：吃，吞咽。(4) 判然：显然，分明。(5) 悬绝：相差极远。

【译文】锦绣华丽的衣服，不如粗布衣服保暖；珍奇美味的佳肴，不如粗粮充饥。纷乱的颜色会损坏眼睛，五味佳肴会迷乱心智，粗茶淡饭，反而能消病延年。得失盈亏，显然相差很远。

［笺注白话］粝是粗米，粢是滥饭。祛是却。是说锦绣衣服虽然华丽，不如粗布衣服保暖。珍奇佳肴虽然美味，不如粗粮充饥。太多色彩令人目眩，太好美味迷人心智，清淡的饮食，反而可以消病延寿。难道不是显而易见的吗？

古之贤妃哲后[1]，深戒守此。故絺綌[2]无斁，见美于周诗。大练[3]粗疏，垂光[4]于汉史。敦[5]廉俭之风，绝侈丽[6]之质，天下从化。是以海内殷富，闾阎[7]足给焉。

［笺注］精葛曰絺。粗曰綌。斁，厌也。言古圣贤后妃，莫不戒奢崇俭。《葛覃》之诗，言文王后妃，自制精粗之葛布，以为衣裳，服之而不厌。《后汉书》言明帝马皇后，服白练粗疏之衣，首无珍饰，而后宫从化，天下法之。是以周、汉之盛时，海内富庶，家饱煖而人足赡焉。

【注释】(1) 哲后：贤明的君主。(2) 絺綌〔chī xì〕：葛布的统称。斁〔yì〕：厌倦，懈怠。(3) 大练：粗帛。粗疏：不精细。(4) 垂光：光芒俯射。

(5) 敦：崇尚，注重。廉俭：清廉节俭。(6) 侈丽：奢侈华丽。(7) 闾阎：民间，平民。

【译文】古代的贤妃明君都坚持节俭的作风。所以《诗经·周南·葛覃》中赞美，后妃们勤于织布，穿葛布衣服也不嫌弃。《后汉书》中讲汉明帝的马皇后生活俭朴，穿粗布衣服，留名青史。他们崇尚廉洁节俭的风气，杜绝奢侈华丽的享受，天下遵从效法。因此国家富足，百姓丰衣足食。

［笺注白话］细葛布叫絺，粗葛布叫綌。斁是厌弃。古代的圣贤后妃都能戒除奢侈崇尚节俭。《诗经·周南·葛覃》中讲周文王的后妃亲自织葛布做衣服，穿粗布衣服也不嫌弃。《后汉书》讲汉明帝的马皇后，穿粗布衣，不戴首饰，后宫女子都向她学习，天下也都效法她。所以在周朝汉朝鼎盛时期，国家富裕，百姓丰衣足食。

盖上以导下，内以表外。故后必敦节以率六宫，诸侯之夫人，以至士庶之妻，皆敦节俭，以率其家。然后民无冻馁(1)，礼义可兴，风化(2)可纪矣。

［笺注］言为后者，必躬风节俭，以表率六宫之妃媵。诸侯大夫，以及士大夫、庶人之妻，亦皆崇尚节俭，以率其家众。然后人民皆富庶无冻馁，百姓皆知礼义，风化之美，可以纪述矣。

【注释】(1) 冻馁：饥寒交迫。(2) 风化：风气，风俗。

【译文】地位高的引导下面的人，宫内人做宫外人的表率。因此皇后必须崇尚节俭才能带领六宫众人，从诸侯夫人到官吏平民的妻子，都要崇尚节俭来带动全家。这样一来，百姓不会受饥寒，礼义可以兴盛，社会风气可以传扬后世。

［笺注白话］这是说皇后必须厉行节俭，给六宫嫔妃做出表率。诸侯大夫、官员、平民的妻子也都要崇尚节俭，给全家人做表率。这样人民就可以富足不受饥寒，百姓温饱之后才能知礼义，好的社会风气可以传扬后世。

或有问者曰："节俭有礼乎？"曰："礼，与其奢也，宁俭。"然有可约者焉？有可腆(1)者焉？是故处己不可不俭，事亲不可不丰。

［笺注］或问节省俭约，恐不中礼，奈何？答以孔子有云，礼，与其奢也，失度，不若俭而守约。然事有可省约者，不得不约；亦有可丰腆者焉，亦不得不丰。故俭以处己，丰以事亲，其为至矣。

【注释】(1) 腆：丰厚。

【译文】有人会问："节俭会不会失礼？"回答说："节俭不失礼。与其奢侈不如节俭。"但有时需要节约，有时需要丰盛。因此对自己不能不节俭，侍奉亲人不能不丰盛。

［笺注白话］有人问，节省俭约恐怕会礼数怠慢，怎么办？孔子回答得好：礼节与其奢靡无度，不如节俭守约。但事情该省时必须省，该花费时必须花费。所以自己要节俭，侍奉亲人要丰盛，这样就尽到礼数了。

警戒章第七

【题解】本章说明女子警惕谨慎，时时反省自己的重要性。女人的德行最重要是端正身心，端正身心就要时时警惕谨慎。起心动念都要合乎规矩，人前人后言行一致。在看不见听不见的暗室里也有神明监察，时时都要谨慎自律。

妇人之德，莫大于端己；端己之要，莫重于警戒[(1)]。居富贵也，而恒惧乎骄盈；居贫贱也，而恒惧乎败失；居安宁也，而恒惧乎患难[(2)]。奉卮[(3)]在手，若将倾焉；择地而旋；若将陷焉。

［笺注］言妇德莫大于正己，正己莫贵于警戒。富贵常惧骄盈而获咎谴。贫贱常惧丧败而无以存。安宁常惧患难而危其身。如奉满卮，矜持而恐其倾泛。如履险地，择步而恐其陷坠。斯可谓警戒矣。

【注释】（1）警戒：警惕防备。（2）患难：艰险困苦的处境。（3）卮〔zhī〕：古代盛酒的器皿。

【译文】妇人的德行没有比端正自身更重要的了；端正自身的关键就是警惕防备过失。身处富贵之中，常常警惕不要骄傲自满；身处贫贱之中，常常忧虑流离失所；身处安宁之中，常常担心灾难困苦的处境。就像捧着盛满酒的酒具，小心翼翼地防止它倾洒；就像谨慎地选择归路，唯恐遇险地而陷落下去。

［笺注白话］讲妇人的德行没有比端正自身更重要了，正己最重要的是警惕防备过失。富贵的人常警惕不能骄傲自满而犯过失受谴责；贫困的人常害怕家败而无处容身；处于安宁之中常担心有灾难困苦危及自身。就像捧着盛满酒的酒具，小心翼翼地防止它倾洒；就像走到险要地方谨慎地选择下脚处，唯恐陷落下去。这就称为警戒了。

故一念之微，独处之际，不可不慎。谓无有见，能隐于天乎？谓无有知，不欺于心乎？

［笺注］一念之微，至幽也。独处之际，至暗也。不可不慎！谓无人见，天实临之。谓无人知，而自心不可欺也。

【译文】所以哪怕是一个细微的念头，或独处的时候，都不可以不谨慎。以为没有人看见，能隐瞒上天吗？以为没有人知道，能欺骗自己的良心吗？

［笺注白话］一个细微的念头非常私密，一人独处时非常隐蔽。但不可以不谨慎。以为没人看见，老天其实一直都在看；以为没人知道，自己的良心却是不能欺骗的。

故肃然警惕，恒存乎矩度(1)。湛然(2)纯一，不干于非僻(3)。举动之际，如对舅姑；闺门之间，如临师保。不惰于冥冥(4)，不骄于昭昭(5)。行之以诚，持之以久。显隐不贰，由是德宜于家族。行通于神明，而百福咸臻(6)矣。

［笺注］言当致其恭肃，警心惕励，恒守贤人之规。知制度其心，沉湛专纯，不干犯非礼邪僻之事。一举一动，必敬必慎，如对舅姑之前。虽处闺房亵密之间，而严肃矜持，如师保临之，不敢放纵。不以冥冥无人之处，而惰其仪容。不以昭昭人众之中，故矫其颜貌。诚实以行其事，久长以持其心。明显幽隐，行之不二。如是则女德化于家族，诚信格于神明，而百福臻集于其身矣。

【注释】(1) 矩度：规矩法度。(2) 湛然：清澈。纯一：纯朴，单纯。(3) 非僻：邪恶。(4) 冥冥：私下，暗中。(5) 昭昭：明白，显著。(6) 臻〔zhēn〕：到，达到。

【译文】所以要恭敬警惕，始终遵守规矩法度。清净纯朴，不做邪恶的事。一举一动都像面对公婆一样敬慎；在闺房中如同面对老师一样小心。私底下不偷懒，人前不矫揉造作。以真诚心做事，并持之以恒。不论在人前还是独处都始终如一。这样的女子，德行感化家人，行为感通神明，各种福报都会来了。

［笺注白话］女人应该恭敬警惕，始终遵守规矩法度。知道规范自己的心性，敦厚纯朴，不做非礼邪恶的事。一举一动毕恭毕敬，就像在公婆跟前一样。虽然在闺房私密的地方也严肃矜持，如同有老师在一样不敢放纵。不因为私下没人就仪容不整，也不因为在人前就矫揉造作。诚实做事，持之以恒。人前人后始终如一。这样女子的德行就能感化家人，诚信感通神明，各种福报都会降临了。

夫念虑有常(1)，动必无过。思患预防，所以免祸。一息不戒，灾害攸萃(2)。累德终身，悔何追矣？

［笺注］言人举心动念、思虑之间，当存规度，不越于礼，则行动必无过咎。凡事之有患，未及于身，宜预为防备而消释之，则灾祸自远矣。若一息之损，明知有害，而不能忍，不知戒，则祸患成，而灾害常集于身，亏损德行，追悔无及矣。

【注释】(1) 常：正常状态或秩序。(2) 攸：于是，乃。萃：聚集，汇集。

【译文】举心动念都守规矩，行为就不会出差错。想到防范于未然就可以免除灾祸。一时不警惕，灾害就来了。连累到一生的德行，后悔又有什么用呢？

［笺注白话］人举心动念之间应当有所约束，不要违礼，那么行为就不会有过失。祸患还没有来时就应该预防消解，灾祸自然远离了。如果一时的伤德行为，明知不对却不能忍、不警戒，那么祸患就形成了，往往

祸不单行。德行一旦亏损，就追悔莫及了。

是故鉴古之失，吾则得焉。惕励[1]未形，吾何尤焉？《诗》曰："相在尔室，尚不愧于屋漏[2]。"《礼》曰："戒慎乎其所不睹，恐惧乎其所不闻。"此之谓也。

［笺注］诗，《大雅·抑》之篇。礼曰二句，"中庸"之言。而云礼者，盖"中庸""大学"皆《礼记》篇中之书也。相，视也。屋漏，室隅透光处。必言警戒之道当如何，宜鉴古人行事之失，吾戒之而不蹈其非，吾则得而不失矣。当于祸害未形之先，吾警戒之，其患则可免，而潜消无过矣。拆之诗曰，视人在尔暗室之间，能不愧于屋漏，则凡事无过矣。盖暗室人不见不闻之地，而屋漏之光天实临之，可自昧其心乎？是故慎独之君子，于人不睹不闻之地，犹存戒慎恐惧之心。其警察惕励，严密如此，然后能寡过也。

【注释】(1) 惕励：警惕谨慎。(2) 屋漏：屋顶漏则见天光，暗中之事全现，喻神明监察。

【译文】所以借鉴古人的过失，我可以有很多收获。在灾祸未形成前警惕谨慎，我还会有什么过错呢？《诗经》说："独处暗室之内，做事无愧于神明。"《礼记》说："在别人看不见的地方要同样谨慎；在别人听不到的地方要同样敬畏。"说的就是这件事。

［笺注白话］诗出自《诗经·大雅·荡之什·抑》，《礼记》的两句是《中庸》里的话，但因为《中庸》《大学》都取自《礼记》，所以说取自《礼记》。相是看，屋漏是室角透光的地方。这里讲警惕谨慎的方法是怎样做的，应当借鉴古人的过失，自己反省不要重蹈覆辙，就可以有得无失了。应该在祸害没形成之前就警惕，这个隐患就可以避免，暗中消除过失。《诗

经》说，看人在暗室中，做事能无愧于神明，就凡事都没过失了。像暗室这种看不见听不到的地方，神明依然在监察，能做昧良心的事吗？所以慎独的君子，在看不见听不到的地方，更要心存谨慎敬畏之心，警惕心如此严密，就能少犯过失了。

积善章第八

【题解】本章讲述女子积累善行的重要性。世间的吉凶祸福都是由人的善恶行为感应来的，周朝和明朝都是因先人积下福报，而降福后世，天下归顺。因此作为妻子要努力积累善行，才能做好贤内助，给后代留下福祉。

吉凶灾祥，匪由天作，善恶之应，各以其类。善德攸[(1)]积，天降阴骘[(2)]。

［笺注］降，犹升也。阴骘，言天默佑而升降其福禄也。此章明积善之应。言人之善恶由于心，则吉凶见于事。而灾异祯祥之兆，又形于吉凶未着之先，匪天作之，实因人之善恶而感应之也。人能积善修德，久而不衰，则天必默佑于上，降临以福祚，此必然之理也。

【注释】(1) 攸：久，长远。(2) 阴骘〔zhì〕：阴德。

【译文】吉凶祸福不是由上天决定的，而是人的善恶行为感应来的。长期累积善德，上天就会降之以福。

［笺注白话］降是提升。阴骘是指上天暗中保佑而降下福禄。这章是说明积累善行的回报。人内心的善恶会引发遇事的吉凶。灾难和吉祥的预兆在吉凶发生前就表现出来，不是上天决定的，而是人的善恶心行感应来的。人能积善

修德，坚持不懈，上天一定会暗中保佑，降之以福，这是必然的道理。

昔者成周之先，世累忠厚，继于文武，伐暴救民。又有圣母贤妃，善为内助，故上天阴骘，福庆攸长。

［笺注］成周者，周公建洛邑以居成王，号其都为成周也。言其先世，自后稷树艺五谷以教民生，有大功于世。其后世子孙相承，千有余年，皆不失其忠厚之德。至于太王、王季、文王，皆有圣人之德，以及于民。而武王因纣之暴，驱除残虐，救民于水火之中，而有天下。又有太王之妃太姜，王季妃太任，文王妃太姒，武王妃邑姜，皆仁孝贤明，以为圣人之内助。其内外之圣德，继继承承，如此其美，故上天阴骘之。而福祥之长，未有如周之久者也。

【译文】过去周朝的祖先，世代忠诚厚道，延续到文王武王，讨伐商纣王的残暴，救百姓于水火之中。又有好几位圣母贤妃作为明君的贤内助，所以上天降下福德，使福庆长久传承。

［笺注白话］成周是指周公在洛邑建都让成王居住，所以都城叫成周。周朝的祖先后稷教百姓植树种粮，对人民生活有重要贡献。他的后世子孙代代传承，有一千多年，都保持着忠厚的美德。到了太王、王季、文王时，他们都有圣人的德行。武王因商纣王的残暴而讨伐他，救人民于水火之中，而得到天下人的拥戴。太王妃太姜、王季妃太任、文王妃太姒、武王妃邑姜，都仁孝贤明，成为圣王的贤内助。君主后妃的圣德代代传承，所以上天赐予福德。周朝的福庆吉祥时间最长，以至后世都比不上周朝享年之久。

我国家世积厚德，天命攸集，我太祖高皇帝，顺天应人。除残削暴，救民水火。孝慈高皇后，好生[(1)]大德，助勤于内。故上天阴骘，奄有[(2)]天下，生民用乂，天之阴骘。不爽于德，昭著[(3)]明鉴。

［笺注］言我皇明自太祖以先，世积厚德，故天命我高皇帝起于濠滁，顺天人之心，除残贼，伐暴虐，救民涂炭。而高皇后，以仁厚之德，勤劳内政以助之，蒙上天之默佑，伐元而有天下，百姓乂安，垂裕后世。盖天阴骘有德，昭如明鉴，不爽如此。

【注释】(1) 好生：爱惜生灵，不嗜杀。(2) 奄有：全部占有。(3) 昭著：彰明，显著。明鉴：明亮的镜子。

【译文】我明朝世代积累德行，因此上天降福，太祖高皇帝顺天应人，除凶残、伐暴虐，救民于水火之中。孝慈高皇后爱惜物命，仁德宽厚，勤于治理内政为皇帝分忧。所以上天降下福祉，一统天下，百姓安定。上天赐福就像照镜子一样，与他们的德行相应。

［笺注白话］我明太祖的祖先世代厚德，所以天命高皇帝在濠滁起兵，顺应天人的心意，除凶残、伐暴虐，救民于水火之中。而高皇后凭借仁厚的德行，勤于治理内政为皇帝分忧。承蒙上天的暗中保佑，打败元朝而一统天下，百姓安定，美誉流传后世。上天赐福时像照镜子一样，与善德一一相应。

夫享福禄之报者，由积善之庆。妇人内助于国家，岂可以不积善哉！古语云："积德成王，积怨成亡。"荀子曰："积土成山，风雨兴焉；积水成渊，蛟龙生焉；积善成德，神明自格[(1)]。"

［笺注］言人之享福受禄，皆由积善而成。妇人之内助其夫，以兴家国，又岂可不积善哉？古语有云，诸侯积德，则成王者之业；无德而积怨恶于民，则自取其败亡而已。荀卿有言，山高则出云雾，而兴风雨；水

深则生灵物，而出蛟龙。人能积善以成其德，则神明昭格，福禄绥矣。

【注释】(1) 格：感通，感动。

【译文】享受福禄的人都是因为积累善行而来。妇人治理内政辅助夫君，怎么可以不积善呢？古语说："诸侯积累善德可以成为帝王；积累怨恨就会走向灭亡。"《荀子》说："堆积土石成了高山，风雨就从这儿兴起了；汇积水流成为深渊，蛟龙就从这儿产生了；积累善行养成高尚的品德，就能感通神明。"

[笺注白话] 人享受福禄都是因为积累善行而成。妇人在内辅助夫君，使国家兴盛，又怎么能不积善呢？古语说，诸侯积累善德可以成就帝王霸业；没有德行积累民怨就会自取灭亡。《荀子》说，山高有云雾就会起风雨，水深就能生长出蛟龙。积累善行养成高尚的品德，就能感通神明，降临福禄。

自后妃至于士庶人之妻，其必勉于积善，以成内助之美。妇人善德，柔顺贞静，乐乎和平，无忿戾(1)也。存乎宽洪，无忌嫉也；敦乎仁慈，无残害也；执礼秉义，无纵越也；祗(2)率先训，无愆违(3)也。不厉(4)人以适己，不纵欲以戕物。积而不已，福禄萃焉。嘉祥被于夫子，余庆流于后昆(5)。可谓贤内助矣。

[笺注] 盖自后妃以及卿大夫士庶之妻，皆有内助其夫之职。既克勤克俭，以成其家，必积德累仁，以延其福。所谓善者，宽柔恭顺，贞良安静。心志和平，而无欺诈忿戾之事。度量宽洪，而无疑忌嫉妒之心。仁厚慈爱，而无伤残毒害之念。执守礼义，而无骄纵、僭越之行。敬承先训，而无过愆违背之失。不刻厉于人，以快适己意。不纵肆其意，以戕损

生物。如是而积善不已，则福禄萃集于其身。嘉美祯祥，贻庆于夫主子女，美善流于后世，不亦为内助之至矣乎？

【注释】（1）忿戾：蛮横无理，动辄发怒。（2）祗：敬。率：遵行，遵循。（3）愆违：过失。（4）厉：虐害，欺压。适：顺从。（5）后昆：后代，后嗣。

【译文】从后妃到官吏、百姓的妻子，都一定要努力积善，成就贤内助的美德。妇人的善德包括：柔顺贞静，乐观平和，不欺诈愤怒。宽宏大量，没有嫉妒心；仁厚慈爱，不伤害人；遵守礼义，不放纵僭越；敬遵先训，没有过失。不欺压他人来顺从自己，不放纵欲望而杀害生灵。这样积善不止，福禄就积累下来了。祥瑞恩及夫君子女，余福留给后代。这就是贤内助了。

［笺注白话］从后妃到卿大夫、官员、平民的妻子，都有内助夫君的职责。既要克勤克俭操持家务，还要积功累德，延福于后世。妇人的善德有：宽柔恭顺，贞良安静。心志平和，不欺诈愤怒。度量宽宏，不怀疑嫉妒；仁厚慈爱，没有残害的念头；遵守礼义，没有骄纵僭越的行为；敬遵先训，没有违反的过失。不刻薄欺压人来顺从自己的意愿。不放纵欲望而杀害生灵。这样积善不止，福禄就自然汇集而来。嘉美吉祥恩及夫君子女，美善的福德流传后世，不也是最好的内助了吗？

《易》曰：“积善之家，必有余庆。”《书》曰：“作善降之百祥，此之谓也。”

［笺注］余庆，谓受福不已，延及子孙也。百祥，谓祯祥毕集，百事攸宜也。《易》曰：“积善之家，必有余庆。积不善之家，必有余殃。”《书》曰：“作善降之百祥，作不善降之百殃。”圣人之言，昭然明验如此。

【译文】《易经》说："积累善行的家族一定会福泽子孙。"《尚书》说："多行善事就会降临吉祥。"说的就是这个道理。

[笺注白话]余庆是指福没有享完延及子孙。百祥指各种吉祥汇集，诸事和顺。《易经》说："积累善行的家族一定会福泽子孙，积恶的家族一定会留灾祸给子孙。"《尚书》说："多行善事就会降临吉祥，多行恶事就会降临灾祸。"圣人说的话明显会应验的。

迁善章第九

【题解】本章讲述了女子改过迁善的重要性。人非圣贤孰能无过，过而能改善莫大焉。女子的过失有三：懒惰怠慢、怨恨嫉妒、品行不端，这三项都会带来灾难，如果有一项都要尽早改过。勿以善小而不为，勿以恶小而为之，每天积累小善就能成就大善。

人非上智(1)，其孰无过。过而能知，可以为明。知而能改，可以跂(2)圣。小过不改，大恶形焉；小善能迁，大德成焉。

[笺注]跂，企而及之也。此章明改过迁善之道。言人非圣人，不能无过。惟明人有过即能知，贤者知过即能改。能改其过，则日就高明，可以及夫圣人之域矣。惟自为小过而不肯改，则必至为大恶之人。以为小善，而不肯迁善以成之。乃无德之可称矣。惟小善而能迁就，以成其美，积之不已，乃成大德。

【注释】(1)上智：大智之人。(2)跂〔qǐ〕：企及，希望或企求赶上。

【译文】人非圣贤，孰能无过？有过失能发现是明白人，有过失能改正可以企及圣人的境界。小的过错不肯改，就会形成大恶；小的善行肯去做，就会积累成大德。

[笺注白话]跂是企及。此章说明改过迁善的道理。人非圣人，不能没有过失。只有明白人有过失立刻就能发现，贤明的人知过就能改。能改正过失就能每日提升，可以有希望达到圣人的境界。自己犯的小过失不肯改，就一定会成为大奸大恶之人。以为是小的善行而不愿意去做，就没有德行可以称道了。只有不以善小而不为，成就自己的美德，不断积累，才能成就大德。

夫妇人之过，无他，惰慢也，嫉妒也，邪僻也。惰慢则骄，孝敬衰焉；嫉妒则刻，灾害兴焉；邪僻则佚，节义颓焉。

[笺注]妇人之过有三：一曰懒惰怠慢，则傲慢成，而孝敬之心衰；二曰娼疾妒忌，则残刻肆，而菑害之祸作；三曰倾邪私僻，则淫佚生，而节义之道丧。三者，妇人之大恶也。

【译文】女人的过失有三样：懒惰怠慢、怨恨嫉妒、品行不端。懒惰怠慢就会骄傲，从而丧失孝敬之心；怨恨嫉妒就会刻薄，从而引来灾祸；品行不端就会淫逸放荡，从而丧失节操道义。

[笺注白话]女人的过失有三样：一是懒惰怠慢，就会形成傲慢无礼，孝敬长辈的心就衰退了；二是怨恨嫉妒，就会形成残忍刻薄，灾害就会发生；三是品行不端，就会生起淫逸，节操道义都丧失了。这三点是女人的大过失。

是数者，皆德之弊而身之殃。或有一焉，必去之如蠹(1)

螣[2]，远之如蜂虿[3]。蜂虿不远，则螫[4]身；蟊螣不去，则伤稼；已过不改，则累德。

［笺注］蟊螣，伤禾之虫。食根曰蟊。食叶曰螣。蜂，蜈蜂。虿，一名蝎。二虫皆螫害人身，经久而痛始止。言惰慢、嫉妒、邪僻，一名，皆害身之大恶，如蟊螣之食苗，蜂虿之螫体，有一于身，必速去之。务期改过而迁善，不为妇德之累也。

【注释】(1) 蟊〔máo〕：吃苗根的害虫。(2) 螣〔tè〕：吃苗叶的害虫。(3) 虿〔chài〕：蝎子一类的毒虫。(4) 螫〔shì〕：毒虫或蛇咬刺。

【译文】这三点都是德行的弊端和自身的灾殃。假使有其中之一，就要像去除损伤庄稼的害虫一样，像远离蜂蝎之类的毒虫一样。不远离毒虫，身体就会被刺伤；不去除害虫，庄稼就不能生长。不改正过失，德行就会受损害。

［笺注白话］蟊螣是伤害庄稼的虫子，吃根的叫蟊，吃叶的叫螣。蜂是蜈蜂，虿是蝎子，这两种虫都会刺伤人身，会痛苦很久才能好。这是说懒惰怠慢、怨恨嫉妒、品行不端的任何一个都是很大的过失，就像害虫吃苗，毒虫刺身体。有任何一项都必须尽快去除，一定要改过迁善，才能不损害了妇德。

若夫以恶小而为之无恤[1]，则必败；以善小而忽之不为，则必覆。能行小善，大善攸基[2]；戒于小恶，终无大戾[3]。

［笺注］无恤，轻之而忍行也。覆，倾丧也。汉昭烈敕后主曰："勿以善小而不为，勿以恶小而为之。"盖习为小善，则大善斯成。习行小恶，则大恶必作。小恶不戒，能成德而免于祸戾者，鲜矣。

【注释】(1) 恤：忧虑，忧患。(2) 基：奠定基础，创建。(3) 戾：罪行。

【译文】如果因为恶行微小，就毫无顾虑地去做，就一定会失败；因为善行微小，就忽略不做，就一定会覆灭。能做小的善事，大善就有了基础；能警惕小的恶行，最终就不会有大的罪恶。

［笺注白话］无恤是轻视而忍心去做。覆是灭亡。汉昭烈帝刘备告诫后主刘禅说："不要因为善行小就不去做，不要因为恶行小就去做。"习惯做小善事，就会成就大善。习惯做小恶事，就会形成大恶。小恶不警惕，而能成就德行免于灾祸的人很少。

故谚有之曰："屋漏迁居，路纡改涂。"《传》曰："人孰无过，过而能改，善莫大焉。"

［笺注］纡，曲折也。谚云，屋漏不可居，则急宜迁徙；路纡折而难行，则必求直道而往。人有过而能改，则善矣。

【译文】所以有谚语说："屋子漏了就要搬家，道路曲折就要换条路走。"《左传》说："人谁能没有过失呢？犯了错能够改正，就是最大的善事了。"

［笺注白话］纡是曲折。谚语说，屋漏了就不能住，应该赶快搬家；道路曲折难走就一定找好走些的路走。人有了过失能改正就是大好事。

崇圣训章第十

【题解】本章强调了《内训》的撰写是叙述太祖高皇后的圣训。

自古开国之君都有贤妃内助，太祖皇帝承天命得天下，也有孝慈高皇后的功劳。高皇后的身行言教堪与前贤先哲媲美，而史传记载只有十分之一二。作者编写此书希望传承高皇后教诲，令天下妻子助夫成德，利益后世。

自古国家肇基[(1)]，皆有内助之德垂范后世。夏商之初，涂山[(2)]有莘，皆明教训之功。成周之兴，文王后妃，克广《关雎》之化。

［笺注］言自古开国之君，必有贤圣之妃，以佐内助之美。夏禹之后涂山氏，商汤之后有莘氏，皆能辅赞明良，化行宫壸，以成内治。周之文王得圣女太姒，以成好逑之配，宫中美其德化，而作关雎之诗。

【注释】（1）肇基：始创基业。（2）涂山：涂山氏，大禹之妻。有莘〔shēn〕：有莘氏，商汤之妻。

【译文】自古国家始创之时，都有开国后妃的美德事迹流传后世。夏商朝初年，有大禹妻涂山氏和商汤妻有莘氏，他们都明了教导训诫后宫的重要性。周朝周公辅佐成王的兴盛，也离不开周文王皇后太姒的美德，事迹以《诗经·周南·关雎》的形式流传下来广教后人。

［笺注白话］自古的开国君王，一定有贤德圣明的妃子，辅佐君王留下贤内助的美名。夏禹的皇后涂山氏和商汤的皇后有莘氏，都能辅佐襄助君王，在后宫推行教化，治理好君王的家务。周文王得到圣女太姒，成就圣王贤女之配，宫中之人为赞美太姒的以德化人，写下《诗经·周南·关雎》。

我太祖高皇帝，受命而兴，孝慈高皇后，内助之功，至隆至盛。盖以明圣之资，秉贞仁之德，博古今之务。艰难之初，则同勤开创；平治之际，则弘基风化，表壸范[(1)]于六宫，著母仪于天下。

［笺注］言太祖光有天下，虽受天命以兴，而高皇后内助之功居多，以明圣贞仁之德，通古今治乱之机。兴太祖同起艰难，辛勤创业，以致太平。垂训宫闱，表章壸域，嘉言善行，足以作范六宫，母仪万国。

【注释】(1) 壸范：妇女的仪范、典式。

【译文】我太祖高皇帝受天命兴明朝，孝慈高皇后内助的功劳非常大。她明达古圣先贤的教诲，秉承贞洁仁厚的美德，通晓古今治乱的玄机。在创业艰难的初期，与高祖一起辛勤开创；在太平治世的时候，就弘传祖宗教化，在后宫做出表率，为天下做出母亲的仪范。

［笺注白话］讲太祖皇帝荣耀而得天下，虽然受天命起事，但高皇后的内助功劳也很大。她明达古人贞洁仁厚的美德，通晓古今治乱的玄机。与太祖共赴艰难，辛勤创业，才达到天下太平。教导后宫，以嘉言善行为后宫做表率，为天下做出母亲的仪范。

验之往哲[(1)]，莫之与京。譬之日月，天下仰其高明；譬之沧海，江河趍[(2)]其浩溥[(3)]。

［笺注］京，匹也。言古虽有贤哲后妃，皆不及我高后之圣，而无与匹焉。后之德，如日月之高明，人庶蒙其光照；如沧海之浩溥，江河赖其趋注。

【注释】(1) 往哲：先哲，前贤。(2) 趍〔qū〕：同趋，归附，趋附。(3) 浩溥：浩大。

【译文】考查过往前贤，没有能与她相比的。她像天上的日月，天下人都仰赖她的光明照耀；她像苍茫的大海，江河的水都归附到它的浩瀚之中。

［笺注白话］京是相比。说古代虽然有贤德的后妃，都比不上高皇后的圣明，没有能相比的。皇后的美德像日月的光辉，人们都得到她的光明照耀；又像浩瀚的沧海，江河都流注归附到大海。

然史传所载，什裁一二。而微言奥义(1)，若南金焉；铢(2)两可宝也，若谷粟焉，一日不可无也。贯彻上下，包括巨细，诚道德之至要(3)，而福庆之大本(4)也。

［笺注］裁与才同。言高皇后之慈言懿训，见于《皇后实训》、《高帝实录》，及《孝慈录》等书。然皆史臣采辑传闻之言，十分仅得其一二耳。而微妙之言，深奥之义，今虽不传。而吾犹及闻之，其言足以范世。若荆杨南国百鍊之金，虽铢两之轻，皆可为世之实。若五谷之资人日用，而不可一日无者。其言上下咸宜，巨细毕举，吾故仰遵圣训，范成此书。信女德之要道，人体而行之，诚为福庆之本也。

【注释】(1) 微言奥义：精微的语言包含深奥意义。(2) 铢：古代衡制中的重量单位，为一两的二十四分之一。(3) 至要：事理或学问的要旨、要诀。(4) 大本：根本，事物的基础。

【译文】然而史书传记上所记载的，只是高皇后美德的十之一二。她精微的语言包含深奥意义，就像南方出产的金子一样，一铢一两都是宝物；又像谷米粮食，一天都不能缺少。她的教导贯通上下，事无巨细，实在都是道德的要点，福乐吉祥的根本。

［笺注白话］裁与才相同，讲高皇后的慈言德训，在《皇后实训》、

《高帝实录》，及《孝慈录》等书中都有记载。但这是史官采集编辑他人转述的话，十句之中仅收了一两句。微妙的言语和深奥的意义现在虽然未能传播，但我还有幸听到过，她的话足以成为世间典范。就像荆杨南国久经炼造的金子，虽然一铢一两那么少，都是世间的财富；像五谷供人日常食用，不可以一天断粮。她的话对位居高下的人都适合，大事小事都说到，所以我尊崇皇后教诲，学着写成此书。实在是女子德行的重要道理，如能效法厉行，确实是福乐吉祥的根本。

后妃遵之，则可以配至尊，奉宗庙，化天下，衍[1]庆源。诸侯大夫之夫人，与士庶人之妻遵之，则可以内佐君子，长保富贵，利安家室，而垂庆后人矣。

［笺注］言高后之训，后妃能遵守之，则足以配天子，承宗庙，风化天下，而衍子孙福庆之源。诸侯、卿大夫、士庶之妻遵之，则可相夫保家，永享富贵，而垂裕于后世矣。

【注释】(1) 衍：水广布或长流，引申为扩展或延伸。

【译文】后妃如能遵守高皇后的教诲，就能配得上至尊无上的天子，供奉宗庙，教化天下，绵延吉庆。诸侯、卿大夫以及官吏、平民的妻子若能遵守高皇后的教诲，就可以辅佐夫君，长保富贵，使家庭顺利安定，给后人留下吉庆。

［笺注白话］高皇后的教训，如果后妃能遵守，就足以配得上天子之尊，可以继承宗庙，教化天下，成为绵延子孙福庆的来源。诸侯、卿大夫、官员、平民的妻子若能遵守皇后的教诲，就可以辅助夫君保全家庭，永远享有富贵，给后人留下吉庆。

《诗》曰："太姒嗣徽音，则百斯男。"敬之哉！敬之哉！

［笺注］诗，大雅斯齐之篇。太姒，文王之妃。徽，美也。诗言太姒诚敬贤孝，能嗣其姑太任徽美之德音，不妒不忌，子孙众多，有百男之庆。后世后妃宜敬守，高后之训，以妃媲美于周室也。

【译文】《诗经》说："太姒美德能传承，多生男儿家门兴。"真令人敬仰啊！

［笺注白话］诗指的是《诗经·大雅·思齐》，太姒是周文王的妃子，徽是美。诗中说太姒诚敬贤孝，能继承婆婆太任的美德，不嫉妒妾妃，所以子孙昌盛，后世的后妃应当恭敬持守。高皇后的教诲，可以与周朝的贤妃们媲美。

景贤范章第十一

【题解】本章讲述向贤妃贞女学习的重要性。在典籍古书中有很多古圣贤女的嘉言善行可以学习，可以向娥皇女英学习恭俭，向太任学习诚庄，向太姒学习孝敬。努力向她们看齐，令自己德行不亏失，就能家庭美满幸福。

《诗》《书》所载，贤妃贞女，德懿行备[(1)]，师表后世，皆可法也。

［笺注］言《诗》《书》所记，古圣贤之妃，贞烈之女，其德醇懿，其行全备，载乎史册，师范后人，可取阅而效法之也。

【注释】(1) 行备：具备高尚的德行。

【译文】《诗经》《尚书》上记载的贤妃贞女，品德美好，行持高尚，为后世做出了表率，都是我们应该学习的。

[笺注白话] 讲《诗经》《尚书》上记载的古代圣贤后妃、贞烈女子，她们品德美好，操行完备，芳名留在史册，是后人的表率，可以学习效法她们。

夫女无姆教，则婉娩[1]何从？不亲书史，则往行[2]奚考？稽[3]往行，质前言，模而则之，则德行成焉。

[笺注] 婉，恭顺也。娩，悦而解意也。《礼记·内则》曰："女子十年不出，姆教婉娩听从"是也。姆，女子之傅母也。言女无姆教，则不闻善言。不亲古史，则不知善行。故稽诸往古贤女之德行，质前人懿美之嘉言，模范而则法之，斯可以成其德矣。

【注释】(1) 婉娩：仪容柔顺。(2) 往行：先贤的德行。(3) 稽：考核，查考。

【译文】女子没有女师的教导，温婉柔顺的言行从何而来呢？不阅读典籍和史传，古圣先贤的美好德行从哪里知道呢？考察古时贤女的德行，学习古人留下的教诲，效法他们去历行，那么好的德行就养成了。

[笺注白话] 婉是恭顺，娩是善解人意。《礼记·内则》中说："女子十岁前不外出，女师在家教她说话柔婉、容貌贞静、举止顺从。"姆是指教育照顾女孩的人。女子没有女师教导就不知道如何说话，不阅读书籍就不知道如何做事。所以考察古时贤女的德行，学习前人美德的教诲，效法并历行，这样就可以成就美德了。

夫明镜可以鉴妍媸[1]，权衡可以拟轻重，尺度可以测长短，往辙[(2)]可以轨新迹。希圣[(3)]者昌，踵[(4)]弊者亡。

［笺注］鉴，照也。妍，美也。媸，丑也。权，秤锤。衡，秤杆。轨，车迹。轨，遵迹而行也。言镜明足以照容貌，秤平足以别轻重，尺准可以度长短。涂间之车迹，可以遵道而行，不失其轨范。以喻人能希仰贤圣，效法而行者，必昌盛而获福。效前人不贤之弊，踵而行之，则必至于死亡而已。

【注释】（1）妍媸〔chī〕：美好和丑恶。（2）往辙：前车之辙迹。（3）希圣：效法圣人，仰慕圣人。（4）踵：跟随。弊：弊病，害处。

【译文】明镜可以照出美丑，杆秤可以称出轻重，尺子可以量出长短，路上的车印可以指引后车遵道而行。效法圣人就会昌隆，跟随恶行就会自取灭亡。

［笺注白话］鉴是照。妍是美，媸是丑。权是秤砣，衡是秤杆。轨是车痕，引申为按车印行走。明镜可以照出容貌，秤可以称出轻重，尺子可以量出长短。路上的车印可以指引后车遵道而行。比喻人能仰慕圣贤效法而行，一定会昌盛获福。效法前人不良恶行，跟随去做，就一定会走到穷途末路。

是故修恭俭，莫盛于皇英；求诚庄，莫隆于太任；孝敬，莫纯于太姒。仪式[(1)]刑之，齐之则圣，下之则贤，否亦不失于从善。

［笺注］皇英，尧女，舜妃，娥皇、女英也。言欲法古圣贤恭俭之德，当于娥皇女英，以帝女而下配匹夫，能恭谨以事舜，而辅成圣化。欲法诚仁端庄，莫如文母太任，以胎教而生圣人，以开成周之业。欲法孝敬，莫如文妃太姒，有幽闲贞静之德，上事太后，下慈妾媵，以广百男之庆。此数圣后贤妃，若能仪而象之，式而法之，刑而则之。与之齐，则可以为圣人。下一等，亦可以为贤人。稍或不及，而得其彷彿，亦不失为从善之美德。

【注释】(1) 仪式：取法。刑：效法。

【译文】所以要向娥皇、女英学习恭顺勤俭；向太任学习真诚、端庄；向太姒学习孝顺恭敬。向她们学习，做得一样好就是圣人，做得差不多也是贤人，再差些也是在努力向善。

［笺注白话］皇英是娥皇和女英，尧的女儿，舜的王妃。想要学习古圣恭顺勤俭的德行，应当向娥皇、女英学习，贵为天子的女儿下嫁给平民，还能恭敬谨慎地侍奉舜，辅助圣人的教化。要学习诚仁端庄，应当向周文王的母亲太任学习，用胎教生育圣人，开启了成周的兴盛时期。要学习孝敬应当向周文王妃太姒学习，有幽寂闲雅、坚贞沉静的德行，对上侍奉太后，对下慈爱妾妃，子孙兴盛众多。这些圣后贤妃，如果能效法她们，做得一样好就是圣人，做得差不多也是贤人，再差些但大体相似，也有努力向善的美德。

夫珠玉非宝，淑圣为宝。令德不亏，室家是宜。《诗》曰："高山仰止，景行行止。"其谓是与。

［笺注］言珠玉非妇人之宝。贤淑圣善，乃女德之宝。如令善之德无亏，则能宜尔室家矣。小雅车舝之诗，言高山无远近，人皆仰而见之，必登其上，乃可为至；人有德行，人皆景仰而慕也，必效法乃可以成身。若徒仰其高而不至，见其贤而不思与之齐，则亦何取其景仰之哉？○舝音辖。

【译文】珠宝玉器不是宝贝，贤淑圣善才是宝贝。德行不亏失，家庭就能幸福美满。《诗经》说："高山抬头才看清，高尚德行愿遵行。"就是说这个吧。

［笺注白话］珠宝玉器不是妇人的宝贝，贤淑圣善才是女德之宝。如果美德不亏失，就能家庭美满。《诗经·小雅·车舝》中，讲高山无论远近，都要抬头才能看见，一定要登上山才算是到达。圣人德行人人景仰，一定要效法遵行才能成就自身。如果只是仰视高山而不登，看见贤人不去学，那么景仰又有什么用呢？

事父母章第十二

【题解】本章讲述女子孝敬父母的重要性。孝是德行的根本，供养父母不难，恭敬孝顺父母才难。从铺床缝衣吃饭等日常小事上要谨慎侍奉父母，大事上更要不辱名节，不违逆双亲。为人妻后要拿出对父母的至诚孝心侍奉公婆，即使贵为后妃对双亲的孝心也不能改变。

孝敬者，事亲之本也。养非难也，敬为难。以饮食供奉为孝，斯末矣。

［笺注］此章言敬乃孝之至。故养亲非难，而敬为难。饮食供奉，孝之末事也。

【译文】孝敬是奉侍父母的根本。供养父母并不难，恭敬父母才难。供奉父母饮食是最低层次的孝。

［笺注白话］本章是讲孝亲最重要的是恭敬。所以供养父母不难，恭敬父母才难。对父母饮食的供奉是最低层次的孝。

孔子曰：“孝者，人道之至德。夫通于神明，感于四海，孝之至也。”昔者虞舜善事其亲，终身而慕(1)；文王善事其亲，色忧满容。

［笺注］《孝经》曰：“夫孝，德之本也。”孝可通达于神明，感化于四海。虞舜至孝，孟子称其“大孝终身慕父母”。《礼记》曰：“王季不安，文王色忧，行不能正履。”

【注释】(1) 慕：怀念，思慕。

【译文】孔子说：“孝是人最重要的德行。孝达到最高境界，可以通达神明，感动四海。”过去虞帝舜善于侍奉亲人，终生都爱慕父母。周文王善于侍奉父母，老人生病时，文王满面愁容。

［笺注白话］《孝经》说：“孝是德行的根本。”孝可以通达神明，感动四海。虞帝舜达到至孝，孟子称舜是“大孝行的人终身都爱慕父母。”《礼记》中记载：“王季身体不适，文王满面愁容，行路都走不安稳。”

或曰：“此圣人之孝，非妇人之所宜也。”是不然。孝悌，天性也，岂有间于男女乎？事亲者，以圣人为至。

［笺注］或问，圣孝至大，非妇女所及。答以孝悌本乎天性，岂分男女之别？事亲者，当以圣人为法。

【译文】有人说：“这是圣人的孝道，对于妇人不适合。”这话不对。孝顺父母友爱兄弟是人的天性，哪有男女之分呢？侍奉亲人，要以圣人的孝道为最高准则。

［笺注白话］有人问，圣人的孝太高了，不是妇人所能达到的。回答说，孝顺父母友爱兄弟源自人的天性，哪有男女之分呢？侍奉亲人，应当向

圣人学习。

若夫以声音笑貌为乐者，不善事其亲者也。诚孝爱敬，无所违者，斯善事其亲者也。县[(1)]衾敛簟，节文[(2)]之末；纫箴[(3)]补缀，帅事之微。必也恪勤[(4)]朝夕，无怠逆于所命。祇敬尤严于杖履[(5)]，旨甘[(6)]必谨于馂余[(7)]，而况大于此者乎？

［笺注］礼父母舅姑，与女与妇，必悬挂其衾被，收敛其枕簟，当寝而复施之也。见父母舅姑衣裳有绽裂之处，必穿纫针线而亟为补缀之。帅，行也。怠逆所命，谓缓怠违逆于亲之命令也。祇，诚也。父母之杖履所在，必诚敬爱护之，不致硕败也。旨甘，美好之味。馂，食之余也。礼曰：父母之敦牟卮匜，非其所食之余，不敢用；父母与之饮食，非所食之余，不敢辄饮食也。父母既食之余，子妇必尽食之。恐嫌于厌弃父母之食，且惧以复进为亵也。训言子女无诚敬之心，但以声音笑貌为娱亲之饰，未足以为孝心也。孝出于至诚，敬生于至爱，无所违逆，斯云善矣。若县衾敛簟，纫针补缀，此但节文之细事。惟恪恭于朝夕，无违其教命。虽父母之杖履，必敬护之。所食之味，必善其甘旨。所馂之余，必慎其器食。微者如此，而泥大于此者，宜无不敬也。○敦音对，饭器也。牟，席器也。卮音支，酒器也。匜音移，木浆之器也。

【注释】(1) 县：通悬，悬挂。衾〔qīn〕：被子。簟〔diàn〕：竹席。(2) 节文：礼节，仪式。(3) 纫箴：以线穿针，引申为缝制衣物。补缀：缝补衣服。(4) 恪勤：恭敬勤恳。(5) 杖履：老者所用的手杖和鞋子。(6) 旨甘：美好的食物。(7) 馂〔jùn〕余：吃剩的食物。

【译文】如果作为儿女只用声音笑貌使父母开心，不能算善于侍奉父母。至诚行孝，爱敬存心，不违背父母的意愿，这是善于侍奉父母。

悬挂被子、收卷枕席、制作衣物、缝补漏洞，这些都是礼节中细枝末节的事。一定要每天勤恳侍奉，不能懈怠有违父母之命。对老人的手杖鞋子都要谨慎恭敬，对吃剩下的食物都要当作美味的食物去吃，何况比这些更重要的事情呢？

[笺注白话] 侍奉父母公婆，无论做女儿还是儿媳，都要悬挂被子收卷枕席，睡觉时再铺好。看见父母公婆衣服有破裂的地方，一定要及时缝补好。帅是行。怠逆所命是指怠慢违背亲人的命令。祇是诚。父母的手杖鞋子所在之处，一定要诚敬爱护，不至于损坏。旨甘是美好的食物。馂是吃剩的食物。《礼记》说，父母吃饭用的餐具器物，不是父母已经吃过的不敢用；父母给子女饮食，不是父母吃剩的不敢吃。父母吃剩下的饭菜，媳妇要尽力吃完。这是唯恐有厌弃父母剩食的嫌疑，也担心把剩饭菜再供养，轻慢了父母。教导子女如果没有诚敬之心，只是用声音笑貌来哄父母开心，不足为有孝心。孝心出自至诚之心，恭敬出自至爱之心，没有违背父母亲心愿，这可以算孝了。像悬挂被子、收卷枕席、制作衣物、缝补漏洞，这些只是礼节的小事。一定要每天勤恳侍奉，不能违背父母教导。对老人的手杖鞋子一定恭敬爱惜。对吃剩下的食物都要当作美味去吃；对剩余的饭菜，要尽量吃光。这些小事都做到，那些大事更应当处处恭敬了。

是故不辱其身，不违其亲，斯事亲之大者也。夫自幼而笄(1)，既笄而有室家(2)之望焉。推事父母之道于舅姑，无以复加损矣。

[笺注] 笄，女子有夫之饰也。女子之道，在守身而不辱，事亲而不违。女子自幼育于父母，依于膝下。既许嫁而加笄焉，则有为人室家，夫妇之道，而离于父母矣。若在家能孝亲，孝亲之道以事其舅姑，又何损焉。

【注释】(1) 笄〔jī〕: 女子十五岁成年, 也指成年之礼。(2) 室家: 妻子。

【译文】所以守身如玉不自辱, 侍奉双亲不违逆, 这是重要的孝亲之道。女子从小到成年, 一嫁人就要做好为妻之道。以侍奉父母的方式来孝敬公婆, 孝心不能有所减退。

[笺注白话] 笄是女子嫁人后配戴的饰物。女子的德行在于守身如玉不自辱, 侍奉双亲不违逆。女子从小受父母养育之恩, 承欢膝下, 到结婚嫁人离开父母, 就要守为人妻、做夫妇的规矩。如果在家时能孝敬双亲, 以这样的心来孝敬公婆, 孝心怎么会减少呢?

故仁人之事亲也, 不以既贵而移其孝, 不以既富而改其心。故曰事亲如事天。又曰孝莫大于宁亲。可不敬乎。《诗》曰:“害浣害否, 归宁父母。”此后妃之谓也。

[笺注] 此言为后妃者, 去父母而享富贵, 不以贵而忘其孝, 不以富而改其心, 故曰事亲如天。天, 不可移也。宁, 归宁, 谓归而问安宁也。害, 何也。浣, 洗濯也。“葛覃”之诗, 言太姒欲归而问安于父母, 服浣濯之葛衣。谓其师姆曰, 何者当浣, 何者犹可以不浣, 我将服之, 以归宁于父母矣。此谓后妃之孝。

【译文】因此仁人侍奉双亲, 不因尊贵就忘记孝敬, 不因富有就改变孝心。所以说, 侍奉父母要像对待上天一样恭敬。还说, 孝顺父母最重要的是使父母心安。对此能不慎重吗?《诗经》上说:“哪件不洗哪件洗, 我要回家拜爹娘。”这说的是后妃的孝行。

［笺注白话］这里讲后妃离开父母，嫁到富贵家，不因尊贵就忘记孝敬，不因富有就改变孝心，所以说侍奉父母像对待上天一样。天是不能改变的。宁是归宁，指回娘家问父母平安。害是何，浣是洗涤。这是《诗经·周南·葛覃》中，说太姒要回娘家给父母问安，穿着洗干净的葛衣，对女师说："哪件该洗，哪件不该洗，我要穿上回家看父母。"这是讲后妃的孝行。

事君章第十三

【题解】本章讲述女子侍奉夫君的重要原则：忠信诚实为根本；秉礼守义防范过失；勤劳节俭做表率；与众人相处慈爱和睦；常读诗书谨记古人的劝诫。专心做好妻子分内的事，不要干涉夫君的事。女子把丈夫看作天，尊卑关系就分明了，丈夫属阳主动，要刚健而果断；妻子属阴主静，要柔顺而依从。

妇人之事君，比昵[(1)]左右。难制而易惑，难抑而易骄。

［笺注］昵，亲也。抑，卑顺也。言妇人入宫壶以事君，比狎亲昵于君之左右，难制其心，而易惑于君；难抑其身，而易骄于下。

【注释】(1) 比昵：亲近。

【译文】妇人侍奉君主，亲近长伴左右。难以约束心念而容易迷惑；难以卑顺行事而容易骄纵。

［笺注白话］昵是亲，抑是卑顺。讲妇人进入后宫侍奉君主，亲近长伴君王左右。难以约束心念，容易迷惑君主；难以卑顺行事，容易对下骄纵。

然则有道乎？曰有。忠诚以为本，礼义以为防，勤俭以率下，慈和以处众。诵《诗》读《书》，不忘规谏[(1)]。

［笺注］问有道以处此乎？答曰：有。以忠信诚实为本，秉礼守义，以防闲其身。勤劳节俭，以率其嫔御。慈爱和睦，以惠其众庶。诵读诗书，取法前言往行，以成其德。闻箴规讽谏之言，则敬听而不忘。

【注释】（1）规谏：以正言劝诫谏诤。

【译文】侍奉君主有什么道理可循吗？答案是有的。以忠信诚实为根本；以秉礼守义来防范过失；以勤劳节俭做下属表率；与众人相处慈爱和睦。读诵诗书典籍，常记古人的劝诫。

［笺注白话］问侍奉君主有没有什么道理可循？答案是有的。以忠信诚实为根本；以秉礼守义来防范过失；以勤劳节俭做宫女表率；对百姓慈爱和睦。诵读诗书，学习古人的言行，成就自己的德行。听到规劝进谏的话，能够恭敬地接受并记住不忘。

寝兴夙夜，惟职爱君。居处有常，服食有节。言语有章[(1)]，戒谨[(2)]谗慝。中馈[(3)]是专，外事不涉，教令[(4)]不出。远离邪僻，威仪是力。

［笺注］言当早兴夜寝，以敬爱其君，为己之职事。居则有常处，衣食节俭而不奢，言辞和婉而中度。谗佞之言，戒而勿听。非慝之行，谨而勿行。专任中馈之事，以奉君上，以修祭祀。外庭政事，无所干涉。教令不出于宫闱，远却淫邪私僻之事。动作威仪，力行之而无惰。

【注释】（1）有章：有法度，有文采。（2）戒谨：戒慎，小心谨慎。谗慝：邪恶奸佞。(3) 中馈：家中供膳诸事。(4) 教令：教化，命令。

【译文】早起晚睡，以敬爱君主为职责。居处不轻易变动，衣服饮食有节制，说话有文采，远离邪恶奸佞。专注办好供膳等份内事，不干涉政事，只教导命令宫中之事。远离淫邪私僻的事，保持庄重的仪容举止。

［笺注白话］应当早起晚睡，以敬爱君主作为自己的职责。居处不轻易变动，衣服饮食节俭不浪费，说话柔和婉转且合乎法度。谗言奸佞的话不听，邪僻的行为要谨慎不做。专心办好供膳等份内事，侍奉好君主的饮食，以及供奉祭祀之用。朝廷的政事不要干涉，只教导命令宫中之事。远离淫邪私僻的事，保持庄重的仪容举止，丝毫不松懈。

毋擅宠[(1)]而怙恩，毋干政而挠法[(2)]。擅宠则骄，怙恩则妒，干政则乖，挠法则乱。谚云："汩[(3)]水淖泥，破家妒妻。"不骄不妒，身之福也。《诗》曰："乐只君子，福履[(4)]绥之。"

［笺注］怙，倚恃也。挠，屈也。汩，陷也。淖，泥也，深而滥也。言为后妃之道，勿专擅君之宠，而恃君之恩；勿预国之政，而屈国之法。擅宠恃恩，则骄妒之害兴。干政挠法，则乖乱之祸作。俗语谓人汩没于水，而不能出者，出水中淖泥所陷也。人破坏其家，而不能兴者，由家有妒妻所败也。由是观之，女子不骄不妒，其为身家之福欤。乐只，犹言喜其也。君子，众妾，指后妃也。履，禄。绥，安也。言太姒不妒忌，而恩逮于下，故众妾乐其德而称愿之曰：南有樛木，则葛藟累之矣；乐只君子，则福履绥之矣。○樛音鸠。藟音垒〔lěi〕。累音雷〔léi〕。诗见周南樛木篇。

【注释】(1) 擅宠：独受宠信或宠爱。怙〔hù〕：依赖，凭恃。(2) 挠法：枉法。(3) 汩：淹没，湮灭。(4) 福履：福禄。绥：安，安抚。

【译文】不要独占君主的宠爱而仗恃龙恩，不要干涉政事、扰乱法纪。独占宠爱就会骄纵，仗恃恩宠就会妒忌，干涉政事就会扰乱法纪，就会引起动乱。谚语说：“人淹没在水中是被淤泥所陷；家道衰落是因为有妒忌的妻子。”不骄纵不嫉妒是全家的福气。《诗经·周南·樛木》中说：“众妃乐开怀，福禄安享之。”

［笺注白话］怙是倚仗。挠是枉屈。汩是陷。淖是泥，深而稀烂的泥。讲做后妃的规矩，不要独占君主的宠爱，而仗恃皇上的恩典。不要干预国政而扰乱国家法度。专宠恃恩就会骄纵嫉妒，干政乱法就会引来动乱之祸。俗语说：“人淹没在水中出不来，是因为被水中的淤泥所陷。家道衰败不兴旺，是因为有嫉妒的妻子。”这样看来，女子不骄纵不嫉妒，是自身和全家的福祉。乐只，是欢喜的意思。君子是众妾，指后妃。履是禄。绥是安。讲太姒不妒忌，恩及嫔妃，所以众妾赞叹她的德行说：“南边有樛树，葡萄攀上面；众妃乐开怀，福禄安享之。”

夫受命守分，僭黩[(1)]不生。《诗》曰：“夙夜在公，寔命不同。”是故姜后脱簪，载籍[(2)]攸贤。班姬辞辇，古今称誉。

［笺注］受命，受君之命。守分，守妾庶之分也。诗，召南小星之篇。寔与实同。命，天所赋之命也。姜后，周宣王之后。班姬，汉成帝之妃。言为后如妾御，皆受君之命。当安其所赋之分，而无僭越之心。故小星之诗，言庶妾当夕于君，抱衾裯而往见，星而入侍，星未没而还，不敢专一夕之宠，而夙夜宵行。在公承值者，由其所赋之命，不同于后妃之责也。昔周宣王与妾同宫而晏起，姜后脱簪珥，伏于永巷之间以待罪，自咎其失教于妃妾，而致君王有晏安废政之失也。宣王敬礼而谢之，自是不敢怠荒，而史籍称美焉。汉成帝退朝，欲与班婕妤同辇而载。班姬伏地而奏曰：“妾闻天子出入，皆有贤人左右夹辅，未闻与嬖妾同辇者也。”帝改容谢之。妃后与姬，深得事君安分之道者也。○婕妤音捷予，女子名。

【注释】(1) 僭黩〔jiàn dú〕: 冒犯。(1) 载籍: 书籍, 典籍。

【译文】后宫女子受君之命安守本分, 不起非分之想。《诗经·召南·小星》中说: "姬妾夜晚入侍君, 天没亮就要离开, 早晚奔忙是因为妾妃与皇后的使命不同。" 因此周宣王的姜皇后脱簪待罪, 典籍中记载了她的贤德。汉成帝的姬妾班婕妤辞谢与皇帝同车, 古今都称赞她的美德。

［笺注白话］受命是受君之命。守分是守妾妃的本分。诗是指《诗经·召南·小星》。寔是实的异体字。命是天所赋予的使命。姜后是周宣王的皇后。班姬是汉成帝的妃子。皇后和妾妃都是受君之命, 应当安守所赋予的本分, 不要有非分之想。所以《诗经·召南·小星》中说, 妾妃晚上侍寝, 抱着卧具去, 星星出来时入侍君, 星星未落时就离开, 不敢独占一夜的恩宠。这样早晚奔忙, 像办理公事一样侍奉皇帝, 是因为妾妃的使命与皇后的职责不同。从前周宣王与妾妃同房晚起, 耽误上朝, 姜皇后脱下簪饰, 跪在永巷等待问罪, 自责对妾妃管教不严, 导致君王晚起不上朝的过失。周宣王敬重礼谢她, 自然不敢懈怠荒废朝政, 史籍都赞美此事。汉成帝退朝后想和班婕妤同车而行, 班姬下跪回奏说: "我听说天子出入都有贤臣随行左右, 没有听说与姬妾同车的。" 汉成帝听了动容感谢她, 姜后与班姬都深明事君要安守本分的道理。

我国家隆盛, 孝慈高皇后, 事我太祖高皇帝, 辅成鸿业(1)。居富贵而不骄, 职内道而益谨。兢兢业业, 不忘夙夜。德盖(2)前古, 垂训万世, 化行天下。《诗》曰: "思齐太任, 文王之母。思媚周姜, 京室之妇。" 此之谓也。

［笺注］言我高皇后, 肃事高皇帝, 以辅成大业, 而能兢业敬谨, 夙

夜维勤。其德高出前古，风化被于天下，而慈训垂于万世矣！媚，爱也。京，周也。大雅思齐之诗曰，言此齐庄之太任，实为文王之母矣，惟其能媚爱其姑太姜，而恪尽孝道，为我周室之孝妇，其子孙光有天下，实太任始基之也。

【注释】(1) 鸿业：大业，多指王业。(2) 盖：超过，胜过。

【译文】我大明朝兴隆昌盛，是孝慈高皇后辅佐太祖高皇帝成就霸业。她身居富贵而不骄纵，管理后宫严谨认真，兢兢业业，不分昼夜。德行超过古人，慈训流传后世，教化天下。《诗经》说："雍容端庄是太任，周文王的好母亲。她孝敬婆婆太姜，是周王室好媳妇。"说的正是这个。

［笺注白话］孝慈高皇后恭敬地侍奉太祖高皇帝，辅佐高皇帝成就霸业。而且能兢兢业业、诚敬严谨、日夜辛劳。她的德行高于古人，教化感动天下，慈训流传后世！媚是爱，京是周。这是《诗经·大雅·思齐》中说，雍容端庄的太任，是周文王的母亲，她能孝敬爱戴婆婆太姜，历行孝道，是周王室的孝妇，她的子孙能显耀于天下，实在是太任打下的基础。

纵观往古，国家废兴，未有不由于妇之贤否，事君者不可以不慎。《诗》曰："夙夜匪懈，以事一人。"

［笺注］言我遍观古史，国之将兴，必有贤后妃以为之内助；国之将亡，必由宫阃淫僻惑乱所致。人家之成败亦然，可不慎哉！故大雅烝民之诗意云，为人臣者，当夙夜惕励而无怠惰，以事其君。然则为后妃者，与君休戚相关，岂不思匪懈之训，以事其君哉。

【译文】纵览历史，国家的兴盛与衰败，必定与后妃是否贤良有关，所以侍奉君主的后妃们不可以不谨慎。《诗经》说："日夜操劳，不敢怠惰，只为辅佐侍奉君主。"

［笺注白话］纵览历史，国家将要兴盛必有贤良的后妃做内助；国家走向灭亡必由后宫淫乱邪僻、惑乱君主所致。一个家庭的成败也是这样，一定要谨慎！《诗经·大雅·烝民》中说："作为臣下，应该日夜操劳，警惕勉励，毫无怠惰，以侍奉君主。"那么作为后妃与君主荣辱与共，难道能不牢记尽力辅佐君主的教训吗？

苟不能胥匡以道，则必自荒[(1)]厥德。若网之无纲，众目[(2)]难举。上无所毗[(3)]，下无所法，则胥沦之渐矣。

［笺注］胥，相也。匡，正也。纲，鱼网之总维也。毗，倚赖也。沦，陷溺也。言为妇者，苟或不能以正道，匡辅其君，必自荒其德。若无网之纲，众目难张。上下蒙蔽，无所荷法，则相沦陷，而至于危亡矣。

【注释】(1) 荒：荒废，弃置。(2) 目：孔眼。举：张开。(3) 毗〔pí〕：辅助，依赖。

【译文】如果后妃不能以正道辅佐君主，就荒废了自己的德行。如同鱼网没有总绳，众多网眼难以张开。在上位得不到辅助，在下位无法可依，就逐渐沦陷直至灭亡了。

［笺注白话］胥是相，匡是正。纲是鱼网的总线。毗是依赖。沦是陷溺。讲后妃如果不能以正道辅佐君主，一定荒废自己的德行。就像没有总绳的鱼网，众多网眼难以张开。上下蒙蔽，无法可依，就会一起陷落，直到灭亡了。

夫木瘁[(1)]者，内蠹[(2)]攻之；政荒者，内嬖[(3)]蛊之。女宠之戒，甚于防敌。《诗》曰:“赫赫宗周[4],褒姒灭之。”可不鉴哉?

［笺注］言树木凋瘁而枯朽,由蠹虫攻食其内。国家政事荒废者,由女宠淫嬖蛊惑于君。古人谓女色为女戎,盖防之如兵敌也。正月之诗,言幽王宠褒姒而丧身,西周以亡。是赫赫然宗周之大邦,由褒姒一人以灭之也。女戎之害,可不戒哉。

【注释】(1) 瘁:憔悴,枯槁。(2) 蠹〔dù〕:蛀虫。(3) 內嬖〔bì〕:受君主宠爱的人。蛊:诱惑,迷乱。(4) 赫赫:显赫盛大。宗周:周王朝。

【译文】树木枯槁是因为里面有蛀虫;国政昏聩是因为后宫有惑乱的宠妾。对于宠幸女色的防范,应该比对防范敌人还要严重。《诗经》说:“堂堂的周朝,因为幽王宠幸褒姒就亡国了。”能不引以为戒吗?

［笺注白话］树木凋零枯死是因为里面有蛀虫;国家政事荒废是因为后宫有惑乱的宠妾。古人把女色称为女祸,防范女色如同防范敌兵一样。《诗经·小雅·正月》中说,周幽王宠幸褒姒而丧命,西周也因此灭亡。像周王朝这样显赫,褒姒一个人都能使它灭亡。女祸的害处,能不引以为戒吗?

夫上下之分,尊卑之等也。夫妇之道,阴阳之义也。诸侯大夫士庶人之妻,能推是道,以事其君子,则家道鲜有不盛矣。

［笺注］天上地下,天尊地卑,女子事夫如天,则尊卑之分明。夫阳妇阴,阳主动,故刚健而专制;阴主静,故柔顺而不违。自后妃以至于士庶之妻,皆由此道以事其夫,则无不利矣。

【译文】天地之分,天尊而地卑。夫妇之道,夫阳而妇阴。诸侯、大夫、官员及平民的妻子,如果能推行这个原则来侍奉夫君的话,家道一定会昌盛的。

［笺注白话］天在上地在下，天尊而地卑，女子把丈夫看作天，尊卑关系就分明了。夫阳而妇阴，阳主动，所以刚健而果断；阴主静，所以柔顺而依从。从后妃直到官员百姓的妻子，都要根据这个规则来侍奉夫君，就一定会顺利了。

事舅姑章第十四

【题解】本章讲述女子孝养侍奉公婆的原则。孝顺公婆要像孝顺父母一样，尊重公婆要像尊重天地一样。平日要勤于家务，奉养公婆衣食，不能有一丝不恭敬的心。敬爱公婆所敬爱的，顺从公婆的心愿，行事不可独断专行，交待的事不可迟缓延误。只有令公婆称心，才有资格侍奉丈夫。

妇人既嫁，致孝于舅姑。舅姑者，亲同于父母，尊拟于天地。

［笺注］言妇人之于舅姑，亲爱同于父母，尊敬同于天地。

【译文】女子嫁人后，应当孝敬公婆。公婆是如同父母一样的亲人，要像尊敬天地一样尊重他们。

［笺注白话］女人对待公婆要像对待父母一样孝顺，要像尊敬天地一样尊重他们。

善事者在致敬(1)，致敬则严在致爱。致爱则顺，专心竭诚(2)，毋敢有怠。此孝之大节也。衣服饮食其次矣。

［笺注］言善事舅姑，在致其敬爱。致敬则严恪，而以专以爱，则

柔顺而竭诚。乃可以为孝。若夫旨甘其饮食，洁净其衣服，又其次矣。

【注释】(1) 致敬：表示恭敬，表达敬意。(2) 竭诚：忠诚，尽心。

【译文】善于侍奉公婆的人都心存恭敬，恭敬就会敬爱他们。敬爱公婆就会柔顺，尽心竭力地照顾他们，而不敢怠慢。这是尽孝的基本原则。供养衣服饮食还在其次。

［笺注白话］善于侍奉公婆的人都心存恭敬，恭敬就会谨慎行事，专心爱敬，就会柔顺且尽心竭力，这可以算是孝了。供养美食和洗衣打扫，这些是其次的孝行。

故极甘旨(1)之奉，而毫发(2)有不尽焉，犹未尝养也；尽劳勚(3)之力，而顷刻有不恭焉，犹未尝事也。

［笺注］极其劳而不倦，谓之勚。言奉养舅姑者，极致甘旨之美。稍有一毫不尽，犹如未养。敬事舅姑，极尽勤劳之力。稍有一念不恭，犹如未事。甚言竭力于终身，不可有一日之懈也。

【注释】(1) 甘旨：美味的食物。(2) 毫发：丝毫，极少，极细微。(3) 劳勚〔yì〕：劳苦。

【译文】所以用美味的食物奉养公婆，只要有一点不尽心竭力，就同没有奉养是一样的；尽心劳作家务，只要有片刻不恭敬的念头，就同没有侍奉是一样的。

［笺注白话］勚是指尽力劳作不知疲倦。讲奉养公婆的人，用美味的食物奉养公婆，只要有一点不尽心竭力，就同没有奉养是一样的；恭敬地侍奉公婆，尽心劳作家务，只要有片刻不恭敬的念头，就同没有侍奉是一样的。说明要始终如一地尽力侍奉，不可以有一天的懈怠。

舅姑所爱，妇亦爱之。舅姑所敬，妇亦敬之。乐其心，顺其志。有所行不敢专[1]，有所命不敢缓。此孝事舅姑之要也。

［笺注］舅姑之所敬爱之人，妇亦于其心而敬爱之。娱乐其心，恭顺其志。行事必禀命而不专，承命必躬，行而勿缓，此孝之要也。

【注释】(1) 专：专断，擅自行事。

【译文】公婆喜欢的，媳妇也要喜欢。公婆所敬爱的，媳妇也要敬爱。让公婆开心，顺从公婆的意愿。做事不敢独断专行，公婆交待的事不敢延误。这些是孝敬公婆的关键。

［笺注白话］公婆敬爱的人，媳妇也要敬爱他们。让公婆开心，顺从公婆的意愿。做事一定要先禀明公婆，不敢独断专行；公婆之命一定要立即去办，不敢延误。这些是孝敬公婆的关键。

昔太任思媚[1]，周室以隆；长孙尽孝，唐祚[2]以固。甚哉！孝事舅姑之大也。

［笺注］长孙文德皇后，唐太宗元配也。言太任能爱媚于太姜，故生文王以兴周室。长孙能孝敬于舅姑，故配太宗以延唐祚。皆开基之贤后也。

【注释】(1) 媚：爱，喜爱。(2) 祚〔zuò〕：君位，国统。

【译文】古时的太任爱戴婆婆太姜，所以周室兴隆；唐太宗的长孙皇后尽力孝敬于公婆，使唐朝的统治更为稳固。孝敬奉养公婆多么重要啊！

［笺注白话］长孙文德皇后是唐太宗的元配夫人。讲太任能爱戴太姜，所以生下文王兴盛周室。长孙皇后能孝敬公婆，因此唐太宗延续了唐朝的统治。两位都是开国的贤后。

夫不得于舅姑，不可以事君子，而况于动天地，通神明，集嘉祯(1)乎？故自后妃以下，至卿大夫及士庶人之妻，壹是(2)皆以孝事舅姑为重。《诗》曰："夙兴夜寐，无忝(3)尔所生。"

［笺注］言妇人不得意于舅姑，则不可以事其夫。欲比古之孝妇贞妻，感动天地，昭格神明，兆集嘉祥，垂芳万世，其可得乎？故自后妃以下，至于士庶之妻，壹是皆以善事舅姑为大也。小雅之诗曰，人当夙兴夜寐，尽其心志，无忝辱于父母也。妇能事其舅姑，则无忝于父母也。

【注释】（1）嘉祯：吉祥的征兆。（2）壹是：一概，一律。（3）忝〔tiǎn〕：辱没，有愧于。所生：生身父母。

【译文】妇人如果不能让公婆称心，就没资格侍奉丈夫，更何况感动天地，通达神明，天降吉祥呢？所以从后妃到卿大夫以及官员平民的妻子，一律要以孝敬公婆为重。《诗经》说："起早贪黑奉公婆，不辱父母之英名。"

［笺注白话］妇人如果不能让公婆称心，就没资格侍奉丈夫。更何况像古代的孝妇贞妻一样，感动天地，通达神明，招集吉祥，流芳万世呢？所以从后妃到官员平民的妻子，一律要以尽心侍奉公婆为重。《诗经·小雅·小宛》说："妇人应当早起晚睡，尽心孝养公婆，不辱没父母的英名。"妇人能侍奉好公婆，就无愧于父母了。

奉祭祀章第十五

【题解】本章讲述妇人辅助夫君办好祭祀祖先事务的重要性。古人重视婚礼，因为这是事关繁衍后代祭祀祖先的大事。祭祀一定要本着仁孝诚敬的心，子孙参与祭祀也会恭顺效法，这样祭祀之礼就可以代代相传，这是教育后代的根本。

人道重夫昏礼者，以其承先祖，共祭祀而已。

［笺注］昏，与婚同。此明祭祀之重。言人伦之道，以昏礼为重者。以夫妇之义，生育以承继先祖，中馈以共其祭祀。故不可以不重也。

【译文】五伦大道中非常重视婚礼，因为这关系到繁衍后代继承先祖，以供奉祖宗祭祀的大事。

［笺注白话］昏同“婚”。这里说明祭祀的重要。五伦之中非常重视婚礼，因为夫妇结合，关系到繁衍后代继承先祖，备办膳食以供祭祀的大事。所以不能不重视。

故父醮[(1)]子，命之曰：“往迎尔相，承我宗祀[(2)]。”母送女，命之曰：“往之女家，必敬必戒，无违夫子。”国君取夫人，辞曰：“共有敝邑，事宗庙社稷。”分虽不同，求助一也。

［笺注］醮，父母为子女昏嫁，而预享之也。盖尊卑不敌，有酢无酬，故谓之醮。犹享天地神明，亦有酢无酬，而谓之醮也。子将亲迎，父醮子而命之曰：“往迎而辅相之内助，承我宗庙祭祀之事。”女将嫁，母

醮而送之曰："往之汝家，必恭敬戒慎，无违悖于汝之夫子。"诸侯取夫人，致辞于妇家曰："相与共保有我之国邑，以奉宗庙社稷。"由此观之，贵贱不同，求内助一也。

【注释】（1）醮〔jiào〕：古代婚娶时用酒祭神的礼。（2）宗祀：对祖宗的祭祀。

【译文】所以，婚礼前父亲给儿子酌酒并对他说："迎娶你的贤内助来，以延续我家的祖宗祭祀。"母亲送女儿时会嘱咐说："去到夫家，一定要恭敬戒慎，不要违逆丈夫。"诸侯国君娶夫人时向女方家致辞说："我们共同拥有这个国邑，继承宗庙社稷。"身份高低不同，希求贤内助的意愿是相同的。

［笺注白话］醮是指父母在子女婚嫁时，预先的祭祀仪式。因为地位尊卑不同，所以有敬酒没有回敬，因此叫醮。就像祭祀天地神明也是有敬酒没有回敬，也叫醮。儿子将要去迎娶新娘，父亲给儿子酌酒并对他说："迎娶你的贤内助来，以延续我家的祖宗祭祀。"女儿要出嫁时，母亲酌酒送行说："去到夫家，一定要恭敬戒慎，不要违逆丈夫。"诸侯国君娶夫人时向女方家致辞说："我们共同拥有这个国邑，继承宗庙社稷。"以此来看，身份高低不同，希求贤内助的意愿是相同的。

盖夫妇视祭，所以备外内之官也。若夫后妃奉神灵之统，为邦家之基。蠲[(1)]洁烝尝，以佐其事。必本之以仁孝，将之以诚敬。躬蚕桑以为玄紞[(2)]，备仪物[(3)]以共豆笾。夙夜在公，不以为劳。《诗》曰："君妇莫莫[(4)]，为豆孔庶[(5)]。"

［笺注］官，犹职也。祭必夫妇同者，尽外内之职也。若后妃敌体天

子，为天地诸神之主，为邦国福泽之基。蠲治洁净其烝尝，以佐天子之祭祀。其礼至重至大，必先之以仁孝诚敬。躬亲蚕桑，以成祭祀玄紞之服。备其仪文法物，以供宗庙之笾豆。夙夜恪恭，劳而无倦。楚茨之诗，言君王之主妇莫莫然，诚敬恭肃以佐其祭祀，其洁修笾豆，孔盛而丰庶也。

【注释】(1) 蠲〔juān〕洁：清洁。烝尝：本指秋冬二祭，后泛称祭祀。(2) 玄紞〔dǎn〕：古代礼冠上用来系塞耳玉的丝带。(3) 仪物：用于礼仪的器物。豆笾〔biān〕：祭器。木制的叫豆，竹制的叫笾。(4) 莫莫：肃敬的样子。(5) 庶：众多。

【译文】夫妇一同参与祭祀，分别尽好内外的职责。至于后妃供奉的是神灵之统率，为的是国家的稳固。整理清洁祭品，辅佐天子祭祀，一定要本着仁孝之心，心存诚敬去供奉。亲自种桑养蚕制作礼冠上的丝带，备办礼仪所用的供品装满祭器。日日夜夜勤于公事，而不疲倦。《诗经》说：“君王的妻子诚敬恭肃，祭祀的供品多么丰盛。”

［笺注白话］官是职责。祭祀一定要夫妇共同参与，各尽内外的职责。后妃的地位与天子相配，是天地诸神之主，是国家福泽的基石。整理清洁祭品，辅佐天子祭祀，礼仪非常重要，一定要本着仁孝诚敬的心。备办礼仪用品，放到宗庙的祭器中。日日夜夜勤于公事，劳累而不疲倦。《诗经·小雅·楚茨》说：君王的妻子诚敬恭肃，辅佐君王的祭祀，整理清洁祭器，装满丰盛的供品。

夫相礼罔愆(1)，威仪孔时(2)，宗庙享之，子孙顺之。故曰：“祭者，教之本也。”苟不尽道，而忘孝敬，神斯弗享(3)矣。神弗享而能保躬裕后者，未之有也。凡内助于君子者，其尚勖之。

［笺注］言后妃以及诸侯、卿大夫之妻，皆有辅相其夫，以成祭祀之职。若相礼而无愆违威仪，孔盛于祭享之时，则宗庙神灵庶其欲享之矣。子孙奉事于其间，亦恭顺而效法之矣。故礼曰，祭者，恭率子孙以事其先祖；其继继绳绳，传法于后世，乃教之本也。若不敬供其祀，而无孝敬之心，则在天之神灵弗享之矣。神灵不享其祀，尚能保其身，而垂裕于后乎？故凡有内助之佳者，其勖勉之，宜敬事而无怠也。

【注释】(1) 愆〔qiān〕: 罪过，过失。(2) 孔时：适时，及时。(3) 享：神鬼享用祭品。

【译文】祭祀时要符合礼仪不犯过失，仪容举止要隆重合时，宗庙的神灵就会享用祭品，子孙就会恭顺效法。所以说祭祀是教育的根本。如果祭祀礼数不尽，忘失孝敬之心，神灵就不会享用祭品。神灵不享用祭品而能保佑自身造福后代的，从来没有过。凡作为丈夫内助的妇人，一定要努力做好祭祀的事！

［笺注白话］讲后妃以及诸侯、卿大夫的妻子，都有辅助丈夫完成祭祀的职责。如果仪容举止没有过失，祭祀隆重合时，那么宗庙的神灵就会享用祭品。子孙参与祭祀活动，也会恭顺效法。所以《礼记》说："祭祀是恭敬带领子孙供奉先祖，先后相承，延续不断，传于后世，这是教育的根本。"如果祭祀不够恭敬，没有孝敬的存心，神灵就不会享用祭品。神灵不享用祭品，还能保佑自身造福后代吗？所以凡是贤内助，都要努力做好祭祀的事，恭敬而不懈怠。

母仪章第十六

【题解】本章讲述女子做母亲言传身教的重要性。古时女子的教育职能只在家中训导子女，要教孩子道德仁义、廉洁谦逊、勤劳俭朴，本着慈爱的心，遇事要严格要求。女子的德行最重要是正直孝敬，母亲自己做到了，就可以给子女做好榜样，所以做母亲的言行要慎之又慎。

孔子曰："女子者，顺男子之教，而长其理者也，是故无专制[(1)]之义。"所以为教，不出闺门，以训其子者也。

［笺注］此明母仪之教，先言知职之由。言女子本无知职，由男子立教于先，父母顺而教之，女子顺而法之。如能开其心智，而长其伦理。是故在家从父，出嫁从夫，而无专制之义。其法施教令，不出于闺门。而训其子女，斯母仪之职也。

【注释】(1) 专制：独断专行。

【译文】孔子说："女人是顺从男子的教导，而经常按此道理去做的人，因此没有独断专行的道理。"所以妇人的教令不出闺门，只训导自己的子女而已。

［笺注白话］这是说明母亲的教导，先说母教职责的由来。女子本来没有传授知识的职责，是由男子树立教化在先，父母按此教女儿，女子顺从学习。如果能开启心智，就能经常按伦理道德去做。因此在家顺从父亲，出嫁顺从夫君，没有独断专行的道理。妇人的教令不出闺门，只训导自己的子女而已，这是做母亲的职责。

教之者，导之以德义，养之以廉逊，率之以勤俭，本之以慈爱，临之以严恪。以立其身，以成其德。

［笺注］教之之道，当导引之以德义之方，敦养之以廉逊之节，董率之以勤俭之道，本之以慈爱之心，临之以严格之重，斯可以立其身，而成其德矣。

【译文】教育子女，应当教导他们道德仁义，培养他们廉洁谦逊，带领他们勤劳俭朴，本着慈爱的之心，遇事严格要求。让子女学会为人处事，成就良好的品德。

［笺注白话］教育子女的方法，应当用道德仁义引导他们，用廉洁谦逊的节操涵养他们。以身作则教他们勤劳俭朴，本着慈爱的心，遇事严格要求。这样就可以让子女学会为人处事，成就良好的品德。

慈爱不至于姑息(1)，严恪不至于伤恩。伤恩则离，姑息则纵，而教不行矣。《诗》曰："载色(2)载笑，匪怒伊教。"

［笺注］所谓慈爱者，本于心而不姑息。严恪者，见于色而不伤恩。严而伤恩，则离背而不亲。爱而姑息，则骄纵而废礼。故鲁颂泮水之诗，言能教者不失其和颜笑貌，而子弟皆乐从之矣。

【注释】(1) 姑息：无原则的宽容。(2) 色：指容颜和蔼。

【译文】对子女慈爱但不要姑息迁就，严格但不要伤了亲人的恩情。伤害了恩情关系就会疏离；姑息迁就子女就会放纵，教育就起不到作用。《诗经》说："长辈和颜悦色，不用怒气教训人，子女就会乐意听从。"

［笺注白话］慈爱是讲存心，而不是无原则的宽容。严格是表情严肃却不伤亲人恩情。严苛到伤害感情，就会疏远不亲。溺爱姑息就会骄纵失礼。所以《诗经·鲁颂·泮水》中说，善于教孩子的人，虽然和颜悦色，但子弟都乐意听从。

夫教之有道矣，而在己者，亦不可不慎。是故，女德有常，不踰贞信[1]。妇德有常，不踰孝敬。贞信孝敬，而人则之。《诗》曰："其仪不忒，正是四国。"此之谓也。

［笺注］教之之道，不过如此，而在己之修身有道，成德无亏，方可以为母仪，不可不慎也。盖女德不过于贞信，妇德不过于孝敬。贞信孝敬，不失于身，故子孙男妇，则而法之，斯无忝于母仪矣。曹风之诗意云，君子威仪，无有差忒，而四国法之以为正则，斯可为母仪之道也夫。

【注释】(1) 贞信：正直诚实。

【译文】教育好子女的根本是自己以身作则，所以做母亲的言行不可不慎重。因此，女德的纲领是正直诚实，妇德的纲领是孝敬。母亲做到正直孝敬，子女就可以效法。《诗经》说："仪容端庄无差错，各国以此为榜样。"这是说母亲身教。

［笺注白话］教育孩子不过就是自己修身行道，德行没有亏失，才可以给孩子做好母亲的榜样，所以做母亲的言行不可不慎重。女子德行不过是正直诚实，妇人的德行不过是孝敬。正直孝敬，自己没有过失，子孙后代才能学习效法她，这就无悔于做母亲的职责。《诗经·曹风·鸤鸠》中说，君子的仪容举止没有差错，各国都以他为榜样学习。这也说明母亲身教的道理。

睦亲章第十七

【题解】本章讲述女子辅助丈夫和睦亲族的重要性。妻子嫁到夫家，对夫家亲属要仁恕宽厚，广施恩惠，常常感恩念谢，不记小怨，无论亲族关系远近都和善友爱。每个妻子都能辅助丈夫和睦全家，国家天下也就和睦了。

仁者，无不爱也，亲疏内外，有本末焉。

［笺注］此章明睦亲之道。言仁者之性，固无不爱，亦有亲疏内外、本末之不同，当于此而别其轻重、次第焉，斯得睦亲之道矣。

【译文】仁者没有不爱的人，但有亲疏内外的差异，有主次先后的区分。

［笺注白话］这章是讲和睦亲族的道理。仁者的本性，天下没有不爱的人，但也有亲疏内外，主次先后的区别，应当分清轻重次序，这样就明白和睦亲人的原则了。

一家之亲，近之为兄弟，远之为宗族，则同乎一源矣。

［笺注］言一家则兄弟为亲，宗族为疏。兄弟宗族，虽有亲疏，上本于祖考。由水派虽分，同出乎一源也。然自妇道观之，我之兄弟宗族，虽同乎一源，吾既从夫，则兄弟宗族虽亲，而亦疏矣。夫之兄弟宗族，与我虽异姓，然女以夫家为重，虽疏而亦亲矣。

【译文】一家亲属中，兄弟关系亲密，宗族关系疏远。虽然有亲疏的不同，但来源于同一个祖先。

［笺注白话］一家亲属中，兄弟关系亲密，宗族关系疏远。兄弟和宗族虽然有远近，都来自同样的祖先，就像江河分支虽然流向不同，但是从同一个源头来的。如果从妇人的角度来看，娘家的兄弟宗族虽然与自己同一血缘，但嫁夫从夫，娘家的兄弟宗族虽然亲近，也是疏远的。丈夫家的兄弟

宗族与自己不同姓，但女子嫁人要以夫家为重，虽然疏远也是亲近的。

若夫娣姒姑姊妹，亲之至近者矣，宜无所不用其情。

［笺注］夫弟妇为娣，兄妻为姒，及夫之姑姊妹，乃亲之至近者，有同事舅姑之谊，则亲爱宜无所不至矣。

【译文】至于弟妹、嫂子、大姑姐、小姑子，是亲人中关系最近的，应当尽力以真情相待。

［笺注白话］弟妹叫娣，嫂子叫姒，以及大姑姐、小姑子，是亲人中关系最近的，如同侍奉公婆一样的情谊，应当尽力以真情相待。

夫木不荣于干，不能以达支；火不灼于中，不能以照外。是以施仁，必先睦亲，睦亲之务，必有内助。

［笺注］木生本为干，干生条为枝。言干不荣则枝不润，火不燃则照不相。是以君子治家，必以睦亲为务。欲睦其亲者，必有贤内助以为之主焉。

【译文】树干如果不健壮，枝条就不会繁盛；火如果不烧起来，就不能照亮外面。所以君子想要广施仁爱，一定要先和睦亲族；和睦亲族的关键，一定要有一个贤内助。

［笺注白话］树木先长出树干，树干发条长成树枝。如果树干不健壮，树枝就不会繁盛，火焰如果不燃烧就不能照亮外面。所以君子管理家庭，一定先和睦亲族，要和睦亲族，一定要有贤内助的操持。

一源之出，本无异情。间以异姓，乃生乖别[(1)]。《书》云：

“惇睦[(2)]九族。”《诗》云：“宜[(3)]其家人。”主乎内者，体君子之心，重源本之义，敦頍弁[(4)]之德，广行苇之风。

［笺注］“頍弁”，小雅；“行苇”，大雅；皆诗篇名。宴乐兄弟，亲戚之词也。言君子就不知兄弟宗族、姑姊妹为一源之出，而思亲睦之。而不贤之妇，常视为异姓，与己为疏，而间隔之，致生乖违别异。君子不被其惑者，鲜矣。《书》称帝尧，克明俊德，以睦九族之宗亲。《诗》称后妃风化，二南皆有宜家之淑女。若贤内助能体君子之心，重同源一本之义，敦“頍弁”“行苇”之风，则亲族无不睦矣。

【注释】(1) 乖别：不和，反常。(2) 惇〔dūn〕睦：笃爱和睦。(3) 宜：和顺，亲善。(4) 頍弁〔kuǐ biàn〕：指《诗经·小雅·頍弁》。

【译文】宗族亲属是相同血脉，本来很亲密。有异姓的离间才会生不和。《尚书》称赞尧帝和睦九族的宗亲。《诗经》说，好女子出嫁可以和顺亲善夫家亲属。做妻子的，要能体恤夫君的心情，重视血脉的情义，笃行《诗经·小雅·頍弁》和《诗经·大雅·行苇》中所描述的家族和睦。

［笺注白话］頍弁指《诗经·小雅·頍弁》，行苇指《诗经·大雅·行苇》，都是诗经的篇名，讲述宴请兄弟亲戚的诗词。君子知道兄弟宗族姐妹是同一血脉，想与他们亲近和睦。但不贤的妻子却把他们看成异姓，与自己疏远，也离间他们与夫君的关系，导致隔绝不和。丈夫不被不贤妻迷惑的是少数。《尚书》称赞尧帝，他能发扬美德使家族亲密和睦。《诗经》称赞后妃的德行教化，使周南召南都有和睦家庭的贤良女子。如果妻子能体恤夫君的心情，重视血脉的情义，笃行《诗经·小雅·頍弁》和《诗经·大雅·行苇》中所描述的美德，那么亲族没有不和睦的了。

仁恕宽厚，敷洽[1]惠施。不忘小善，不记小过。录小善则大义明，略小过则谗慝息。谗慝[2]息则亲爱全，亲爱全则恩义备矣。

［**笺注**］睦亲之道，当本之以仁，待之以恕，御之以宽，敦之以厚，广敷其惠，周洽其施。虽有小善，记之不忘。虽有小过，忘之不记。记善则恩义日长，忘过则谗言不作，亲爱全而恩义备矣。

【**注释**】(1) 敷洽：广布。惠施：布施，施恩。(2) 谗慝：进谗陷害。

【**译文**】对亲人仁恕宽厚，广施恩惠。亲人的恩典牢记不忘；亲人的过失不记心中。感恩念谢就能明白亲情的大义，不生怨恨就没有谗言恶语。没有谗言家庭更亲爱，全家亲爱，那么恩情和道义就完备了。

［**笺注白话**］和睦亲族应当以仁爱为本，宽以待人，纯朴敦厚，广施恩惠，普及全家。亲人的恩典牢记不忘；亲人的过失不记心中。感恩念谢亲人间的恩情就日益增长；不生怨恨就没有谗言恶语，全家亲爱，那么恩情和道义就完备了。

疏戚之际，蔼然[1]和乐，由是推之，内和而外和，一家和而一国和，一国和而天下和矣。可不重哉！

［**笺注**］夫内助贤而亲戚睦，皆蔼然和乐，率由是道而推广之。诸侯、卿大夫、士、庶之妻，无不相其君子，睦其亲戚，以成内助之美，则内外雍睦，家国咸和，而天下平矣。可不重哉！

【**注释**】(1) 蔼然：温和，和善的样子。

【**译文**】无论亲族关系远近，都能和善友爱，由此推而广之，家族和也能与外族和，每家都和睦，一国就和睦。每国都和睦，天下就和睦。怎么能不重视呢!

［笺注白话］妻子贤惠，亲戚和睦，大家都和善友爱。以此推而广之，诸侯、卿大夫、官员、平民的妻子，都帮助丈夫和睦亲戚，成就贤内助的美德，家族内外就都能和睦，国家也会和睦，天下就太平了。怎么能不重视呢!

慈幼章第十八

【题解】本章讲述做母亲的慈爱晚辈的重要性。长辈慈爱晚辈，晚辈就会孝顺并日益亲近长辈；长辈如果不能慈爱晚辈，却要求晚辈孝顺，就会引发孩子的叛逆和忌恨。慈爱却不能过分溺爱，母亲还要尽到教导训诫的职责。

慈者，上之所以抚下也。上慈而不懈，则下顺而益亲。故乔木[(1)]竦而枝不附焉，渊水清而鱼不藏焉。甘瓠[(2)]藟于樛木，庶草繁于深泽，则子妇顺于慈仁，理也。

［笺注］此章言慈幼之道。以上抚下为慈。上慈而不倦懈，则卑幼益顺而亲之。乔木上竦，而下则无枝。渊水澄清，而鱼则远避。是以甘瓠蔓生，附干盘屈之樛木；众草繁杂，丛于蓊翳之深泽。以其能容也。上仁慈而能容，则子孙男妇敬顺而亲爱之。其理然也。○蓊音〔wěng〕。翳音义。蓊翳，水草茂盛、枝蔓繁蔽也。

【注释】(1) 乔木：指高大的树木。竦〔sǒng〕：高耸。(2) 瓠〔hù〕：蔬类名，即瓠瓜。藟〔lěi〕：缠绕。樛〔jiū〕木：枝向下弯曲的树。

【译文】长辈抚爱晚辈，叫做慈爱。做长辈的能保持慈爱之心，晚辈就会顺从并日益亲近长辈。因此乔木高高地耸立，就不长旁枝；深潭里的水清澈见底，鱼就不能藏身其中。樛木下垂，就会有甘甜的瓠瓜攀附其上；深泽宽广，众多的水草就会繁殖生长其中。长辈仁慈宽厚，子孙媳妇就会敬顺，说的就是这个道理。

［笺注白话］本章讲慈爱晚辈的道理。长辈抚爱晚辈叫做慈爱。做长辈能保持慈爱之心，晚辈就会日益敬顺并亲近长辈。高大的树木向上伸展，下面就不长旁枝。深潭里的水清澈见底，鱼就游走了。所以甘甜的瓠瓜攀附在枝干弯曲的樛木上，众多水草繁殖杂生在茂密的深泽中，因为那里有容身之地。长辈仁慈而宽容，子孙媳妇就会敬顺慈爱长辈。这个道理没错的。

若夫待之以不慈，而欲责之以孝，则下必不安。下不安则心离，心离则忮。忮[(1)]则不祥，莫大焉。

［笺注］上不慈，而责下以孝，则下心离背而不安，不安则忮害之心生。不祥之甚也。

【注释】(1) 忮〔zhì〕：嫉妒，忌恨。

【译文】如果长辈不慈爱晚辈，却要求晚辈孝顺，晚辈的心一定会不安。心不安就会与长辈离心离德，心疏离了就会产生忌恨。晚辈心里对长辈有忌恨，没有比这更不祥的事了。

［笺注白话］长辈不慈爱，却要求晚辈孝顺，晚辈心里会叛逆不安，心不安就会对长辈生起忌恨的心，这是最不祥的事。

为人父母者，其慈乎！其慈乎！然有姑息以为慈，溺爱以为德，是自蔽其下也。故慈者非违理之谓也，必也尽教训之道乎。

［笺注］言为亲者，必以慈为本，重言以申晓之。然其姑息纵容、偏爱护短以为慈者，是自蒙蔽，贻害其子孙，非慈也。不违其理，而训之以正，尽其仁义之心，斯可谓之慈矣。

【译文】做父母的一定要仁慈！但是有的父母却把姑息纵容当作仁慈，把过分溺爱当作善行，这是害了自己的子孙。所以仁慈不是要违背常理，而是必须尽到教导训诫的责任。

［笺注白话］作为父母亲，一定要以仁慈为根本对待晚辈，重复两遍“其慈乎”是为了申明此意。但有些父母把姑息纵容和偏爱袒护当作仁慈，这是自我蒙蔽、贻害子孙的行为，不是慈爱。教晚辈不违背常理，教导他们中正之道，以仁爱道义尽心行事，这才是真正的慈爱。

亦有不慈者，则下不可以不孝。必也勇于顺，令如伯奇[(1)]者乎。

［笺注］夫慈者，上之恩，不可不明者也。上或不慈，则下不可以不孝。昔周尹吉甫，惑于后妻之言，欲杀其子伯奇。伯奇不敢辩，乃顺命而死，至孝也。然伯奇之孝，适以彰父母之不慈耳。故当以慈为重也。

【注释】(1) 伯奇：周朝孝子。相传为周宣王时重臣尹吉甫长子。尹吉甫受了后妻的挑拨，想要杀伯奇。伯奇不敢申辩，顺从父亲的意愿而死。

【译文】也有长辈不慈爱晚辈的，但晚辈也不可以不孝顺。一定要勇于孝顺父母，像伯奇那样。

［笺注白话］慈爱是长辈的恩德，不能不明白。长辈如果不慈爱，晚辈也不可以不孝顺。过去周朝的尹吉甫，听信后妻的不实之词，想要杀了

伯奇。伯奇不敢申辩，就顺从父亲的意愿而死，这是至孝啊。但是伯奇的至孝，正彰显了父母的不慈爱。所以父母应当以仁慈为重。

逮下章第十九

【题解】本章讲述了作为正妻，要恩惠善待姬妾的道理。男子尤其是君王担负着延续血脉、宗庙祭祀的重任。古代贤德后妃都与众妾分享君王的恩泽，不独享私欲，这样才能子孙繁盛，福庆长久。因此从后妃到平民的妻妾都要和谐融洽，这样就是明白大孝的原委，推广仁德的胸怀。

君子为宗庙之主，奉神灵之统，宜蕃衍[(1)]嗣续，传序[(2)]无穷。

［笺注］不言天子而言君子者，总诸侯、卿大夫而言也。逮，自上及下也。此章明以恩逮乎之道。言君子奉宗庙，享神灵，垂统绪，宜蕃衍子孙傅续卿序，以延无穷之祥。

【注释】(1) 蕃衍：滋生繁殖。嗣续：子孙。(2) 传序：父死子继，世代相传。

【译文】男人是宗庙的主宰，延续供奉宗庙神灵的血统，应当繁衍后代，世代相传，无穷无尽。

［笺注白话］不用“天子”而用“君子”，是包括诸侯、卿大夫在内。逮是指自上而下。此章说明恩德惠及姬妾的道理。讲男子供奉宗庙，祭祀神灵，延续血统，应当繁衍后代，世代相传，延续无尽的祥瑞。

故夫妇之道，世祀为大。古之哲后贤妃，皆推德逮下[(1)]，荐达[(2)]贞淑，不独任[(3)]己。是以茂衍[(4)]来裔，长流庆泽[(5)]。

［笺注］言夫妇以传世继祀为重。古之贤后妃，皆推广恩德以及其下。简妾行之贞淑者，荐达于君，不专在一己之宠。是以后裔广衍，子孙众多，福庆长流于百世。

【注释】(1) 逮下：恩惠及于下人。(2) 荐达：推荐引进。贞淑：贞洁贤淑。(3) 独任：专任，独自承担。(4) 茂衍：繁盛绵延。(5) 庆泽：皇帝的恩泽。

【译文】所以夫妇以繁衍后代、祭祀宗庙为大任。古代贤德的皇后王妃，都把恩德推广施及下人，推荐贞洁贤淑的姬妾给君王，而不独享君王的恩宠。所以子孙众多，恩泽福庆长流百世。

［笺注白话］讲到夫妇要以繁衍后代、祭祀宗庙为大任。古代贤德的皇后王妃，都推广恩德施及下人。挑选贞洁贤淑的姬妾，推荐给君王，而不独享君王的恩宠。所以后代繁衍，子孙众多，恩泽福庆长流百世。

周之太姒，有逮下之德。故《樛木》形福履[(1)]之咏，《螽斯》[(2)]扬振振之美。

［笺注］木诗意见前篇。螽斯，蝗属，一生九十九子。振振，美盛貌。《诗》云："螽斯羽，诜诜兮。宜尔子孙振振兮。"以比后妃不妒忌，而子孙众多，振振美盛，如螽斯子孙蕃盛，和悦而飞集也。太姒之德如此，故诗人咏之，比于樛木、螽斯，美善不一而足。○诜，读音（shēn）。

【注释】(1) 福履：福禄。(2) 螽斯〔zhōng〕：一种昆虫，此处指《诗经·周南·螽斯》一诗。

【译文】周朝的太姒，有恩德施及下人的美德。所以《诗经·周南·樛木》中咏叹太姒恩逮众妾，大家祝愿她安享福禄。《诗经·周南·螽斯》中颂扬后妃不嫉妒，所以子孙众多。

［笺注白话］樛木的意思参见前篇。螽斯是一种昆虫，产卵极多。振振是美盛的样子。《诗经·周南·螽斯》说："螽斯振翅，数量众多，孕育子孙，繁盛美好。"用来比喻后妃不嫉妒，因此子孙众多，繁盛美好，就像螽斯子孙繁多，和悦相聚的情景。太姒有恩逮姬妾的美德，因此诗人咏叹她，就像樛木和螽斯，美德善行不胜枚举。

终能昌大[(1)]本枝，绵固宗社。三王之隆，莫此为盛。

［笺注］三王，夏殷周也。言后妃贤而祀嗣广，本枝大而宗社宁。夏殷之世，虽有贤妃，不若周之为盛也。

【注释】(1) 昌大：昌盛，强大。本枝：家族子孙。

【译文】(凭借后妃的贤德) 周朝终能家族子孙昌盛强大，绵延巩固宗庙社稷。夏商周三朝之中，以周朝最为繁盛。

［笺注白话］三王是指夏商周三朝。后妃贤德、子孙众多、本固枝繁，社稷安宁。夏商两朝，虽然也有贤妃，但不如周朝繁盛。

故妇人之行，贵于宽惠，恶于妒忌。月星并丽，岂掩于末光。松兰同亩，不嫌于并秀。

［笺注］言妇德贵宽而恶妒。月大而星小，同丽于天。松高而兰下，同植于地。月不掩星之光，松不碍兰之秀。以比嫡贤而美，能容众妾，而不妒也。

【译文】所以妇人的德行，贵在宽厚慈惠，恶在嫉妒忌恨。月亮与星星同放光芒，月亮不遮掩星星的光辉。松树与兰花长在同一亩田中，不妨碍各自的秀美。

［笺注白话］讲到妇人的德行，贵在宽厚慈惠，恶在嫉妒忌恨。月亮大而星星小，同在一片天空中绽放光芒，月亮不遮掩星星的光辉；松树高而兰花低，同样生长在一片土地上，松树不妨碍兰花的秀美。以此比喻正室的后妃有容纳众妾的心量，不生嫉妒之心。

自后妃以至士庶人之妻，诚能贞静[(1)]宽和，明大孝之端，广至仁之意。不专一己之欲，不蔽众下之美，务广君子之泽。斯上安下顺，和气烝融，善庆[(2)]源源，肇于此矣。

［笺注］言自后妃，以及士、庶之嫡妻，诚能推广古昔圣贤后妃之德意，不专欲而蔽下，能宽和以广嗣，上下安顺，和气集于庭帏，而福泽善庆之源，肇始于此矣。

【注释】(1) 贞静：端庄娴静。宽和：宽厚谦和。(2) 善庆：善行多福。源源：连续不断的样子。

【译文】从后妃到官员平民的妻子，果真能做到端庄娴静、宽厚谦和，明白大孝的原委，推广仁德的胸怀。不独享个人的私欲，不遮掩众妾的美好，力图广布夫君的恩泽。这样就能在上安心，在下恭顺，和谐融洽，积善之庆连绵不断，就从这里开始了。

［笺注白话］从后妃到官员平民的正妻，果真能推广古代圣贤后妃的美德心意，不独享私欲而遮掩众妾的美好。而能宽厚谦和，使子孙繁盛，上下安宁恭顺，妻妾和谐融洽。那么，福泽善庆的源头就从这里开始了。

待外戚章第二十

【题解】本章讲述后妃教导管束外戚的重要性。对待外戚要防微杜渐，教导娘家人不可越分奢靡，私事请托，并邀请有德行有学问的老师，教导他们依道义而行，警戒骄傲放纵，长养谦和恭逊。

知几[(1)]者，见于未萌[(2)]；禁微[(3)]者，谨于抑末[(4)]。自昔之待外戚[(5)]，鲜不由始纵而终难制也。虽曰外戚之过，亦系乎后德之贤否耳。

[笺注]此明后妃待外戚之道。见于未萌，事未兆而预防之，谨于初末。先戒其小过，使敬惮而不敢为非。古外戚之专权病国，皆由君后纵之于外，彼得肆无忌惮。后虽欲制之，反为其所制而国乱矣。大则宗社危亡，小则身家丧灭。虽外戚之罪，亦君后之不明所致也。

【注释】(1)知几：有预见，看出事物发生变化的隐微征兆。(2)未萌：事情发生以前。(3)禁微：防微杜渐。(4)抑末：小事。(5)外戚：帝王的母族、妻族。

【译文】有先见之明的人能在事前预见到将要发生的事；防微杜渐的人对待小事都非常严谨。自古后妃对待娘家人，很多是开始放纵，最终难以控制。虽说是外戚的罪过，但也与后妃是否贤明有直接关系。

[笺注白话]这里说明后妃对待娘家人的原则。在事情未发生时加以防范，对小事也报以严谨态度，惩戒外戚的小过失，使他们有所敬畏而不敢为非作歹。自古外戚独揽大权灾国殃民，都是因为君主、后妃纵容他

们，使他们肆无忌惮，最终想要控制外戚，却反被外戚控制，以至国家昏乱。影响严重时，宗庙社稷危亡，影响轻微时牵连整个家族丧命。虽然是外戚的罪过，但也是因为君主、后妃不贤明所导致的。

汉明德皇后，修饰内政，患外家以骄肆取败，未尝加以封爵。唐长孙皇后，虑外家以富贵招祸，请无属以枢柄[(1)]，故能使之保全。

［笺注］汉明帝马后，恐外戚恃宠骄横，故马氏之门，不加封爵。唐太宗长孙后，常言于帝，请无任外家以枢要之权柄。二后深明大体，故二家得以保全。

【注释】（1）枢柄：军政大权。

【译文】汉朝的明德马皇后修治整顿后宫事务，担心外戚骄纵放肆而自取灭亡，不曾对娘家人封土授爵。唐朝长孙皇后担心娘家人因为富贵而招致灾祸，请求皇帝不要委任家人军政要职，所以能保全家人。

［笺注白话］汉明帝的马皇后唯恐外戚恃宠而骄横，所以马家亲属，不加封爵位。唐太宗的长孙皇后经常对皇帝说，请不要委任家人以军政要职。两位皇后都深明大义，所以两家人都得到保全。

其余若吕、霍、杨氏之流，僭踰[(1)]奢靡，气焰[(2)]熏灼，无所顾忌，遂致倾覆。良由内政偏陂[(3)]，养成祸根。非一日矣。《易》曰："驯致其道，至坚冰也。"

［笺注］汉高帝后吕氏，宣帝后霍氏，晋武帝后杨氏，三家皆恃宠僭越，专擅国政，恣无忌惮，以取灭亡。良由后妃内政偏私，养成祸根，甚

致欲自保其身而不能。故坚冰非一日之寒，大祸非一朝之积。《易》坤之初六辞曰：“覆霜坚冰至。”象曰：“初六。履霜，阴始凝也。驯致其道，至坚冰也。”以明人初履霜，则知阴气凝，而坚冰之将至。不戒初肆宠，则知骄气盈，而祸患之方来也。

【注释】(1) 僭〔jiàn〕踰：超越本分行事。(2) 气焰：比喻人或其他事物的威势、声势。熏灼：声威气势逼人。(3) 偏陂〔bì〕：邪僻不正。

【译文】像汉高祖的皇后吕氏、汉宣帝的皇后霍氏、晋武帝的皇后杨氏，三家都行为超越本分，奢侈靡费，气焰嚣张，肆无忌惮，自取灭亡。这都是由于后妃管理娘家袒护私情，养成祸根。冰冻三尺非一日之寒。《易经》说：“冬天阴寒开始凝结成霜，顺势发展下去，则会结成坚冰。”

[笺注白话] 汉高祖的皇后吕氏、汉宣帝的皇后霍氏、晋武帝的皇后杨氏，三家都是恃宠越分，独揽国政，肆无忌惮，自取灭亡。确实是因为后妃管理娘家袒护私情，养成祸根，最终想保全自身都做不到。所以冰冻三尺非一日之寒，大祸临头非一日之功。《易经》坤卦初六的爻辞说：“踩着霜，就知道结冰的日子就要到来。”象辞说：“初六，踩着霜，阴寒开始凝结，顺势发展下去，则会结成坚冰。”说明人刚踩到霜就知道阴气凝结，将会结成坚冰。不警戒开始的放肆恃宠，就助长了骄慢气焰，祸患就会来了。

夫欲保全之者，择师傅以教之。隆之以恩，而不使挠法；优之以禄，而不使预政。杜私谒[(1)]之门，绝请求之路，谨奢侈之戒，长谦逊之风。则其患自弭矣。

[笺注] 弭，解也。言后妃欲保全外家，当如汉和帝邓皇后，选朝中公忠廉正而多学者，使之教外家子弟，置学以处诸外戚，使讲读于其中，则得教之之道矣。又当隆之以恩，不使挠阻国法；重之以禄，而不许干

预朝政；杜塞营私干谒之门，断绝请告求恩之路，教之以谦让，戒之以奢侈，则能长保富贵，而灾患消弭矣。

【注释】(1) 私谒〔yè〕：因私事而干谒请托。

【译文】想要保全娘家亲属，就应该选择好老师教导他们。对他们施加恩典，使他们不扰乱国法；给他们优厚的俸禄，使他们不干预政事。杜绝私事请托，断绝走后门、通关节的途径，严守奢侈靡费的警戒，长养谦和恭逊的风气。这样灾患自然消除了。

［笺注白话］弭是解除。后妃想要保全娘家亲属，就应该学习汉和帝邓皇后，选择朝中公正、忠诚、廉洁、正直、博学的人，让他教导娘家子弟，给处戚设置学堂，请老师在此讲学，这样尽到了教育他们的道义。还要对他们施加恩典，使他们不扰乱国法；给他们优厚的俸禄，不许他们干预朝政。杜绝他们以私事请托的门路，断绝他们走后门、通关节的途径。教导他们谦让恭逊，警戒他们严禁奢侈。这样就能长保富贵，灾患自然消除了。

若夫恃恩姑息，非保全之道。恃恩则侈心生焉，姑息则祸机蓄焉，蓄祸召乱，其患无断[(1)]。盈满招辱，守正获福，慎之哉。

［笺注］言外戚恃恩，后妃姑息，俱非保身全家之道。盖恃恩则骄侈生，姑息则祸害。以外戚包藏祸心，召致乱亡，其患在始于无断。后妃有断制之明，杜祸机于未乱之先，则不至于危亡，而覆其宗矣。故盈满者，败辱之道也；守正者，福祜之由也。可不慎哉！〇福祜，犹福祐。祜，读音（hù）。

【注释】(1) 无断: 处事不果决。

【译文】如果外戚依仗恩宠, 后妃姑息迁就, 这不是保全身家的方法。外戚依仗恩宠会恣肆放纵, 后妃姑息迁就会积下隐患, 积下隐患就会招致祸乱, 祸患源于后妃的不果决。骄傲自满就会招来侮辱, 恪守正道才能获得福庆。一定要谨慎啊!

[笺注白话] 外戚依仗恩宠, 后妃姑息迁就, 都不是保全身家的方法。外戚依仗恩宠就会骄慢放纵, 后妃姑息迁就会引发祸害, 因为外戚包藏祸心, 会导致作乱灭亡。祸患源于后妃的处事不果决, 后妃如果有明智的决断, 就会在未乱前杜绝隐患, 不至于走到危急灭亡的地步, 殃及整个宗族。所以骄傲自满会导致败亡耻辱, 恪守正道是得到福祐的原因。能不谨慎嘛!

女论语

宋若昭，贝州[1]人，世以儒闻。父棻[2]好学，生五女，若华，若昭，若伦，若宪，若荀，皆慧美能文。若昭文词高洁，不愿归人[3]，欲以文学名世。若华著《女论语》，若昭申释[4]之。唐贞元[5]中，诏入禁中[6]试文章，论经史，俱称旨。若昭以曹大家自许[7]，帝嘉其志，称为女学士[8]。拜内职[9]，官尚宫[10]，掌六宫[11]文学，兼教诸皇子公主，皆事之以师礼，号曰宫师。

【注释】(1) 贝州：即今河北省邢台市清河县。(2) 棻〔fēn〕：香木。多用于人名。此处指作者的父亲宋廷棻。(3) 归人：指嫁人。(4) 申释：说明解释。(5) 贞元：是唐德宗李适的年号，(785年正月~805年八月) 共计21年。(6) 禁中：指帝王所居宫内。(7) 自许：自夸；自我评价。(8) 女学士：宫中女官名。(9) 内职：指供职禁中，内参机要的朝廷重臣。(10) 尚宫：宫廷女官名，尚宫局的负责人。(11) 六宫：古代皇后的寝宫，正寝一，燕寝五，合为六宫。

【原文白话】宋若昭，她是贝州（今河北省邢台市清河县）人。她的家族以世代学习儒学而闻名。她的父亲宋廷棻非常好学，生有五个女儿，分别是：若华，若昭，若伦，若宪，若荀，这五姐妹都很聪明美丽，而且都很有文采。其中老二若昭的文章散发出一种高尚纯洁的气质，她自己一生也没有嫁人，而是想在文学方面有所成就和传承。宋若华著写了《女论语》，她的妹妹若昭为《女论语》作了注解（我们今天所看到的就是若昭注解的版本）。唐朝贞元年间，皇帝下诏命若昭进宫，试考她的文章经史，结果各方面都深得皇上的欢心。若昭自比当代班昭，皇上对她的这种志向很赞赏，封她为“女学士”。并让她担任尚宫的官职，负责后宫伦理道德的教化工作，并教导各位皇子和公主。这些皇子和公主也都以老师的礼节尊敬她，因此，宋若昭被称为宫师。

女论语序传

大家曰：妾[(1)]乃贤人之妻，名家[(2)]之女；四德粗全，亦通书史[(3)]。

［笺注］大家，汉曹大家也。此书宋氏所作，而云大家者，犹《女孝经》出自唐郑氏，不敢自居其名，而托云曹大家也。此篇自叙著书之意，故称大家之言。吾名门女，贤士妻，德容言工，四者粗备；经传子史，群书遍览也。

【注释】(1) 妾：谦辞，旧时女人自称。(2) 名家：名门。(3) 书史：典籍，指经史一类书籍。

【原文白话】曹大家自叙，她本人是曹世叔这位贤人的妻子，而且也是书香门第班氏家族的女儿。女子的四德大体上具备，也通晓经传子史。

［笺注白话］大家指东汉的曹大家班昭。而《女论语》是宋氏姐妹若华、若昭著作，但却自称是曹大家的意思，这就像《女孝经》是唐朝郑氏所著，但却不敢自称是自己的创作，而是自称是曹大家的意思。而这也正是《女论语》作者的用心，所以也称是曹大家的思想和言语（历代的古圣先贤都是遵守孔子的教诲“述而不作，信而好古”，只有这样才能将圣人的教诲世代相传而不会变质）。我出身书香门第世家，是贤人曹世叔的妻子，基本具备女子的四德（妇德、妇言、妇容、妇工）；博览经传子史诸书。

因辍[(1)]女工，闲观文字，九烈[(2)]可嘉，三贞可慕。惧夫[(3)]后人，不能追步。

［笺注］烈，光也。九烈，言女子全贞完德，有光于夫子[(4)]，上荣高祖[(5)]，下荫元孙[(6)]，光烈昭于九族[(7)]也。贞，纯一其志、操而不二也。三贞云者，女子在家孝于父母，出嫁孝于舅姑，敬于夫子。三者之间，皆克尽其贞纯之德，斯为女子之全行。然此乃古人所常，今人宜勉而法之。恐后之女子，不能追其步迹，而履其行也。

【注释】(1) 辍：停止。(2) 九烈：指女子最高的道德境界。(3) 夫：语气词，无意义。(4) 夫子：此处指丈夫和儿子。(5) 高祖：曾祖的父亲。(6) 元孙：玄孙。指本人以下的第五代。(7) 九族：以自己为本位，上推至四世之高祖，下推至四世之玄孙为九族。

【原文白话】(由于家庭环境条件允许) 我就没有学做女工，而是静心学习文学典籍，使自己的道德为人所称许，一生贞洁为人所效法。这样做的目的是担忧后人不能效法和学习古人的行持。

［笺注白话］烈是光的意思。九烈是说女子至善完备的德行，可以让她的丈夫、儿子、祖宗、后代以及整个家族都得到荣耀，(所谓的光耀门楣)。贞是指内心操守专一，没有二心的意思。三贞是指女子(未出嫁前)在家尽力孝顺父母，出嫁后要尽力孝顺公婆，并且要尊敬自己的丈夫和孩子。对待父母、公婆、丈夫和子女这三方面都尽心尽力去做，这就是一个真正有完美德行的好女子。然而这样的行持确实是古人习以为常的行为，但今天的人却要勤勤恳恳地勉励和效法。这主要是担心后世的女子不能学习古人的行持，日常去落实古人的言行。

乃撰一书，名为《论语》。敬戒相承，教训女子。

［笺注］恐女教未修，乃编撰此书，名曰《女论语》。俾[1]使女子童而习之，必敬必戒，承顺[2]其言，体而行之，方成贤淑。世之遵守，以为女子之规则。

【注释】(1) 俾：使，把。(2) 承顺：敬奉恭顺。

【原文白话】(基于上面的原因) 所以就撰写了这本书，并命名为《女论语》，(使后人) 能够用恭敬心去学习并把它继承下来，用以教导女子。

［笺注白话］我担心女子教育不能得到落实，于是编纂了这本书，取名为《女论语》。使女子从小就能接受女教，用一颗恭敬的心，规规矩矩地接受《女论语》的教诲，并身体力行，如此才能成为善良贤惠的好女子。

若依斯言，是为贤妇。罔俾前人，独美千古。

［笺注］言女子若能依此而行，即与古之贤妇贞女，同其美名。罔俾，犹言无使也。后世女子，能遵行此教，则贤良众多，不使前贤独擅美名于千古而无继也。

【原文白话】如果能够依照《女论语》的教诲去做，这就成为贤慧的女子。千万不要只让古人独自享用千古的美名啊！

［笺注白话］这是说如果女子都能够按照《女论语》去做，就可以与古代的贤德女子同样享有美名。罔俾就是无使的意思。后代的女子果真能按此教诲去落实，那么贤德良善的人就会多起来了。千万不能够只让古代的贤德女子独自享有美名，而忽略了让后代子孙继承这样好的教诲。

立身章第一

凡为女子，先学立身。立身之法，惟务清贞。

［笺注］立，犹成也。立身，成其为人之道也。成人之道何如？在清贞二字而已。端洁安静之谓清，纯一守正之谓贞。

【原文白话】作为女子，首先就要学会立身，而立身最重要的就是要身心端正清静贞良。

［笺注白话］立就是成的意思。立身就是学会了如何做人。怎么样才算是学会做人了呢？关键就是清贞二字。所谓清就是指自己身心端正清洁安静。所谓贞就是指自己内心纯洁、没有二心、坚守贞操。

清则身洁，贞则身荣。

［笺注］女子而能清，则洁净而无玷[1]。女子而能贞，则身立而名荣。

【注释】(1) 玷：白玉上面的斑点，亦喻人的缺点、过失。

【原文白话】清净则身体纯洁，贞良则受人尊重。

［笺注白话］女子能够端正清净，她整个身心就会纯洁干净而不会受到羞辱。如果女子能够纯一守正，她就能够立身行道，进而得到当世以及后人的赞许和效法。

行莫回头，语莫掀唇[1]，坐莫动膝，立莫摇裙，喜莫大笑，怒莫高声。

［笺注］行步回头，则失观瞻[2]之节。掀唇露齿，则无言语之容。动膝则坐无定，摇裙则立不稳。四者，皆贱相[3]也，当切戒而莫为。喜而大笑则失仪，怒而高声则废礼，岂妇人女子之道？二者，皆轻相也，当谨慎而初犯[4]。

【注释】(1) 掀唇：翻起嘴唇，表示不满或生气。(2) 观瞻：引申为体统。(3) 贱相：令人鄙薄的言谈举止。(4) 初犯：初次违犯；初次出错。

【原文白话】女子走路不要回头，说话不要外露着牙齿，坐着的时候不要摇晃两膝，站立的时候不要晃动裙子，高兴的时候不要放声大笑，气愤的时候不要大声呵斥。

［笺注白话］走路回头，就会失去观瞻的礼节。说话外露牙齿，就会失去言谈应有的仪容。来回晃动两膝就会显得坐不住的样子。摇晃裙子就会显得站立不稳当。这四个方面都显示出被人轻贱的举止，一定要戒除，千万不能有这些举动。高兴时就开怀大笑则有失威仪，愤怒时就高声说话，这是非常失礼的行为。这难道是女子做人之道吗？喜而大笑和怒而高声，这两者都是被人看不起的行为，应当要小心谨慎，防止自己有这种行为产生。

内外各处，男女异群。莫窥外壁，莫出外庭[1]。出必掩面，窥必藏形。

［笺注］礼：男子处外，女子处内；男行从左，女行从右。各不相犯，故曰异群。女子无事不窥视户壁之外，不出外庭之中。有不得已出外庭，则用巾扇以遮蔽，无使男人见其面。有故必窥外户，当隐蔽其形，无使外人得见其身。

【注释】(1) 外庭：国君听政的地方。对内廷、禁中而言。也借指朝臣。

【原文白话】(古代社会是大家庭)男女的住处要分开(女的住在内院，男的住在外庭)，走路时，男的在左边，女的在右边。(没有事情)不要窥视户外，不到外庭。

[笺注白话]礼法的规定：男子住外庭，女子住内院；男子走路在左边，女子走路在右边，互相没有侵犯，这叫做不同群。女子无故不得窥视窗外的世界，不去到男子住的外庭。如果不得已要去外庭，一定要用头巾把自己包裹起来，不要让男子看到自己的容貌。如果有事要窥视户外，应当把自己的身体隐藏起来，不要让外人看到。(这些做法无非是保护彼此的身心清净，防止男女出现邪念邪行，尤其是避免女子身心受到伤害，我们要明白古人这样做的用心。)

男非眷属，莫与通名[1]。女非善淑，莫与相亲。立身端正，方可为人。

[笺注]男子非兄弟至亲，虽有大故[2]，言语之间，不得通称名字。女子非贤善柔淑，虽至戚，亦不可与之常相亲近，恐累己之德。如此则立身端庄正大，方可以为人矣。

【注释】(1) 通名：告诉别人自己的姓名。(2) 大故：重大变故，父母去世等。

【原文白话】男子如果不是自己的家亲眷属，不要告诉对方自己的姓名。女子如果不是善良贤惠之人，也不要和对方走得太近。这些最基本的言行举止都做好了，才谈得上如何做人。

[笺注白话]男子不是兄弟至亲，即使有重大的事情，在言语方面也不能够告诉对方自己的姓名。女子如果不善良贤惠，即使是很近的亲戚，也不

要和她太过亲近，目的是怕自己的德行受到对方的影响。这样做是为了让自己具有端庄正直、光明磊落的德行，这样才可称之为人。

学作章第二

凡为女子，须学女工。纫[(1)]麻缉苎，粗细不同。车机纺织，切勿匆匆。

［笺注］此章言女工之道。盖工为女子四德之一，不可不学。知学，而不可不勤也。纫，搓张也。苎[(2)]，苘麻。纫其丝而缉[(3)]之，以备织布也。麻苎二布，各有粗细不同。而纫缉之间，须纯一如式，不可有粗细之异也。纫缉既毕，则用纺车纷其纱线，然后穿引上机，以织布疋[(4)]也。然纺织之间，用工宜勤慎精工，疏密如式，不可匆忙而苟略也。苘[(5)]音顷。

【注释】(1) 纫〔rèn〕：捻线，搓绳。(2) 苎〔zhù〕：〔~麻〕多年生草本植物，茎皮含纤维质很多，是纺织工业的重要原料。(3) 缉〔jī〕：把麻析成缕连接起来。(4) 疋：同“匹”。(5) 苘〔qǐng〕麻：即青麻。

【原文白话】凡是女子，必须学会女性应该有的本领。比如用麻捻线，并且还要把粗的和细的分开来，方便用纺车纺织，千万不要太匆忙（使织出的布工艺和品质都不好）。

［笺注白话］这一章说的是怎么样学做女工。女工是女子四德之一，不能不学啊！已经懂得必须学习女工了，就不能不勤奋了。纫是搓张的意思。苎是指苘麻。把麻捻成线并把这些线连接起来，用来做纺织用。麻和苎这两种布，粗细不同。因此在捻线和连接的时候，需要功夫一贯，不能出现粗细不同的情况。纫缉结束后，就用纺车开始纺线，然后把线引到织

布机上，就可以开始织出成匹的布了。在纺线和织布的时候，一定要谨慎细致，使纺的线和织的布疏密均匀，不能够因为匆忙而使工艺粗陋。

看蚕煮茧，晓夜相从。采桑摘柘[(1)]，看雨占风，滓[(2)]湿即替，寒冷须烘。取叶饲食，必得其中。取丝经纬[(3)]，丈疋成工。

[笺注]此言蚕织之事。言男耕女织，人之大务。桑蚕之业，女子之专事也。养蚕缫[(4)]茧之工，宜辛勤料理。早起夜眠，不可懒惰。采桑柘之叶，以供蚕食。亮架饲食，风雨宜谨。滓湿即替换其箧[(5)]，寒冷则用炭火烘焙[(6)]。饲叶必按时，昼夜均匀，使之不伤于饥饱。蚕既成茧，缫其丝以别经纬，织以为丈疋，则蚕织之工备矣。

【注释】(1)柘〔zhè〕：落叶灌木或乔木，树皮有长刺，叶卵形，可以喂蚕，皮可以染黄色，木材质坚而致密，是贵重的木料(2)滓：污黑，污浊(的脏东西)。(3)经纬：织物的纵线和横线。比喻条理、秩序。(4)缫〔sāo〕：把蚕茧浸在滚水里抽丝。(5)箧〔qiè〕：箱子一类的东西。(6)烘焙：用火烘干。

【原文白话】等蚕养到可以煮茧抽丝的时候，女子就要夜以继日地照料。养蚕需要采摘桑叶，还需要注意天气的变化，养蚕的工具如果脏了或者湿了就要及时替换；天气寒冷的时候就要给蚕加温(防止过冷被冻死)。喂蚕要注意适度，(不能够过饱也不能够过饥)。抽丝的时候一定要注意经线和纬线不能搞乱，这样才能做成匹的丝绸出来。

[笺注白话]这是说养蚕织丝的事。(中国古代是农业社会)，男耕女织这是每个家族男女都要学习掌握的。养蚕是女子要专门干的事情。对于养蚕缫丝的工作，需要辛勤料理。早起晚睡，不能够偷懒。采摘桑柘的叶子用来喂蚕。如果把蚕放在亮架上来喂养的话，那就务必要注意天气变化。如果养蚕的工具脏了或者湿了要及时更换，寒冷的时候要用炭火

加温。要注意按时喂蚕，昼夜均匀，让蚕不要吃得过饱或者又很饥饿。等蚕到了结茧的时候，缫丝要注意经线和纬线不要弄乱了，这样才能织出成匹的丝绸，（只要按照以上讲的要求去做了）女子养蚕的本领就具备了。

轻纱下轴[(1)]，细布入筒。绸绢[(2)]苎葛[(3)]，织造重重。亦可货卖，亦可自缝。刺鞋作袜，引线绣绒。缝联补缀，百事皆通。能依此语，寒冷从容。衣不愁破，家不愁穷。

［笺注］言纱本生丝轻，肥则卷轴之。细布则汇卷成筒，而便于堆贮也。布疋绸绢，重迭积聚货卖，以资日用。余者造作衣裳，以御寒暑。或有余工，造作鞋袜。针指女工，无所不习。女子能依此训，则家道丰足，而无穷乏之患矣。

【注释】(1) 轴：纺织机上持经线的工具：杼轴。(2) 绸绢：绸与绢。泛指丝织物。(3) 葛：表面有花纹的纺织品，用丝做经，棉线或麻线等做纬。

【原文白话】轻纱要用卷轴卷起来，细布也要卷起来放在筒里。绸、绢、苎、葛这些布匹积累多了（除了留作家用的以外），多余的还可以卖掉以补贴家庭日用所需。也可以自己缝制衣服，做鞋子呀，织袜子呀，还可以作一些刺绣之类的东西，衣服破了自己缝补。如此，做女子样样都会啊！果真能够按照这些话去做，即使遇到寒冷的时候也不用担忧，从容应对，衣服不愁破损，家庭不愁贫穷。

［笺注白话］纱本身是很轻柔的，所以做的多了就要把它用卷轴卷起来。细布也要卷起来放在筒里，这样做方便堆放和贮存。布匹和绸绢积累多了还可以到集市上去卖掉，帮助家庭平常日用。剩余的可以做衣裳，抵御严寒和酷暑。如果还有空闲，可以做鞋袜、针织一类的女工，凡是女子应当掌握的本领没有不学习的。女子果真能按照这些教训去做，那么家庭

自然丰足，就不会出现穷困、贫乏的忧患了。

莫学懒妇，积小痴慵[(1)]。不贪女务，不计春冬。针线粗率[(2)]，为人所攻。嫁为人妇，耻辱门风。衣裳破损，牵西遮东。遭人指点，耻笑乡中。奉劝女子，听取言终。

［笺注］积小，犹言自小积成懒之性，以致愚痴也。机杼[(3)]针指[(4)]，女子之当务，乃弃而不贪。春蚕冬酝，女子之当知，乃废而不计。及勉强为针线之事，则苟且粗率，为父母所攻责。出嫁为妇，为舅姑所贱恶，而辱及门风，贻羞父母矣。妇女而不勤针线之事，非为不能照管舅姑夫子之衣，即自己衣裳，亦破绽[(5)]而不能备完。牵西以遮东，见衿[(6)]而露肘，岂不为旁人指点、谈笑？懒惰之名，传播于乡党[(7)]，为女子者，可不戒哉！敬听此言，面无忽也。

【注释】(1) 慵：困倦，懒得动。(2) 粗率：草率；粗心大意。(3) 机杼：指织布机。杼，织布梭子。(4) 针指：针线活。(5) 破绽：衣被靴帽等的裂缝。(6) 衿〔jīn〕：古代服装下连到前襟的衣领。(7) 乡党：家乡，乡里。

【原文白话】千万不要学那些懒女人，从小就养成糊涂、懒惰的习惯，既不学做女工，什么时候该做什么也是一无所知，针线活很粗糙，被人看不起。长大后嫁人了，也会连累娘家被别人羞辱耻笑门风不好，当衣裳破损了，自己又不会缝补，这就会遭到别人的指责，在乡里会成为他人的笑柄。在此奉劝女孩子，一定要接受这些好的教训啊！

［笺注白话］积小，是说从小就养成了懒惰的坏习惯，而且又很愚痴。纺线织布、做针线活这些都是女子最应该要学习的，反而却抛弃不去认真学习。养蚕持家等事最是女子应该要掌握的，却不认真操持。勉强能够做一些针线之类的活计，但是都很粗糙，这样就会受到父母的责骂。

出嫁成妇，会让公婆瞧不起，羞辱娘家的门风，让父母跟着蒙羞。作为妇女，不努力学做针线等女工之类的事情不但不能照顾到公婆、丈夫、儿女的衣服，即使是自己的衣服破了，恐怕也不能补得很好。东拼西凑的，穿出去难道不会被别人指点、耻笑吗？况且自己懒惰的名声就会传播到乡里，作为一个女子，这些恶习能不警戒吗？希望女子能够恭敬领受这些教诲，千万不要当面错过了！

学礼章第三

凡为女子，当知礼数。女客相过[(1)]，安排坐具[(2)]。整顿[(3)]衣裳，轻行缓步。敛手低声，请过庭户。问候通时[(4)]，从头称叙。答问殷勤[(5)]，轻言细语。备办茶汤，迎来递去。

[笺注]此章言待客之道。男主于外，女主于内。男子待宾朋于厅堂，女子待女客于内室[(6)]，礼也。然其礼数，不可不知。如有女客未至之先，洒扫内室，安排款坐之处，及饮食茶汤之具，俱要预先整办。及其至也，整肃仪容，理正其衣裳，端详稳重，轻步低声，和颜悦色，迎请以至庭户之中，从容见礼。叙坐之后，问其起居安否，候其闲别[(7)]之情，通其往来酬答之仪，叙其寒暑时日之变。言语之间，次第有序，应对随方，和缓而不急遽[(8)]，轻盈而不高声。茶汤香洁，酒食丰腆[(9)]，迎送献酬[(10)]，女详中礼。待客之仪，尽矣。

【注释】(1) 相过：互相往来。(2) 坐具：供人坐的用具。(3) 整顿：使紊乱变整齐；使不健全的健全起来。(4) 通时：犹顺时。此处指主客双方互相叙说上一次见面的时间。(5) 殷勤：热情周到。(6) 内室：里面的屋子，也指卧房。(7) 闲别：离别。(8) 急遽：匆忙；仓促。(9) 腆：丰厚，美好。(10) 献酬：酬答；应答。

【原文白话】作为女子都应懂得待人处世的礼仪规范。当女客人要前来家里做客，就应当事先安排坐具，整理好自己的衣着，动作要缓和，说话要柔声下气。当女客人到来后，先把其招待到自己的内庭，相互寒暄上次见面的情境和时间，对客人提出的问题热情回答，而且语言柔和。认真准备菜肴鲜汤，热情款待。

［笺注白话］这一章是说如何招待客人的礼节。古代社会都是男子主外，女子主内；所以男主人在外庭招待男客人，女主人在自己的内室招待女客人，这就是礼度。这些礼数是不能不知道的。在女客人还没有到来之前，要认真打扫内室的卫生，客人就坐的坐具，饮食茶汤所需要的器具，这些都要一并提前准备好。等客人到了，调整好自己的状态与仪容，检查自己的着装是否得体。自己的整个身心端详稳重，脚步轻盈，语调低缓，而且和颜悦色，用这样的威仪把客人迎请到自己的内室中，一切都应对从容。招待客人就坐之后，问候客人的起居生活是否安乐，并叙说彼此的想念之情。说话很有次第，应对随缘就方，语气和缓而不急促，声音语调轻盈而不高声。准备的菜肴汤水既整洁而又丰厚。整个招待的过程周详、热情、得体。这样做就算是待客的礼仪完备了。

莫学他人，抬身不顾。接见依稀(1)，有相欺侮。

［笺注］言休学傲慢无礼之人。见客之来，待起不起，洋洋然抬其身而不顾盼(2)，接见怠敖(3)，礼貌依稀而不周。言语之间，或欺其无知，或轻其贫贱，侮慢(4)而不礼也。

【注释】(1) 依稀：含糊不清地，不明确地。(2) 顾盼：回视，眷顾。(3) 怠敖：怠慢骄傲。(4) 侮慢：对人轻忽，态度傲慢，乃至冒犯无礼。

【原文白话】千万不要去学那些无礼之人，客人来了都不能够起身相迎，招待很随便，对待客人轻视侮慢。

［笺注白话］这是说一个傲慢无礼之人，当客人来到，想起身而没起身，即使起身也不情愿看着对方，招待怠慢，礼节一点也不周到。说起话来，要么觉得客人无知，要么觉得客人贫穷下贱，整个人都表现出傲慢无礼的样子。

如到人家，当知女务。相见传茶，即通事故[(1)]。说罢起身，再三辞去。主若相留，礼筵[(2)]待遇[(3)]。酒略沾唇，食无叉箸[(4)]。退盏辞壶，过承推拒。

［笺注］妇女有事，如到亲戚之家，当行女子所务之礼，如前待客之仪。传茶之后，即通候叙故，言毕相辞。主若固留款待饮酒，不致而红，匕箸[(5)]不可叉乱。主若添杯，起身逊辞，不得恋坐，延迟有失礼节。

【注释】(1) 事故：原泛指事情，现在指意外的损失或灾祸。此处指叙说旧情。(2) 礼筵：清制于令节设宴招待宗亲、群臣百官及藩属的筵席称礼筵。(3) 待遇：接待；对待。(4) 箸：筷子。(5) 匕箸：食具，羹匙和筷子。

【原文白话】倘若是到别人家去，看到主人要准备茶水，就要赶急说明事由，说完事情之后就应当主动起身告辞。如果主人还是再三挽留，盛情招待，当主人敬酒，只可略微沾一下唇，以示谢意，每次夹菜时不可以接连夹两次。面对主人的盛情，要处处谦恭辞让。

［笺注白话］妇女如果有事情需要到亲戚家去，就应当懂得应对的礼节，就像前面所说的招待客人的礼节那样。接过主人的茶水之后，就开始叙说旧情，聊罢之后就应该告辞。主人若是热情挽留，希望我们用餐饮

酒，自己不能够饮酒过量，用餐时不能将筷子等餐具乱放。主人若是再三劝酒，我们要婉言谢绝，千万不能够呆的时间太长，假若呆的时间过长这是有失礼节的行为。

莫学他人，呼汤呷醋[(1)]。醉后颠狂，招人所恶。身未回家，已遭点污。

［笺注］切勿效小家妇女，席间恣无禁忌，大嚼狂饮，汤干酬尽而不知止，饮酒至醉，言语狂妄。回家之时，行步歪斜，衣裳垢污。如此女人，为人所贱恶矣。

【注释】(1) 呼汤呷醋：此处指在酒桌上你一杯我一杯，比谁喝酒多。

【原文白话】切莫学某些人在酒席上呼杯换盏，醉酒之后癫狂失性、胡言乱语，招人厌恶。人还没有回家，整个身心都受到严重染污了。

［笺注白话］千万不要效仿没有家教的妇女，席间肆无忌惮，大吃大喝，用餐没有节制，酒喝得暝暝大醉，言语粗鲁狂妄。回家时，走路歪七扭八，衣服弄得很肮脏。这样的女人，最让人讨厌、瞧不起了。

当在家庭，少游道路。生面相逢，低头看顾。

［笺注］言女子宜不出户庭，不可游行道路。不得已而行，必遮蔽其面，无使生人玩其颜色。是必低头，顾步[(1)]缓行，而不失其仪。

【注释】(1) 顾步：徘徊自顾；回首缓行。

【原文白话】女子应当安守本分，平时待在家里，少在外面走动。如果路途上与陌生人相遇，应当低头专注地走自己的路。

［笺注白话］这是说女子不适宜外出，也不适合在道路上闲游闲逛。

如果有事不得已要外出，应当遮掩自己的面孔，不让陌生人对自己的容貌生起邪念。因此，女子应该低头专注自己的脚步，缓慢前行，这样就不会失去威仪。

莫学他人，不知朝暮。走遍乡村，说三道四。引惹恶声，多招骂怒。辱贱门风，连累父母。损破自身，供他笑具[(1)]。如此之人，有如犬鼠。莫学他人，惶恐羞辱。

[笺注]莫学无知之女，专好闲行[(2)]，不顾早晚，走遍乡村，恣言谈说是非而无忌惮。至于东邻西舍，换口厮闹[(3)]，恶言辱骂，争斗损伤颜面衣襟，玷辱家门父母，破败自己身名，以供旁人笑话。如此之人，不如犬鼠，有同益哉。戒尔女子，切莫学此辈之人，自招惶恐羞辱也。

【注释】(1)笑具：笑柄，笑料。亦指取笑、嘲弄的对象。(2)闲行：犹邪行。(3)厮闹：吵闹。

【原文白话】不要像有些人，不知道时间的早晚，到处串门子，尽说是是非非，这样的行为会招惹许多不好的名声，甚至会引来他人的怒骂。如此一来，就羞辱了自家的门风，连累父母，伤害自身，受到他人的嘲笑和轻贱。这样的人，就如同狗和老鼠一般被人看不起。

[笺注白话]不要向无知的女子学习，只知道闲游闲逛，不知道早晚，在乡里到处串门子，尽说是非而没有忌讳和担忧。等到了乡里邻居出现吵架，互相谩骂，彼此都撕破脸面的时候，这就会羞辱到自家的门风和父母，毁坏自己的声誉，招致他人的嘲笑。这样的女子，连狗和老鼠都不如啊，这种行为有什么好处呢？劝诫女子，千万不要像上面这样的人学习，以免自找恐惧和羞辱。

早起章第四

凡为女子，习以为常。五更[1]鸡唱，起着衣裳。盥漱[2]已了，随意梳妆。拣柴烧火，早下厨房。摩锅洗镬[3]，煮水煎汤。

［笺注］此章言早起之事。夙兴夜寐[4]，女子之常。一日之计，在寅[5]早起，则百事可备。礼曰：女子之道，鸡初鸣，着衣盥漱，先问安于父母；下厨觅[6]柴火，洗锅镬，煎烹[7]茶水，以进父母舅姑。

【注释】(1) 五更：特指第五更的时候。即天将明时。(2) 盥漱：洗漱。(3) 镬〔huò〕：古代的大锅。(4) 夙兴夜寐：起得早而睡得晚，形容勤奋劳作。(5) 寅：用于计时：~时（夜三点至五点）。(6) 觅：寻找，到处寻找。(7) 煎烹：谓烧煮食品。

【原文白话】作为女子，要养成早起的好习惯，当公鸡鸣叫快要天亮的时候，就应该起床穿好衣裳，洗漱完毕，从容梳妆之后，就要准备做饭的柴火，早早下到厨房，洗刷好做饭的锅碗瓢盆等用具，开始做早餐了。

［笺注白话］这一章是叙述女子早起的事情。早起晚睡，辛勤劳作，这是女子的日常工作。一天最要紧的就是三点到五点早起这段时间，因为可以把很多事情都准备就绪。《礼记》上说："作女子的，当早晨公鸡刚刚鸣叫，就要穿好衣服洗漱完毕，向父母亲问早安；然后下厨房准备柴火，洗刷好做饭的锅碗瓢盆等用具，开始做早餐，用来供养父母和公婆。"

随家丰俭，蒸煮食尝。安排蔬菜，炮豉[1]舂[2]姜。随时下料，甜淡馨香。整齐碗碟，铺设分张。三餐饭食，朝暮相当。侵晨早起，百事无妨。

［笺注］茶汤既毕，早膳及时。至于菜蔬，随家有无，丰则丰盈，俭则省俭。因时冷暖之宜，或蒸或煮，而盐豉椒姜，各随其性而下之，以甜谈馨香为度。洁净碗碟，照人数分散均匀。务以丰满者，为父母舅姑之膳。三餐如式，习以为常。然后退执女工，庶(3)无废事。盖早起则百事攸(4)为，稍或延迟，则治食不能用工，用工则不能治食矣。

【注释】(1) 豉：用煮熟的大豆或小麦发酵后制成，有咸、淡二种，供调味用，淡的也可入药。(2) 舂：把东西放在石臼或乳钵里捣掉皮壳或捣碎。(3) 庶：几乎，将近，差不多。(4) 攸：放在动词之前，构成名词性词组，相当于“所”。

【原文白话】根据自家的经济条件来决定饭菜是丰盛还是俭约。做饭的过程中要留意品尝饭菜的味道，准备好蔬菜和调料，根据需要随时下料，使做出的饭菜味道可口。用餐前将盛好饭菜的碗碟摆放整齐，让全家人每日三餐都吃好，这样从早到晚从不懈怠。

［笺注白话］热水烧好了之后，就及时准备早餐。做饭所需要的蔬菜，根据家庭的经济条件，多了就多放，少了就少放。做饭时也要根据天气的冷暖来决定饭菜该蒸着吃还是该煮着吃。而调料要根据它本身的性质来决定下锅的分量，但总要使饭菜咸淡适宜、馨香可口为宜。然后洗干净碗碟，按照人数均匀的分散好食物。一定要记住，好的菜肴让父母公婆来享用。一日三餐，要养成这样的习惯。（早餐打理完毕之后）然后就要开始做织布、刺绣等活了，千万不要荒废了这些事情。所以早起就能做很多事情，如果起床晚了，那么做饭就会耽误做女活儿的时间，做女活儿就会影响做饭的时间啊（劝勉女子还是要早起为好）！

莫学懒妇，不解思量(1)。黄昏一觉，直到天光(2)。日高三丈，犹未离床。起来已晏(3)，却是惭惶。未曾梳洗，突入厨房。容颜龌龊(4)，手脚慌忙。煎茶煮饭，不及时常。

［笺注］懒妇不思日计，惟好贪眠，方黄昏而寝，日已高而不起。或被父母舅姑嗔(5)责，惭惶(6)无地，不及梳洗，而入厨房。容颜手足，垢污慌忙，烹煮不能如式，茶饭不能及时。盖一懒之误，而百工俱废矣。

【注释】(1) 思量：考虑，忖度。(2) 天光：早晨，天亮。(3) 晏：迟，晚。(4) 龌龊：肮脏，污秽。(5) 嗔：怒，生气。(6) 惭惶：羞愧惶恐。

【原文白话】不要学那些懒婆娘，对分内的事情一点不会安排。有时太阳都已经升起很高了，还没有起床。起床已经太晚，内心难免惭愧、惶恐不安。都还没有梳洗自己，就匆匆忙忙地下到厨房，自己的容颜很肮脏，做起事来又手忙脚乱，做出的茶饭自然比不上平常了。

［笺注白话］懒惰的女子，不用心做好自己的家务工作，只知道贪睡，天刚黑就开始睡觉了，第二天太阳已经升起很高了还没能起床。这就会被父母或者公婆生气责骂，自己惭愧难当，还未等到洗漱梳妆，就下到厨房，自己的整个身体既肮脏又慌张，不能够有条理地做好早餐，当然也不能保证准时用餐。女子的懒惰就会使当天的许多事情受到影响。

又有一等，餔餟(1)争尝。未曾炮馔(2)，先已偷藏。丑呈乡里，辱及爷娘。被人传说，岂不羞惶。

［笺注］又有好吃妇人，饮食餔餟，必先尝食。食之不已，又私偷藏。盖以为自享，不顾父母、舅姑之馔。或被尊长查觉，羞辱怒骂，贻累父母。好口不良，一至于此，可胜笑哉。○好去声。胜平声。

【注释】(1) 餔餟: 餟, 古同“啜”。吃喝。(2) 馔: 饮食, 吃喝。

【原文白话】还有一等女子, 特别贪吃, 还没等大家一起享用, 自己先吃起来了, (如此还不满足) 还要偷偷地藏起来。这种丑事被乡里人知道了, 连自己的父母都会受到羞辱。被人到处传播, 那岂不就是非常羞愧、惶恐了吗?

[笺注白话] 又有一等好吃的女子, 好的饮食, 自己都要先品尝。吃了还不满足, 又要偷偷地私藏。这就是为了独自享用, 而不照顾父母、公婆的饮食。一旦被长辈发现, 就会受到羞辱怒骂, 连累自己的父母亲啊! 贪吃的不良习气, 一至于此, 真是会被人嘲笑啊!

事父母章第五

女子在堂[(1)], 敬重[(2)]爹娘。每朝早起, 先问安康。寒则烘火, 热则扇凉。饥则进食, 渴则进汤。

[笺注] 此章言事父母之道。为女子者, 每日早起, 先问父母之安。寒则预备炭火, 暖则扇其床席。洁净凉爽之处, 以行父母之起, 饥餐渴饮, 各得其宜。

【注释】(1) 在堂: 在屋。谓生母健在。此处指还未出嫁。(2) 敬重: 恭敬尊重。

【原文白话】女子还未出嫁前, 在家要孝顺父母。每天早起, 先向父母亲问早安，关心父母亲的健康。令他们冷了就可以取暖，热了就有人扇凉。饿了就有吃的，渴了就有喝的。

［笺注白话］这一章叙述的是如何来事奉父母亲。为人子女的，每天都要早起，先向父母问早安。天气冷了就准备取暖的东西，热了就把床席扇凉快。使父母生活在干净凉爽的地方，饮食需要能得到适量的补充。

父母检责[(1)]，不得慌忙。近前听取，早夜思量。若有不是，改过从长。

［笺注］或己有过误，父母嗔责之，不得强辩，须从容敬听，不得因此慌忙误事。早夜思量，自己过失，如何而后可以无过，如何而后可免父母嗔责，必求改之而后已。

【注释】(1) 检责：检查责备。

【原文白话】父母责备过错，不得慌慌忙忙，不耐烦，而是要近前恭敬地聆听，事后要从早到晚认真反省，如果有不对之处，认真改过，争取此后不再犯。

［笺注白话］已经犯下了过错，父母生气责骂，不得强词夺理，而是要恭敬地去聆听教诲，不能够因此而慌慌张张地继续犯错。从早到晚反省，想着自己日后怎样做才不会再犯过失，如何做才能不惹父母生气责骂，一定要有狠心让自己改正了过错才罢休。

父母言语，莫作寻常[(1)]。遵依教训，不可强良[(2)]。若有不谙[(3)]，借问无妨。

［笺注］（强良同强梁。）谙，明习也。父母所教诲之言，不可忽略，

须体贴遵依，不得强良违拘[4]，自作聪明。或有不明之处，不妨从容借问父母。（拘，同拘字。读音jū。）

【注释】(1) 寻常：平常，普通。(2) 强良：粗暴、残忍或凶狠的人。(3) 谙：熟悉，精通。(4) 拘：同拘字。固执，不变通。

【原文白话】父母说的每一句话，都不能轻视。应当听从教诲，万万不可自以为是。如果有不理解的地方，应该乘着机会赶快请教。

［笺注白话］谙是熟悉、精通的意思。对于父母的谆谆教诲，不能够忽视，必须用心体会，依教奉行，不能够自以为是，固执己见，自作聪明。倘若有不明白的地方，不妨很从容地向父母发问。

父母年老，朝夕忧惶。补联鞋袜，做造衣裳。四时八节[1]，孝养相当。

［笺注］父母老迈[2]，喜其高年寿考[3]，忧其光景无多。时常照看其衣鞋，勿使破绽寒薄。调理其饮食，勿令过饱过饥。四时八节，致其宴乐，尽其孝养。盖少年遇节则喜，老年遇节则悲。常恐良时不能在遇，故逢时节，务使奉养无亏，使其乐而忘老，方可为孝。

【注释】(1) 四时八节：四时指春、夏、秋、冬；八节指立春、春分、立夏、夏至、立秋、秋分、立冬、冬至。(2) 老迈：年老体弱（常含衰老意）。(3) 寿考：年高，长寿。

【原文白话】父母亲年纪老了，做女儿的要时常担忧他们。为他们做鞋补袜，缝制衣裳。一年四季，要照顾好他们的生活起居。

［笺注白话］父母年事已高，为他们能高寿而感到高兴，同时又为他们的时日无多而忧惧。常常留心父母亲的衣服，不要让他们衣服上有破

洞，防止他们受寒。调理好他们的饮食，不要让他们吃得过饱或挨饿。一年四季，让他们生活得很快乐，尽到自己孝养的义务。大凡小孩子、青少年碰到节日的时候都会很高兴，可是老人遇到节日就会感到悲伤。内心会感触到来年是否还会再遇到这样的好时节（来日无多），因此每到节日的时候，一定要用心照顾好他们而没有亏欠，让父母心情舒畅而忘记年老，这才算是尽孝。

父母有疾，身莫离床。衣不解带，汤药亲尝。祷告神祇(1)，保佑安康。

［笺注］或遇父母有疾，为女者，须朝暮不离床席，衣不解带而寝，目不交睫(2)而睡，汤药必先尝而后进，敬心祷祝(3)于神明，必求安复而后已。

【注释】(1) 神祇：指天神和地神，泛指神明。(2) 交睫：上下睫毛合在一块，指睡觉。(3) 祷祝：向神祷告祝愿，求神赐福。

【原文白话】当父母亲生病了，做儿女的要时刻守候在病床边，穿着衣服睡觉，父母吃的汤药自己都要先亲自尝过。诚心诚意地向神明祈祷，希望父母亲的病能很快痊愈，恢复健康。

［笺注白话］如果遇到父母亲生病，作为女儿，要时刻守候在床边，而且都是穿着衣服睡觉，不能够睡得太死了，汤药都是自己亲自尝过以后才端给父母，用至诚心向神明祈祷，一直到父母病情恢复以后方才安心。

设(1)有不幸，大数(2)身亡。痛入骨髓，哭断肝肠。劬劳(3)罔极(4)，恩德难忘。衣裳装检，持服居丧。安理设祭，礼拜家堂。逢周遇忌，血泪汪汪。

［笺注］或不幸至于死亡，必须哀痛呼号，稽颡[5]泣血。常思父母劬劳之恩，如天罔极。如有私财，不可因子女异念，而改其孝心。必须竭尽其力，以助兄弟之不及。衣衾棺椁，随身殡殓[6]之物，必宜周慎详明，不可遗失。持孝居丧，必诚必敬。葬祭之礼，须要尽心。时节、周年、忌日，必哀思哭泣。不可因为女而废其礼，不可以已嫁而改其心，方可谓"生事尽力。死事尽思"者也。

【注释】(1) 设：假使。(2) 大数：命运注定的寿限。(3) 劬劳：劳累，劳苦。(4) 罔极：指人子对于父母的无穷哀思。(5) 稽颡〔qǐ sǎng〕：古代一种跪拜礼，屈膝下拜，以额触地，表示极度的虔诚。(6) 殡殓：入殓和出殡。

【原文白话】当有一天，父母亲去世，做儿女的内心应是极度悲伤，哭断肝肠。想起父母的养育之恩无限哀思，他们的恩德终身难忘。为父母穿好寿衣，入殓。然后穿上孝服居丧。依据礼法进行安葬、祭奠，每逢周年、忌日，内心总是很悲伤，眼泪止不住地往下流。

［笺注白话］父母不幸去世，内心无限的悲痛，情不自禁地失声痛哭，跪倒在地上哭得像是要咳出血一般。经常会想到父母的养育之恩恩重如天。如果自己有钱，不能因为想到儿女，而改变对父母的孝心。必须竭尽所能，帮助兄弟。父母的寿衣、棺椁以及随葬的物品，必须谨慎地准备好，不能遗失。服丧期间，必须要有至诚恭敬的心。丧葬、祭祀的礼节，必须尽心尽力。遇到每年的节气、周年、忌日都必须哀思哭泣。不可因为自己是已经出嫁的女儿而废弃对父母的祭祀怀念，更不能因为已经嫁人而改变对父母的孝心，这才称得上是做到了"父母在世尽力奉养，过世之后经常怀念"的孝行了。

莫学忤逆[1]，不敬爹娘。才出一语，使气昂昂。需索陪送，争竞衣妆。父母不幸，说短论长。搜求财帛，不顾哀丧。如此妇人，狗彘豺狼。

［笺注］言不贤之女，不知孝敬。父母有训，不肯顺从。少有责备，便生气愤。在家争竞衣饰，索取嫁资，出嫁则偏向夫婿，不亲父母。父母身故，则闲言絮语[1]，谤谪[2]兄嫂弟妇，搜索父母遗财，全无哀伤丧戚之容。如此之女，真如豺狼之恶，猪狗之不如矣。

【注释】（1）忤逆：叛逆，不孝敬父母。（2）絮语：唠叨的话。（3）谤谪：谴责，责备。

【原文白话】千万不能叛逆，不尊敬父母。父母刚开口教诲我们，自己便心生不服，态度强势。在家只想着吃好的、穿好的，到了快要出嫁的时候，就想着索要很多嫁妆。父母过世，没有哀痛的心，反而对兄嫂说三道四，算计争夺父母的财产。这样的女儿，真是狼心狗肺啊！

［笺注白话］这是说不贤惠的女子，不知道孝顺父母。父母教训的时候，内心不愿意顺从。父母亲稍有责备，她就很生气。在家只想着吃好的、穿好的，到了出嫁的时候，就想着索取嫁妆。出嫁以后就偏向丈夫，疏远父母亲。当父母出现不顺利的事情，自己就闲言闲语，而且还诽谤谴责娘家的兄、嫂、弟、媳。父母过世，就只想着搜刮父母留下的财产，没有一点悲伤、哀痛的表现。这样的女子，就像豺狼一样的凶恶，这种心行真是连猪狗都不如啊！

事舅姑章第六

阿翁[1]阿姑[2]，夫家之主。既入他门，合称新妇。供承[3]

看养[(4)]，如同父母。

［笺注］此章言事舅姑之礼。舅姑乃夫之父母，一家之主也。女子从夫于舅姑之前，当尽新妇之礼，敬事恭承，亦如父母之礼也。

【注释】(1) 阿翁：用以称丈夫的父亲。(2) 阿姑：丈夫的母亲。(3) 供承：侍奉，执役。(4) 看养：照料，抚养。

【原文白话】公公婆婆是丈夫家的主人，既然儿媳妇已经入了丈夫家的门，就应该尽到做媳妇的本分，照顾奉养公婆，把他们二老当自己的亲身父母一样看待。

［笺注白话］这一章是叙述事奉公婆的规矩。公婆就是丈夫的父母，是这一家的主人，公婆能够同意我嫁给他的儿子，我就应当尽到做儿媳妇的本分，用一颗恭敬的心来奉养他们，就像对待自己的父母一样。

敬事阿翁，形容[(1)]不覩[(2)]。不敢随行，不敢对语[(3)]。如有使令[(4)]，听其嘱咐。

［笺注］新妇于阿翁之前，低眉[(5)]下气[(6)]，不敢仰视其形容，不敢追随其行步。如有语言，侧侍而听，从容对答，不敢对翁之面而语。如有使令，委婉听从，依其嘱咐，而无违误。

【注释】(1) 形容：外貌，模样。表情，神态。(2) 覩：看见。(3) 对语：交谈，对话。(4) 使令：使唤。(5) 低眉：形容顺从或和善的样子。(6) 下气：谓态度恭顺，平心静气。

【原文白话】事奉公公，不敢仰视公公的容貌，不敢追随公公走得很近，不敢当面跟公公对话，公公如果有事务交代，做儿媳妇的要恭敬地听从嘱咐。

［笺注白话］刚进门的儿媳妇在公公面前，要做到恭敬柔顺，不敢抬头仰视公公的容貌，也不敢追随公公走得很近，公公如果有问话，儿媳妇要站在一旁，恭敬聆听，从容回答，不能正对着公公的面说话。如果有命令，当委婉地来听从，按照公公的嘱咐去做，不能有违逆的行为。

姑坐则立，使令便去。早起开门，莫令惊忤(1)。洒扫庭堂，洗濯(2)巾布。齿药(3)肥皂，温凉得所。退步阶前，待其浣洗。万福(4)一声，实时退步。

［笺注］姑坐，则妇侍立于侧，有所使唤，即去莫违。每早起时，开门动户，莫使响动有声，恐其警觉舅姑之寝。用水洒地，扫净内廷。净洗手巾展布(5)，以待日用。舅姑当起洗面之时，预暖面汤(6)，安排巾布、齿灰、肥皂之具。至于面汤，须用温暖，预待不可过热，不可停冷。送至舅姑之所，退立以待其盥洗。既毕，问其安否，退入厨堂，置办茶饭。

【注释】(1) 忤：触动。(2) 洗濯：洗涤。(3) 齿药：治齿病的药。(4) 万福：古代妇女相见行礼，多口称“万福”，后因以指妇女行的敬礼。行礼时，两手松松抱拳，重迭在胸前右下侧上下移动，同时略做鞠躬的姿势。(5) 展布：抹布。(6) 面汤：洗脸的热水。

【原文白话】婆婆坐着的时候，儿媳妇就站立在旁边，有命令，媳妇就赶紧去做。早晨起来开门的时候一定要小心，不要惊醒还在睡觉的公婆。然后开始打扫庭院和屋里的卫生，把毛巾洗干净，（为公婆）准备好牙膏牙刷肥皂，洗脸水温度适中，（端到公婆的住处）然后退到一旁，等公婆洗漱完了以后，自己道一声万福，就收拾水盆用具赶紧退下（要开始准备早餐）。

［笺注白话］婆婆坐着的时候，儿媳妇就侍候在旁边，如果婆婆使唤的时候，自己就赶紧去做，不要违逆。每天早晨起来，开门的时候要小心，不要声响太大，以免打扰他们的休息。然后就要洒水扫地，把屋里卫生打扫干净。接着就要把手巾、抹布洗干净，以备日用。公婆起床后要洗漱的时候，就预先准备好洗脸水，毛巾、漱口的齿灰、肥皂等用具。洗脸水的温度要适中，不可过热或过冷。接着就送到公婆的住处，然后退立一旁等待。公婆洗漱完毕，儿媳妇问安之后，就紧接着到厨房开始准备早餐。

整办茶盘，安排匙(1)筯(2)。香洁茶汤(3)，小心敬递。饭则软蒸，肉则熟煮。自古老人，齿牙疏蛀。茶水羹汤，莫教虚度。

［笺注］既入厨下，收拾洗抹。茶盘碗碟，匙筯茶汤，务要洁净馨香。小心恭敬，奉于舅姑。饭宜软蒸，勿硬。肉宜熟煮，勿生。当念年老之人齿牙稀疏，蛀朽而不坚，宜软而不宜硬也。一日之间，随时丰俭，须要勤奉茶汤饼果。当念老人日长腹空，不可虚度也。

【注释】(1) 匙：舀汤用的小勺子。(2) 筯：同“箸”，筷子。(3) 茶汤：犹茶水。

【原文白话】准备好干净整洁的碗、碟子、勺子、筷子。烧好清香洁净的热茶水，小心恭敬地递送到公婆的手上。饭要做得软一些，肉则要煮得烂一些。因为老人家的牙齿松了，甚至还会有蛀牙。一天的其它时候也要准备一些茶水、羹汤等食物，不要让老人觉得饥饿。

［笺注白话］一到厨房，就开始搽搽洗洗，准备的茶盘、碗碟、勺子、筷子、茶水，一定要干净、馨香。小心恭敬地事奉公婆。饭要做得软一些，千万不要太硬。肉要煮得烂一些，千万不要生着。应当要考虑到老人家

牙齿稀疏，甚至还有蛀牙，可能都已经不牢固了，所以做的食物要软，不能太硬了。一天当中，除了正餐以外，还要准备一些茶汤、饼干、水果之类的食物，这是考虑到一天下来，老人家可能会有肚子饿的时候。

夜晚更深，将归睡处。安置相辞，方回房户。日日一般，朝朝相似。传教庭帏[(1)]，人称贤妇。

［笺注］夜膳已毕，舅姑将寝，必请二亲安置，然后辞归己房，则一日事舅姑之道毕矣。需要日日朝朝，久敬不倦，方成孝妇。人人皆知为妇之道如此，不惟能长远敬奉，久而不衰，然后为难也。事舅姑之礼既尽，则庭帏之间，弟妇子女，效而法之，咸遵其教。乡党之间，妇人闺女，敬而尊之，悉美其孝。是一家孝，而一乡俱孝矣。

【注释】(1) 庭帏：指妇女居住的内室。

【原文白话】到了夜晚，一家人开始准备休息了，这时候儿媳妇就要伺候二老睡觉，等公婆已经躺下了，再道生晚安方可离开，然后再回到自己的房间。能够天天这样去做，这种孝敬公婆的身教就会影响家族中的其他人，大家都会称她为贤惠的媳妇。

［笺注白话］晚饭结束之后，公婆就要开始休息了，这时候儿媳妇就要亲自安顿公婆睡觉，等二老睡下了，向公婆说声“晚安”之后再回到自己的房间，如此，这一天事奉公婆的本分就算尽到了。如果能够天天如此去做，长时间地恭敬公婆而没有懈怠，那么她就会成为真正孝顺的儿媳妇。其实人人都知道儿媳妇应该这样去做，但是却不能够长时间恭敬事奉，假如能够做到长久而不懈怠，这真是难能可贵啊！尽到了事奉公婆的本分，那么整个家族的弟弟、弟媳、晚辈们都会起而效法，遵从自己的身教。邻里、乡党中的妇人、闺女都会生起尊敬的心，向她学习，都称赞她

的孝行。因此一家有了孝顺的行为出现，整个一乡都会变得孝顺起来。

莫学他人，跳梁[(1)]可恶。咆哮[(2)]尊长，说辛道苦。呼唤不来，饥寒不顾。如此之人，号为恶妇。天地不容，雷霆[(3)]震怒。责罚加身，悔之无路。

［笺注］跳梁者，置篱于水中，以防鱼之出。力大之鱼，跳梁而出。以比妇人，不尊舅姑之教而自恣[(4)]也。咆哮，恶声之大。以比妇人无礼，高声于尊长之前。言不孝之妇，骄傲自恣，恶声无礼，夸能说苦。于舅姑之前，不听其使唤，不显其饥寒，则真恶妇人。天地雷霆，岂容此不贤不孝之人哉？及乎灾殃、患病，罚及其身，使之不孝之罪，悔之无路矣。〇咆哮音庖豪。恣音自。

【注释】(1)跳梁：跋扈，强横。(2)咆哮：高声大叫。常形容人的暴怒或恣肆。(3)雷霆：亦作“靁霆”。震雷，霹雳。(4)自恣：放纵自己，不受约束。

【原文白话】千万不要向蛮横不讲礼的恶妇人学习，蛮横的媳妇会惹人讨厌。动不动就在长辈面前发脾气，经常抱怨自己辛苦。公婆使唤她，根本就叫不动，公婆是饿是冷也不管不顾，这样的女人，就叫做恶妇。这种人天地不容，要遭雷劈的，等到果报显现时，后悔就已经来不及了。

［笺注白话］蛮横不讲礼的妇人，就像水中放置了篱笆一样的网，防止鱼儿跳出，但是力气大的鱼儿还是跳了出来。用这种现象来比喻妇人不恭敬遵守公婆的教诲而肆无忌惮，放纵自己。咆哮是说恶妇发怒时高声大叫。用这样的词来形容妇人无礼，在尊长面前高声言语。这种不孝的儿媳，骄傲放纵，恶言无礼，夸耀自己有能耐，尽是倾诉自己有多么辛苦。在公婆面前不听使唤，也不顾公婆生活的艰难，这样的女子真是真正的恶妇啊！天地雷霆怎么能够容忍这样不贤惠不孝顺的儿媳妇呢？等到灾祸、

疾病、不孝的各种报应临头的时候，再后悔就已经晚了啊！

事夫章第七

女子出嫁，夫主为亲。前生缘分[1]，今世婚姻。将夫比天，其义匪轻。夫刚妻柔，恩爱相因。

［笺注］此章言事夫之道。言女子在家从父，出嫁从夫。夫者，一身之主也。然夫妇异姓相合，以为婚姻，岂偶然哉？由于前生契合之缘，故成今世夫妻之好。礼云：夫者，妇之天也。阳刚阴柔，天地之大义。夫恩妇爱，人道之大经[2]。

【注释】（1）缘分：亦作“缘份”。谓由于以往因缘致有当今的机遇。（2）大经：常道，常规。

【原文白话】女子出嫁以后，丈夫就是自己一生的依靠了。由于前生的缘分，所以这一生才会成为夫妻。妻子把丈夫当天一样看待，这种恩义、情义、道义可非同一般。丈夫刚正，妻子柔顺，彼此恩爱才能白头偕老。

［笺注白话］这一章是叙述妻子事奉丈夫的道理。女子在未出嫁前要顺从父亲的，出嫁后要顺从丈夫。丈夫是自己一生的依靠。夫妇是不同姓的两个人结合在一起，成就了这样的婚姻，这难道是偶然的吗？这是前生的因缘，所以才会有今生成为夫妻的缘分。《礼记》上说：“丈夫是妻子的天。丈夫刚正，妻子贤惠柔顺，这是天地自然之道。夫妻恩爱，这是人道永恒不变的常道和规律。”

居家相待，敬重如宾。夫有言语，侧耳详听。夫有恶事，劝谏谆谆。莫学愚妇，惹祸临身。

［笺注］女子从夫，一身之主，有君臣之义[(1)]；服丧三年，有父子之亲；共事父母，有兄弟之谊；异姓相谐，有朋友之道。故夫妇之礼，备于五伦[(2)]，宜相亲相爱，待如实客。如有言语，必敬听而从之。如行非礼之事，必善劝而阻之。莫效不贤之妇，非惟不能阻夫之恶，反相助为非。或自行非礼以累其夫，灾祸临身，悔之何及也。

【注释】(1) 君臣之义：指君仁臣忠，具体而言领导者要仁爱，被领导者要尽忠。(2) 五伦：指人与人之间正常的五种关系：父子有亲、君臣有义、夫妇有别、长幼有序、朋友有信。

【原文白话】夫妻组成一个家庭，在一起朝夕相处，一定要彼此相敬如宾。当夫君与自己说话的时候，妻子要恭敬地来聆听。如果丈夫做了不合道义的事情，应该要耐心地劝诫，千万不要学那些愚蠢的妇人，助纣为孽，到最后就会惹祸上身。

［笺注白话］女子嫁给丈夫，丈夫就成了她一生的依靠，这就有了君臣之义；假如丈夫过世了，妻子要服丧三年，这就有了父子之亲；夫妻俩一起事奉父母，这就有了兄弟之谊；不同姓的两个人成为夫妻，和谐相处，这就有了朋友之道。因此，夫妻的相处也具备有五伦的关系，应当相亲相爱，彼此相待就像对待客人一样恭敬。如果倾听对方说话，一定要恭敬聆听而顺从。如果丈夫做了不对的事情，一定要善巧方便地劝阻。千万不要向没有智慧的妇人学习，不但没能劝阻丈夫的恶行，反而跟着一起做了错事。有的妻子自己本身做出的事情就是错误的，这就会拖累丈夫，等到灾祸临头，后悔就来不及了。

夫若出外，须记途程[(1)]。黄昏未返，瞻望[(2)]思寻[(3)]。停灯温饭，等候敲门。莫若懒妇，先自安身。

［笺注］言夫如出外，远近必问明方向。远则以便寄书。近则留灯顿饭，以待其来。或望久不至，必令人寻访，以速其归。莫学不贤懒妇，夫未至而先眠，无灯无火，不问其食与未食也。

【注释】(1) 途程：路途的距离（多用于比喻）。(2) 瞻望：往远处或高处看。(3) 思寻：寻思，思忖。

【原文白话】丈夫如果有事外出，做妻子的一定要了解丈夫的去处和路程的远近。黄昏时分丈夫还未返回，就要向着丈夫出门的方向不断瞭望，盼着早点归来，天黑了要为丈夫亮着灯，将做好的饭菜每隔一会就加一次温，等候丈夫随时敲门归来就能吃到热乎乎的饭菜。千万不要学那些懒惰的妇女，丈夫还没有回家，自己就先睡下了。

［笺注白话］这是说丈夫外出，不管远近都要问明去处，远的就可以方便寄信，近的就可以提前为丈夫点亮灯光，热好饭菜，等待丈夫回家。有的时候盼望丈夫很久了还没回家，就要找人帮忙外出寻找，以使丈夫能够尽早回家。千万不要变成既不贤惠又很懒惰的妇女，丈夫还没有回家自己就先睡觉了，家里边既没有亮着灯光，也没有给丈夫留饭，根本就不管丈夫吃没吃饭。

夫如有病，终日劳心。多方问药，遍处求神。百般治疗，愿得长生。莫学蠢妇，全不忧心。

［笺注］夫如有病在身，当每日焦茕[1]，小心看视，调理汤药，求神问卜，祈保平安。夫病稍愈，饮食衣服，愈加小心谨慎，调护安全。勿效不贤之人，任夫有病，全不经心。

【注释】(1) 焦茕〔qióng〕: 着急, 忧愁。

【原文白话】丈夫如果生病了, 妻子就要整天忧心忡忡, 到处求医问药, 祈求神灵保佑。要想尽一切办法将丈夫的病治好, 祈求夫君健康长寿。万万不可学那些愚蠢的妇人, 丈夫的疾病根本就不放在心上。

[笺注白话] 丈夫如果生病了, 妻子就要整天劳心劳力, 小心看护, 煎熬汤药, 虔心祈祷, 祈求丈夫健康平安。丈夫的病情稍有好转, 穿衣吃饭等日常起居就要更加小心谨慎, 确保病情渐趋好转。千万不要成为一个不贤惠的妻子, 任凭丈夫生病, 自己根本就不把丈夫的病放在心上。

夫若发怒, 不可生嗔。退身相让, 忍气低声。莫学泼妇[1], 斗闹频频[2]。

[笺注] 夫主倘然有事瞋怒, 当下气[3]怡声[4], 不可回言抵触。勿效撒泼[5]妇女, 每日寻非, 与夫争斗。

【注释】(1) 泼妇: 凶悍, 不讲道理的女人。(2) 频频: 屡次, 连续不断。(3) 下气: 谓态度恭顺, 平心静气。(4) 怡声: 犹柔声。(5) 撒泼: 放肆横行; 无理取闹。

【原文白话】丈夫要是生气发怒了, 做妻子的别跟着生气上火, 应当退让一步, 和气相待, 低声应对。千万不要学那些不明事理的凶悍女人, 经常在家中和自己的丈夫斗闹不休。

[笺注白话] 丈夫如果遇到一些事情发脾气了, 做妻子的应当心平气和、言语柔顺, 千万不要和丈夫恶言相向。千万不要向那些不讲道理、无理取闹的泼妇学习, 这种妇女整天专找丈夫的不是, 和丈夫争吵打架。

粗丝细葛[1], 熨贴[2]缝纫。莫教寒冷, 冻损夫身。家常茶饭，供待殷勤。莫教饥渴，瘦瘠苦辛。同甘同苦，同富同贫。死同棺椁[3]，生共衣衾。

［笺注］夫主所著冬夏衣裳，时宜熨贴，缝缀整齐，及时备办，恐天寒而莫措也。至于茶饭饮食，须要殷勤奉侍，勿令饥渴致疾。夫妇之道，同其苦乐，共其贫富，生则同衾而共处，死则并棺而合葬，理之常也。

【注释】(1) 细葛：表面有花纹的纺织品，用丝做经，棉线或麻线等做纬。(2) 熨贴：把衣物烫平。(3) 棺椁：棺材和套棺（古代套于棺外的大棺），泛指棺材。

【原文白话】丈夫的各种衣服都要熨烫、缝补得干净整齐。不要让自己的夫君身体受冻损伤。每天的饮食要照顾周到，不可让丈夫挨饿受渴使得身体消瘦以致生病。夫妻同甘共苦，有福同享，有难同当。在世一同生活，过世合葬在一起。

［笺注白话］丈夫穿的衣服要根据需要经常熨帖，缝补得整整齐齐，及时准备好换季的衣物，不要等到天气寒冷了还没有备好。日常的饮食，要用心做好以事奉丈夫，不要因为饮食而导致挨饿受渴致使生病。夫妻相处之道，要共患难同富贵，在世的时候生活在一起，过世之后就会把夫妻俩的棺椁合葬在一起，这是人之常理啊！

能依此语，和乐瑟琴[1]。如此之女，贤德声闻。

［笺注］贤良之女，依此话而行之，则夫妻好合，琴瑟和谐。贤德之名，闻于闾里[2]矣。

【注释】(1) 琴瑟：比喻夫妻感情和睦。(2) 闾里：乡里。

【原文白话】为人妻子的果能按照以上这些教诲去做，那么夫妻之间相处得一定很和谐。这样的女子，贤惠的名声就会传播得很远。

［笺注白话］贤惠善良的女子按照这些教诲去照做，那么夫妻就会关系和谐，相处和乐甜美。贤惠美好的名声就会传播乡里。

训男女章第八

大抵[(1)]人家，皆有男女。年已长成，教之有序。训诲之权，实专于母。

［笺注］此章言母仪[(2)]之道。言既为夫妇，必生男女。男女既生，则母仪之法，不可不知也。父主外事，母主内事。男女幼小，居处于内，故母教为专一。

【注释】(1) 大抵：大概，大致。大都，表示总括一般的情况。(2) 母仪：为母之道。

【原文白话】一般的家庭都会生育儿女来延续后代。随着孩子们年龄不断增加，教育就要有一定的次第。而教育下一代的大权，最主要还是以母亲为主导。

［笺注白话］这一章主要是叙说母教的道理。男女结合成为夫妻，就会生育下一代。既然有了下一代，那么如何教导下一代，做母亲的就不能不懂得。（一般情况下）父亲主要是在外工作，负责家庭经济生活，母亲负责家庭内部的事情。孩子在幼小的时候主要是和母亲一起在家庭里生活的，因此，母亲就肩负了教育下一代的重大责任和使命。

男入书堂[(1)]，请延师傅[(2)]。习学礼仪，吟诗作赋。尊敬师儒，束修[(3)]酒脯[(4)]。

［笺注］男子六岁，便可读书，当请明师[(5)]训之，而延待师尊束修贽敬[(6)]之仪。宴请酒脯之礼，宜预办殷勤，不可失礼。

【注释】(1) 书堂：学堂。(2) 师傅：老师的通称。(3) 束修：古代入学敬师的礼物。(4) 酒脯：酒和干肉。后亦泛指酒肴。(5) 明师：贤明的老师。(6) 贽敬：为表敬意所送的礼品。

【原文白话】男孩子（六七岁）进学堂读书，父母要为孩子礼请有道德学问的老师，让孩子跟随这样的老师学习礼仪以及文学方面的道德文章。父母要给孩子做出尊师重道的好榜样，向老师行束修之礼。

［笺注白话］男孩子到了六岁就要开始读书了，父母就应当给孩子礼请有道德学问的老师来教导孩子，礼请时要向老师行尊师重道的束修之礼。并要宴请老师，准备的过程要热情周到，不能够失礼。

女处闺门[(1)]，少令出户。唤来便来，唤去便去。稍有不从，当加叱[(1)]怒。

［笺注］养女以母训为主。女子自幼，勿令其出闺门。及少长，宜令从母之教。凡有使令，不可违拘[(3)]。如不听从，即加责怒，勿长其骄傲之心。

【注释】(1) 闺门：宫苑、内室的门。借指宫廷、家庭。妇女所居之处。(2) 叱：大声呵斥。(3) 拘：固执，不变通。

【原文白话】女孩子小的时候要老老实实待在家里边，不要随便外出。随时要听从父母的使唤，如果出现稍有不顺从的心理和行为，做母亲的一定要严加责备（勿使其出现骄慢之心）。

［笺注白话］教养女儿主要是母亲负责。女孩子幼小的时候，不要让她随便走出家庭。慢慢长大了，就应当听从母亲的教导。但凡母亲有命令，不能够违逆。如果不听的话，母亲就要严加斥责，不要让她产生骄傲的心理。

朝暮训诲，各勤事务。扫地烧香，纫麻缉苎。若在人前，教他礼数。递献茶汤，从容退步。

［笺注］朝暮之间，训诲女子，以勤俭为先。烧香于家庙(1)，致其恭敬。扫地于庭除，必期洁净。纫麻以供针线，缉苎以成布匹。若有宾客女眷(2)来家，教其礼数周全，殷勤(3)款待茶汤，退步却立于母之后。

【注释】(1) 家庙：祖庙，宗祠。古时有官爵者才能建家庙，作为祭祀祖先的场所。上古叫宗庙，唐朝始创私庙，宋改为家庙。(2) 女眷：女性眷属。(3) 殷勤：热情周到。

【原文白话】从早到晚要随时随地进行教导，家里各种事务都要很勤快地去做。打扫卫生，恭恭敬敬地给祖宗烧香，（以表示念念不忘）。认真学做纺织及针线活之类的女工。家里来了客人，就及时教导她应对进退的礼节。

［笺注白话］从早到晚（随时随地）教导女孩，教育主要以勤劳和节俭为主。每天恭恭敬敬的在家庙给祖宗烧香，（以示念念不忘祖宗）。打扫卫生，要让家里边干干净净。学做针线活和织布。如果有客人和女眷来了，母亲就要教女儿如何招待客人的应对进退之礼，热情地为客人端茶倒水，招待完毕之后就退到母亲的身后（以待随时使唤）。

莫纵骄痴，恐他啼怒。莫纵跳梁[1]，恐他轻侮。莫纵歌词，恐他淫污。莫纵游行，恐他恶事。

［笺注］女子不贤，皆母怜惜而故纵之过也。如纵之骄痴，则养成无故啼号、瞋怒之性。纵之跳梁，与母斗口，则有轻慢翁姑、侮虐夫主之过。纵之听歌唱曲，恐其习听淫词，而生淫污之心。纵之闲行游玩，恐其恣意，而行邪僻阴私之事。不能禁之于未萌，则习性已成，万难改过矣。

【注释】(1) 跳梁：跋扈；强横。

【原文白话】(做母亲的) 千万不要纵容女儿的骄慢愚痴，防止她动不动就无缘无故地发脾气哭闹。不要纵容她跋扈猖狂的习气，防止她一不小心就会有轻慢侮辱他人的言语和行为。不要纵容她沾染那些不健康的诗词歌曲，防止她产生淫污之心。不要纵容她随便外出，防止她做出有损闺名的恶事和丑事。

［笺注白话］女子不贤惠，这都是因为母亲娇惯而纵容了女儿的过失。如果纵容她的骄痴，就会使其养成无故哭闹、发脾气的坏习气。如果纵容她跋扈、蛮横，和母亲吵嘴，就会使其产生轻慢公婆、侮辱戏谑丈夫的过失。如果纵容她听唱歌曲，担心她学会了淫秽的歌词，使她产生淫污之心。放纵她外出闲游闲玩，担心她任性放肆，作出邪僻隐私的事情。务必在女儿坏习气未形成之前就开始防范，等到习性形成了，再要改起来就太难了。

堪笑[1]今人，不能为主。男不知书，听其弄齿[2]。斸闹贪杯，讴歌[3]习舞。官府不忧，家庭不顾。女不知礼，强梁言语。不识尊卑，不能针指。辱及尊亲，有玷父母。如此之人，养猪养鼠。

［笺注］不明之人，生男不知教以诗书，任其逞乖调舌、争斗酌酒、歌唱邪淫(4)，不惧官府之法度，不理家庭之正务，不顾父母妻子之养，终成废人。养女不知教以礼让，任其言语好强，不敬尊长，不理针指之工，不习勤俭之事。出嫁于人，必不能遵妇道，而为不孝之妇。不贤之妻，则贻诮(5)尊亲，羞玷父母。其始皆由母训之不早也。如此等妇人，虽生男女，其实与养猪养鼠相同。甚矣！母仪之道，不可不明也。

【注释】(1) 堪笑：可笑。(2) 弄齿：出言不逊，与人言语争斗。(3) 讴歌：歌唱。(4) 邪淫：亦作“邪婬”，邪恶纵逸，奸淫，下流的行为。(5) 贻诮：见笑。

【原文白话】今天的人们真是可笑啊！自己本身没有见识智慧。有了男孩，不能教导他知书达理，任凭他出言不逊，和社会上一些不良子弟混在一起斗闹饮酒，唱歌跳舞。(这样的孩子)既不害怕触犯法律，也不担心连累家庭和乡邻。有了女儿，不教导她妇道礼节，使其习性跋扈蛮横、出言不逊。不懂得长幼尊卑，也不会针线之类的女工。以上的行为都会侮辱自己的祖宗，羞辱自己的父母亲。养出这样子女的母亲，和养猪养老鼠有什么区别呢！

［笺注白话］不明白道理的母亲，生了男孩不知道教他知书达理，任凭其使性子、出言不逊、争斗、酗酒、唱歌邪淫，(使孩子养成)不惧怕国家的法律法规，不懂得承担家庭的责任，也不照顾父母妻子儿女的日常生活，最终就会变成一个废人了。生了女儿不教导其柔顺礼让，任凭其言语争强好胜，不尊敬长辈，不学习女红等针线活，也不学习家庭中其它需要勤劳节俭来操持的事情。将来出嫁了，肯定不会遵守为妇之道，这样就会变成不孝顺的媳妇。这般不贤惠的妻子就会使他人耻笑自己的祖宗，羞辱自己的父母。其实这些行为都是由于母亲没能够及时教育的结果啊！这样

的母亲，虽然生儿育女了，实际上和养猪、养老鼠没什么两样。可悲啊！做母亲的道理，不能不懂得啊！

营家章第九

营家之女，惟俭惟勤。勤则家起，懒则家倾。俭则家富，奢则家贫。

［笺注］此章言妇人营运[1]成家之道。成家不难，在勤与俭二者而已矣。盖勤俭二者，乃相需而不离，并行而不悖。勤以裕其俭，俭以辅其勤。勤而不俭，枉劳其身。俭而不勤，甘受其苦也。勤则兴，懒则败。俭则富，奢则贫。自然之理也。

【注释】(1) 营运：犹营生，生计。

【原文白话】对于一个真正懂得经营家庭的女子来说，一定要谨记着勤劳节俭。勤劳家庭就会兴旺，懒惰家庭就会衰败。节俭，家庭就会富裕，奢侈，家庭就会贫穷。

［笺注白话］这一章是叙述妇人如何经营家庭的道理。要让家庭兴旺不难，只要做到勤劳和节俭就可以了。勤劳和节俭这两者是互相依赖而不能够分开的，可以并行而没有矛盾。勤劳可以让自己更懂得节俭，节俭可以促使自己更加勤劳。如果只勤劳而不节俭，那就让自己白白地辛苦了。如果只节俭而不勤劳，那就只能甘受贫苦了。（对于一个家庭）勤劳就会兴旺，懒惰则会衰败。节俭就会富裕，奢侈就会贫困，这是很自然的道理啊！

凡为女子，不可因循[1]。一生之计，惟在于勤。一年之计，惟在于春。一日之计，惟在于寅[2]。

［笺注］勤力营家之人，不可因循懈怠。迟误躭延，为身之累不小。盖女子年少能勤，则百事精能，为一生之活计[(3)]。当春而勤作，则衣食精良，为一年之活计。当晨而勤作，则家务整办[(4)]，为一日之活计。

【注释】(1) 因循：疏懒，怠惰，闲散。(2) 寅：用于计时：~时(夜三点至五点)。(3) 活计：生计，也指维持生活。(4) 整办：亦作“整辨”。整治，办理。

【原文白话】作为女子，不能够懈怠懒散。一生的关键就在于勤快。一年的关键就在于春天。一天的关键就在于寅时(早晨三点到五点，古人寅时即起床)。

［笺注白话］用心努力经营家庭的人，不能够懈怠懒散。推脱、得过且过对自己的伤害真实不小啊！如果女子在年轻的时候能够勤快，她就能掌握许多本领，成就了一生的功夫。春天的时候辛勤劳作，一年的衣食都会准备很充分、精美，为一年的生活奠定了基础。每天早晨早起勤快料理家务，那么一天的事情都会井井有条。

奉箕拥帚，洒扫灰尘。撮[(1)]除邋遢[(2)]，洁静幽清。眼前爽利，家宅光明。莫教秽污，有玷门庭。

［笺注］箕，所以盛秽污。帚，所以除秽也。洒水而扫地，所以息止灰尘。言清晨洒扫，以涤除秽，除去邋遢，不惟优雅清闲，而眼前开爽，门户光辉矣。

【注释】(1) 撮：把聚拢的东西用簸箕等物铲起。(2) 邋遢：肮脏，不整洁。

【原文白话】一清早就要拿起撮箕和笤帚打扫卫生，除去灰尘，使自己的生活环境洁净清雅。使人的视觉感受清爽利落。整个家庭一片欣欣向荣。千万不要脏乱不堪，有辱自家的门风。

［笺注白话］箕是用来盛脏污东西的。帚是用来扫除垃圾的。先洒水后扫地，这是为了止住灰尘，不要到处张扬。清晨先打扫卫生，涤除污秽的脏东西，这样做不光是环境优雅清闲，而且视觉豁亮清爽，整个家庭蓬荜生辉。

耕田下种，莫怨辛勤。炊羹造饭，馈送频频。莫教迟慢，有误工程。

［笺注］至于耕种田土，莫惮勤劳。夫耕田而妇馈食，茶水均匀，时时照顾。不可迟延饥饿，以误农工也。

【原文白话】到了耕田播种的农忙时节，千万不要抱怨太辛苦。烧火做饭，给丈夫送饭要准时及时，不能够迟缓懈怠，使丈夫因饥饿而耽误了农活。

［笺注白话］对于耕田种地，不要怕劳累。丈夫耕田，妻子就要给丈夫送饭食，茶水要准备得妥当，用心照顾周到，不能够送饭迟缓而使丈夫挨饿，这样会耽误农活。

积糠聚屑，喂养孳[(1)]牲。呼归放去，检点搜寻。莫教失落，扰乱四邻。

［笺注］米糠饭屑，存积以喂牲畜，须当照管，收放以时，检点无失。莫教奔入人家，以扰居邻。

【注释】(1) 孳：滋生，繁殖。

【原文白话】准备好糠和饲料来喂养这些家畜。把放出去的家畜按时收罗回来，并且还要检查有无缺失，以防遗失家畜，扰乱邻居家的生活。

［笺注白话］蓄积米糠饲料用来喂养牲畜，并且要用心照管，收放的时间要规律，及时清点头数以免丢失。千万不要让家畜跑到邻居家扰乱人家的正常生活。

夫有钱米，收拾经营。夫有酒物，存积留停。迎宾待客，不可偷侵。

［笺注］夫主钱穀有余，必须收藏完固[(1)]。酒食有余，不可浪费，须留贮[(2)]以待不时之宾客，不可私自饮食也。

【注释】(1) 完固：完好坚固。(2) 贮：储存。

【原文白话】丈夫有了多余的钱财和粮食，妻子要懂得料理妥当。丈夫有了酒和其他物品，要懂得储存妥善。这些东西可以用来招待客人，不可以独自享用或者私藏。

［笺注白话］当丈夫有了多余的钱财和粮食，必须要收藏妥善。酒食有了多余的，不能够浪费，应当留存起来准备招待随时到来的客人，不可以私自享用。

大富由命，小富由勤。禾麻菽[(1)]麦，成栈[(2)]成囷[(3)]。油盐椒[(4)]豉[(5)]，盎[(6)]瓮装盛。猪鸡鹅鸭，成队成群。四时八节，免得营营。酒浆[(7)]食馔[(8)]，各有余盈。夫妇享福，欢笑欣欣[(9)]。

［笺注］言大富固有天命。若衣食丰足，日用不穷，是为小富，则由于勤俭以积之。禾，稻穀也。麻，即芝麻。菽，豆也。栈，大仓。囷，以荆竹为之，顿米之小仓也。言麻豆稻麦，各宜封闭仓栈之中，不可抛撒遗漏。油盐椒豉，盖藏瓮盎之内，不可暴露变味。鸡猪鹅鸭，及时畜养，各成群队，务期孳生蕃盛。则时节之间，宴客之日，丰积有余，而无奔营急措之患。夫妇之间，岂不绰然有余裕哉！

【注释】(1) 菽：豆类的总称。(2) 栈：储存货物或供旅客住宿的房屋。(3) 囷〔qūn〕：古代一种圆形谷仓。(4) 椒：落叶灌木或小乔木，果实球形，暗红色，种子黑色，可供药用或调味。(5) 豉：一种用熟的黄豆或黑豆经发酵后制成的食品。(6) 盎：古代的一种盆，腹大口小。(7) 酒浆：泛指酒类。(8) 馔：一般的食品、食物。(9) 欣欣：喜乐貌。

【原文白话】大富这是由自己的命运来决定的，但小富可以用勤劳获得。家里的稻谷、芝麻、豆类、小麦等都要把它装在大小不同的仓里边。调味品也要盛在瓶瓶罐罐里面。家畜也要分类饲养，使它们繁殖得很旺盛。这样做就可使一年四季的各种节日里招待宾客时菜肴丰盛，而不会由于欠缺而四处张罗。如此则夫妇享福，日子过得真是欢喜快乐啊！

［笺注白话］大富是由天命来决定的。若想要衣食丰足，日常生活不受穷困，这是小富，小富的生活可以通过勤劳节俭以获得。禾是指稻谷。麻是指芝麻。菽是指豆类。栈是指大的仓。囷是指用荆竹做的，用来储藏米类用的小仓。芝麻、豆类、稻谷、小麦这些作物适合储藏在仓里面，不可以抛散遗漏在外边。调味品要存放在瓶罐之中，不能散放在外使其变味。家畜要及时蓄养，并把它们分类管理，希望它们能够繁殖旺盛。这样做可以使节日期间，或者招待客人的时候，菜肴丰盛，不需要再四处张罗。

夫妇之间，不就能够过上丰裕的生活了吗?

待客章第十

大抵人家，皆有宾主。洗涤壶缾，抹光橐子[(1)]。准备人来，点汤递水。退立堂后，听夫言语。

［笺注］此章言依夫待客之事。壶缾必须流水，涤洗盘橐，必须揩抹[(2)]光辉，设有客来便于款待。欲留饮酌[(3)]，须立堂后听夫指令，以便整备。

【注释】(1) 橐子：指盘子一类的用具。(2) 揩抹：擦抹，抹去。(3) 饮酌：斟酒而饮。

【原文白话】一般人家都会有客人往来。因此事先就要把壶、瓶、盘子等用具洗涤干净。当客人到来了，就赶紧端茶倒水，伺候完客人，妻子就退下，准备等待丈夫的其它吩咐。

［笺注白话］这章是叙述协助丈夫招待客人的事情。壶瓶要储备好水，用来洗涤盘子等用具，并且要擦拭干净光亮，假如有客人要来，方便招待。假若要留客人喝酒，妻子要在后面听候丈夫的吩咐，以便于作相关的准备。

细语商量，杀鸡为黍[(1)]。五味调和，菜蔬齐楚[(2)]。茶酒清香，有光门户。

［笺注］有客在外，轻声细语与夫商量，称家有无。随其丰俭，必须滋味调和适口，整置齐楚丰洁。茶锺酒具，精雅光莹。其味清香馥烈

[3]，使客赞美称贤，则于门户有光矣。

【注释】(1) 黍：一年生草本植物，叶线形，子实淡黄色，去皮后称黄米，比小米稍大，煮熟后有黏性。(2) 齐楚：整齐美观。(3) 馥烈：香气浓烈。

【原文白话】招待客人之前就要和丈夫恭顺地商量如何招待，之后就杀鸡做菜准备盛情款待，菜肴要做得味道鲜美，饭菜摆放得整整齐齐，茶、酒都很清香，妻子能这样做就会给自家的门户增添光辉。

［笺注白话］有客人在，妻子要轻声细语和丈夫商量，根据家庭的富有情况来决定招待的丰盛程度，但菜肴必须做得可口，置备酒席洁净整齐。茶杯、盛酒的器具都要精致、高雅、光亮洁净。茶酒味道清香浓烈，使客人称赞这家有位贤惠的妻子，这就会给自家带来光彩。

红日含山，晚留居住。点烛擎[1]灯，安排坐具。枕席纱厨[2]，铺毡迭被。钦敬[3]相承[4]，温凉得趣。次晓相看，客如辞去。别酒殷勤，十分留意。夫喜能家，客称晓事。

［笺注］如日晚途远，客不能归，必预为整顿房舍，安排坐具，备其床帐。杭席毡被，铺迭整齐。冷暖温凉，俱令其宜。次早仍备酒食，以俟其行。则待客之礼，可谓周全。夫喜其能治家，客喜其能知礼矣。

【注释】(1) 擎：向上托；举。(2) 纱厨：纱帐。室内张施用以隔层或避蚊。(3) 钦敬：钦佩敬重。(4) 相承：先后继承；递相沿袭。

【原文白话】到了傍晚时分，要主动挽留客人住下。点亮灯烛，为客人安排住宿的卧具，与客人恭敬地应对进退，使客人晚上睡得冷暖适宜。第二天早晨前去问候客人，如果客人要辞别，还要热情准备酒食为客人饯行，方方面面都要谨慎周到。如此丈夫就会很高兴自己的太太能够持家，客人也会称赞她明白事理。

［笺注白话］如果天色已晚，路途又很遥远，客人不能回家，主人就要为客人准备好住宿的房间，并且安排睡眠需要的床单蚊帐等卧具。并把枕头、席子、被子等铺叠整齐，使房间的温度都很适宜。第二天早晨仍然准备酒食，为客人送行。如此做，那么招待客人的礼数就算是很周全了。丈夫高兴自己的太太能治家，客人欢喜其懂得待客之礼。

莫学他人，不持家务。客来无汤，慌忙失措。夫若留人，妻怀嗔怒。有筯无匙，有盐无醋。打男骂女，争啜[(1)]争哺[(2)]。夫受惭惶，客怀羞惧。

［笺注］言不贤之妇，闲时不理家务，客来仓皇无措，茶汤不具。夫若留客，嗔怒不容。勉强留宾，而匙筯不全，盐醋不备。有客在堂，打儿骂女，争闹饮食。丑恶之声，扬于外庭。则夫面无颜，而增惭愧之容。客受侮慢，而有羞怒之色矣。

【注释】(1) 啜：饮，吃。(2) 哺：口里含着的食物。

【原文白话】千万不要学某些不贤之妇，不懂得料理家务。当客人来了，连个茶水也没有，动作慌张失措。丈夫要挽留客人，妻子就心中有气，招待客人用餐不是缺这个，就是少那个。当着客人的面打儿骂女，指责孩子贪嘴多吃了这个多吃了那个，让做丈夫的感到非常惭愧惶遽，客人也会感到羞辱惧怕。

［笺注白话］这是叙说不贤之妇，闲暇的时候不料理家务，等客人来了就会仓皇失措，茶水也没有准备好。当丈夫要挽留客人的时候，做妻子

的就会恼羞成怒。丈夫勉强留下客人，可招待的餐具、调味料等都没有准备齐全。妻子当着客人的面，打骂儿女，争吃饮食，如此丑恶的行为就会传扬到乡里。当丈夫的很是没有面子，一脸的惭愧之相。客人也受到了羞辱怠慢，一脸羞愧恼怒的表情。

有客到门，无人在户。须遣家童[(1)]，问其来处。客若殷勤，即通名字。当见则见，不见则避。敬待茶汤，莫缺礼数。记其姓名，询其事务。等得夫归，即当说诉。奉劝后人，切依规度。

［笺注］言夫若出门，有客至时，须令家童，接待请坐，问其姓字，有何事务。成有内亲长者，当见，则延入后堂，而拜礼之。不当见者则回避，遣人敬奉茶汤，详记事务，俟[(2)]夫至而陈说分明，不可差误。款客之道尽矣。

【注释】(1) 家童：旧时对私家奴仆的统称。(2) 俟：等待。

【原文白话】有客人来了，丈夫不在家。做太太的就要吩咐家童接待客人，并问明客人的来处。如果是熟悉的客人，就可以互相通报姓名。该见的客人就可以会面，不该见的就要懂得回避。但还是要恭敬地接待，不能够缺少礼数。并记下客人的姓名和为什么事情而来，等丈夫回家后及时告知丈夫。在此奉劝后世的人，一定要依从待客的规矩。

［笺注白话］这一章是叙说丈夫外出，当有客人来到，应当吩咐家童招待客人，并询问客人的姓名和事务。如果来的人是丈夫家的亲人长辈，就应当面见，并把长者请到后庭，依礼拜见。如果是不应当接见的客人就要回避，派人招待，并详细记录事务。等丈夫归来后就把详细的情况向夫君报告清楚，不能有差误。如此，待客的礼仪就算是尽到了。

和柔章第十一

处家之法，妇女须能。以和为贵，孝顺为尊。翁姑瞋责，曾如不曾。上房下户，子侄宜亲。是非休习，长短休争。从来家丑，不可外闻。

〔笺注〕此章言和柔之道，阳刚阴柔，男女之义也。故处家者以柔和为贵，事亲者以柔顺为先。翁姑如有言语瞋责，虽曾犹如不曾，谨记其失而改之，不可记怨于心也。同房共户，幼小子侄之辈，宜怜爱而亲恤之。妯娌[(1)]姑嫂[(2)]之间，不可谈论是非，争竞长短。彼虽有丑恶之事，既在至亲，即如我之不幸，岂可彰闻于外，以自扬其家丑也。

【注释】(1) 妯娌：兄、弟之妻的合称。(2) 姑嫂：妇人和她丈夫的姐妹的合称。

【原文白话】与家人相处的方法，作为妇女必须懂得，一切以和为贵，把孝顺长辈放在至高无上的地位。当公婆生气责骂时，自己内心就像没有发生过这样的事情一样。家中子侄辈的孩子们要多加爱护。对于是非之事不要参与，也不争长论短。家里面不光彩的事情千万不要外传。

[笺注白话] 这一章是叙述妇女和柔的道理，夫妇之间是以男子主刚强、女子主柔顺，这是男女各自本来就有的属性。因此妇女在家庭里过日子要以柔和为贵，事奉父母要以柔顺为先。公婆如果生气责骂，心里面就像没有发生过这样的事情一样，只是一味地的记住自己的过失努力改正，切不可内心记着公婆的不是。对于家里边幼小的子侄辈们要多加关爱并亲自照顾他们。妯娌姑嫂之间，千万不要谈论是非、争长论短。他们即使有不光彩的事情，但是毕竟是至亲，应该把它们的过失看做自己的不幸，怎么还能够对外宣扬自家的丑事呢？

东邻西舍，礼数周全。往来动问，款曲[(1)]盘旋[(2)]。一茶一水，笑语忻然[(3)]。当说则说，当行则行。闲是闲非，不入我门。

［笺注］至于邻舍，密尔亲近，不可失其和睦。若有邻家女眷，往来动问寒温，询其款曲，礼数周全。茶水奉敬，言笑欢忻，不失其礼。事当可说则言，不可谈非礼之事。情当可往者则往，不可入非礼之家。邻家是非长短，我不预其事，不屑其言，则是非过咎，不及于我矣。

【注释】(1) 款曲：殷勤应酬。(2) 盘旋：指仪节中遵照一定程式的回旋进退。(3) 忻然：喜悦貌，愉快貌。

【原文白话】对周围的邻居，互相往来要懂得礼数，见面嘘寒问暖时既热情又有礼节。(邻居登门) 要热情招待，端茶倒水，言语应对时喜悦和乐。注意该说的话才说，该做的事才做。一切无关紧要的是是非非，一律不要参与，免得将这些是非带进自己家中。

［笺注白话］对于邻居这样的关系是密切而又亲近，所以不能够失了和睦。如果邻居家是女眷的可以互相往来，嘘寒问暖时要热情周到，礼节周全。(邻居登门时) 热情地递上茶水，言语应对时喜悦和乐，不失礼节。事情该说的则说，千万不要谈论不合情、不合理、不合法的事情。(自己要拿捏好邻居家是否可以去，) 如果可以的才往来，千万不要去不守礼数的邻居家。邻居家的是非长短，我们不要参与其事，也不要把这些话放在心上，(用这样的态度和分寸，) 那么邻居家的是非过错就不会影响到自己。

莫学愚妇，不问根深。秽言污语，触突[(1)]尊贤。奉劝女子，量后思前。

［笺注］不贤之妇，好听是非，一闻人言，不辨真伪，即出污秽之

言。逞强争辩，触犯尊长，伤残至亲，毁骂邻里，无所不至。此等妇人，皆因少年失教，理义不明。故居无好行，出无好语，败礼丧德。一至于此，可不戒哉。

【注释】(1) 触突：冒犯。

【原文白话】千万不要学那些愚蠢的女人，没弄清事情的根由就胡乱插嘴，甚至污言秽语，冒犯尊长和贤德之人。奉劝女子，说话、行事一定要谨慎思考。

［笺注白话］不贤惠的妇女，喜欢听是非，一听到别人说话，不分辨事情的真伪，自己就随便说出污言秽语。骨子里喜欢逞强争辩，所以就会冒犯尊长，伤害甚至残害到自己的至亲，辱骂邻居，无所不为。这样的妇女，都是因为从小没有受到好的教育，道理不明白。因此和别人相处没有好的行为，说话也不懂得什么该说什么不该说，败坏礼数，损坏自己的德行。有了上述这些行为，还不能够引起警戒吗？

守节章第十二

古来贤妇，九烈三贞。名标青史[1]，传到而今。后生宜学，亦匪难行。

［笺注］九烈三贞，解见前篇。言古之圣后良如贤妇烈女，名字标于青史之书，传芳声[2]于千古。后生女子，宜效法而勉行之，亦非高远难行之事也。

【注释】(1) 青史：古时用竹简记事，所以后人称史籍为青史。(2) 芳声：美好的声誉。

【原文白话】自古以来贤德的妇女，都是具有光宗耀祖守贞如一的高尚品德，因此他们的风范都会被记录在史书上，一直传承到今天。后代的女子应当学习效法，不要妄自菲薄，说自己难以做到。

［笺注白话］九烈三贞，本篇序传中都已经解释过了。它的意思是说古代圣德的皇后、善良的妃子、贤惠的妇女、贞洁的女子，她们的名字都会记载在史书上，美好的名声流传千古。后代的女子，应当效法并勉励自己努力去落实，这并不是什么太高远而难以做到的事情啊！

第一守节，第二清贞。有女在室，莫出闺庭[(1)]。有客在户，莫露声音。

［笺注］女子之道，守节为第一义，清贞次之。清则水清玉洁，志行九明。贞则相操松坚，岁寒不改。有女宜令其处于内室，不离闺门。有客则妇女低声细语，不闻于外。此正家之至要也。

【注释】(1) 闺庭：家庭。

【原文白话】作为女子，第一就是要守住内心的贞正纯洁和凛然不可侵犯、誓死不变的节操，第二就是要内心和言行清净贞洁。女孩子应该静静地待在家中，不要随意外出。家里来了客人，女孩子应该静静地待在内屋，不要弄出响声。

［笺注白话］做女子的道理，守住节操为第一要务，其次就是内心和言行要清净贞洁。内心清净就像清水中的玉石一样纯洁，她的志向和行为就会长久地获得光明。贞操就像松树一样坚挺，即使冬天来临依然青翠。自家是女孩的应当要让她安守于内室，不要轻易离开闺门。家里有客人，妇女就要低声细语，不要让外人听到，这是养成具有正气家风的关键所在。

不谈私语，不听淫音[(1)]。黄昏来往，秉烛掌灯。暗中出入，非女之经。一行有失，百行无成。

［笺注］谈论之间，不可言私僻[(2)]之语，不可听邪淫之音，以乱惑心志。《礼》云："女子夜行以烛，无烛则止。"无烛而暗行，恐涉非礼之事，而招人谤议也。女有百行，皆要周全。一行有失，则为女德之累，而百行不成也。

【注释】（1）淫音：淫邪的乐声。《孔丛子·记义》："若夫观目之靡丽，窈窕之淫音，夫子过之弗之视，遇之弗之听也。"（2）私僻：谓偏私。

【原文白话】不谈论见不得人的话，不听不正经的话，不接触淫邪的乐声。黄昏夜行，必须要有蜡烛或者灯来照亮。在黑暗中行走，这是女子所不应该的。行为有一个方面出现污点，所有的品行就都无法圆满。

［笺注白话］女子互相谈论，不可以说偏私、邪僻的话。不可听淫邪的乐声，目的是为了防止惑乱自己的心志。《礼记》云："女子夜晚行走要手持蜡烛，没有蜡烛照亮就不要行走。"如果没有照亮而在黑暗中行走，担心会出现非礼的事情，而招致他人的诽谤议论。女子的一切言行都要周全。一旦出现不好的行为，就会损毁女子的德行，使自己百行无成。

夫妻结发[(1)]，义重千金。若有不幸，中路先倾。三年重服[(2)]，守志坚心。保家持业，整顿坟茔[(3)]。殷勤训后，存殁[(4)]光荣。

［笺注］结发犹总角[(5)]，男女少年之时也。言结发夫妻，恩深义重。设有不幸，夫主身亡，当痛哭悲伤，服丧三年，守志终身，保守家业，祭扫[(6)]坟茔。殷勤教管子女成人，以嗣先人之志，则存者殁者，皆有光荣矣。

【注释】(1) 结发：指结为夫妻。成婚。古礼。成婚之夕，男左女右共髻束发，故称。(2) 重服：服丧过度，重丧服。(3) 坟茔：坟墓，坟地。(4) 存殁：生者和死者。(5) 总角：古时儿童束发为两结，向上分开，形状如角，故称总角。(6) 祭扫：到墓前祭奠亡灵，并打扫坟墓。

【原文白话】夫妻结合成为一体，恩义、道义、情义重如千金。如果丈夫出现不幸，先自己而去。自己就要服丧三年，依然坚守自己纯一不二的心志，继续操持家业，为丈夫整理坟墓，勤勉地教导丈夫的儿女，能如此做，那么对于去世的和活着的人来说都是光荣的事情。

[笺注白话] 结发就像男女在少年的时候总角一样。这是说结发夫妻，恩义情义道义深厚重大。假如出现不幸，丈夫过世，应当痛苦悲伤，服丧三年，守志终生，保守丈夫的家业，祭扫丈夫的坟墓。勤勉地管理教导儿女使他们长大成人，以此来继承先人的遗志。能这样去做，那么活着的人和死去的人都会感到光荣。

此篇论语，内范[(1)]仪刑[(2)]。后人依此，女德聪明。幼年切记，不可朦胧[(3)]。若依此言，享福无穷。

[笺注] 此总结全书之义。言我作此《女论语》十二篇，实乃内范姆教[(4)]之仪刑，此为女子当比而仪之、则而刑之也。若能依此而行，则女子之德，昭明显著，不亦贤乎。幼年之女，当熟读此书，体而行之，则终身为贤女孝妇、贞妻慈母矣。其享受福禄，岂有穷尽哉?

【注释】(1) 内范：闺范，妇德。(2) 仪刑：楷模，典范。(3) 朦胧：此处指含糊。(4) 姆教：女师传授妇道于女子。

【原文白话】这篇《女论语》是做女子的规范和楷模。后代的女子如果能够照着去做，一个女性本有的德行智慧就能得到彰显。女孩子在幼小的时候就要牢记，不可以马马虎虎地看过就算了，果真依照这些教诲去做，后福无穷啊！

［笺注白话］这段话是总结全书的义理，说作者自己写这篇十二章的《女论语》，就是为了树立女德姆教的榜样，这是做女子的应该对照而效仿的标准。如果再能照着去做，那么女子的德行就会显明世间，不也是贤德之人吗？幼小的女孩子，应当熟读这本书，体悟之后去落实，那么终身就会成为贤惠的女人、孝顺的媳妇、贞洁的妻子、慈爱的母亲。自己享受的福禄哪里会有穷尽呢？

女范捷录

（明末）王相之母刘氏：先慈刘氏，江宁人，幼善属文，先严集敬公之元配也。三十而先严卒，苦节六十年，寿九十岁。南宗伯王光复，大中丞郑潜庵两先生，皆旌其门。所著有《古今女鉴》，及《女范捷录》行世。

【题解】《女范捷录》是清朝初年学者王相的母亲刘氏所作，此书收录了历朝历代杰出女性的事迹，很多人物故事出自史书的列女传记。《女范捷录》分为统论、后德、母仪、孝行、贞烈、忠义、慈爱、秉礼、智慧、勤俭、才德十一部分，归集了古代贞妇烈女和贤妻良母的感人事迹，使读者感受到这些女子的浩然正气。此书作为女四书中唯一一本以历史故事为素材，汇集女子修身立道、助夫成德的真人实例，使女四书的内容更加生动丰富，更为现代女性效法古人提供了栩栩如生的榜样。

统论篇

【题解】此篇为全书总论。夫妇关系是人伦关系的开端，因此女德对于五伦关系的建立和修身齐家非常重要。孩子要从小教育，尤其女子如果小时不教，大了就很难择善而从。以古人为老师，可以给女子找到榜样。这是作者著此书的意义。

乾象(1)乎阳，坤象乎阴，日月普(2)两仪(3)之照。

［笺注］乾坤者，天地之形。日月者，阴则为体。天地之间，有阴必有阳，故男女生焉。有日必有月，故昼夜分焉。阴阳日月，是为两仪。

【注释】(1) 象：象征。(2) 普：普遍，全面。(3) 两仪：星球的两种仪容，后指天地、阴阳、男女。

【译文】乾卦象征阳，坤卦象征阴，日是阳的，月是阴的，日月普照大地。

［笺注白话］乾坤是天地的表现，日月是阴阳的本体。天地之间，有阴就必会有阳，所以人类分为男女。有太阳必有月亮，所以分出白天黑夜。阴阳日月，这就是两仪。

男正乎外，女正乎(1)内，夫妇造万化(2)之端。

［笺注］有男女，必有夫妇。夫妇之道修，而内外之礼正。子思曰：“君子之道，造端乎夫妇。”修身齐家，教之本也。

【注释】(1) 乎: 相当“于”(用在动词或形容词后)。“男正乎外, 女正乎内”取自《周易·家人卦》中《彖》曰:“家人, 女正位乎内, 男正位乎外, 男女正, 天地之大义也。”(2) 万化: 万事万物, 各种变化。端: 开始。“夫妇造万化之端”取自《中庸》:“君子之道, 造端乎夫妇。”

【译文】男人的正位在外, 女人的正位在家里。夫妇关系是各种关系的开始。

[笺注白话] 有了男女必定有夫妻。修行夫妇关系之道, 男主外女主内的礼节就正了。《中庸》(传说子思著) 中说道:“君子的中庸之道, 是从处理好夫妇关系开始的。”修养品德、经营家庭是教化的根本。

五常之德著[(1)], 而大本以敦[(2)]。

[笺注] 仁义礼智信, 谓之五常。五者之德, 常具于人心。人能敦笃而扩充之, 斯为希圣希贤之本。

【注释】(1) 著: 明显, 显著。(2) 敦: 厚重, 笃实。

【译文】仁义礼智信这五常都做到了, 做人的根本就稳固了。

[笺注白话] 仁义礼智信被称为五常, 五常的德行是常在人心中的。人能敦厚老实再把五常的德行推广开来, 这就是效法圣贤人的根本。

三纲之义明, 而人伦以正。

〔笺注〕君为臣纲, 父为子纲, 夫为妻纲。君正臣忠, 父慈子孝, 夫妇和顺, 则人伦正矣。

【译文】三纲的意义都明白了, 人伦关系就能正确处理了。

[笺注白话] 君主是臣子的表率, 父亲是儿子的表率, 丈夫是妻子的

表率。君主正直臣下忠诚，父亲慈爱儿子孝顺，丈夫和妻子关系融洽，那么人伦关系就端正了。

故修身者，齐家之要(1)也。而立教(2)者，明伦之本也。

［笺注］经曰："欲齐其家者，先修其身。"身不修，而家不可教矣。君臣，父子，夫妇，兄弟，朋友，谓之五伦。尧使契为司徒，教以人伦，父子有亲，君臣有义，夫妇有别，长幼有序，朋友有信。人伦明而天下治，故立教为明伦之本。

【注释】(1) 要：重要，主要。(2) 立教：树立教化，进行教导。

【译文】所以修养品德是经营好家庭的要务。而树立教化是明白人伦关系的根本。

［笺注白话］《大学》中说："要经营好家庭，就要先修养品德。"品德不修，家庭就不能教化了。君臣、父子、夫妇、兄弟、朋友称之为五伦关系。尧帝任命契做司徒，教化百姓人伦之道，这就是：父母慈爱孩子，孩子孝顺父母；君主尊重臣子，臣子忠于君主；丈夫与妻子以礼相待分工有序；兄长疼爱弟弟，弟弟恭敬兄长；朋友交往讲究诚信。人伦关系明确了就能治理好天下，所以树立教化是明确五伦关系的根本。

正家(1)之道，礼谨(2)于男女。养蒙(3)之节，教始于饮食。

［笺注］《礼》云："男女六岁，不同坐，不同食。男就外傅，女遵姆训。"又云："男女能食，教以右手，饮食必后长者。姆教婉勉听从，男唯女俞。男不言内，女不言外。男行由左，女行由右。"

【注释】(1) 正家：使家庭关系正常有序。(2) 谨：谨严，严格。(3) 养蒙：教养童蒙，修养正道。

【译文】要使家庭关系正常有序，就要严格男女相处的礼仪。教导孩子的礼节，要从规范饮食礼仪开始。

［笺注白话］《礼记》上说："男孩女孩六岁开始，不坐在一起，不同桌吃饭。男孩离家就师求学，女孩遵循女师的教诲。"又说："男女能自己吃饭后，教他们用右手吃东西，吃饭喝水时，必须在长者之后。女师教女子温顺勤勉接受听从，男用'唯'来应答，女用'俞'来应答（'唯'声刚直，'俞'声婉柔）。男人不讨论内室的事情，女人不评说家外的事情。男人从左边走，女人从右边行。"

幼而不教，长而失礼。在男犹可以尊师取友，以成其德。在女又何从择善诚身[(1)]，而格其非[(2)]耶。

［笺注］言教男女之道，当在幼年，不教则长而不知礼。男子犹有师友，以正其过。女子在闺中，若不早教，则长而无所师法，不能明乎善矣。

【注释】(1) 诚身：以至诚立身行事。(2) 格其非：纠正她的错误。

【译文】从小不教导孩子，长大就会不知礼节。男子尚且可以尊敬良师结交益友，来成就他的品德。至于女子从哪里学会选择善行至诚立身，而纠正她的错误呢？

［笺注白话］这是说男孩女孩都要从小的时候就教育，小时不教导，长大就不知礼节。男子还有老师朋友可以指正他的过失。女子在深闺中，如果从小不教育，长大了没有榜样可以效仿，不能明白如何做个好女子。

是以教女之道，犹甚于男。而正内[(1)]之仪，宜[(2)]先乎外也。

[笺注]此言教女，比教男为尤明。

【注释】(1) 内：妇女。(2) 宜：应该，应当。外：男子。

【译文】所以教育女子的事情，比教男子更为重要。端正主内的女子的礼仪，应该先于端正主外的男子。

[笺注白话]这是说教女子，比教男子更为明智。

以铜为鉴(1)，可正衣冠。以古为师，可端模范(2)。

[笺注]此言著书训女之义。人以镜鉴形，则容仪可正。以古为法，则圣贤可师，故《女范》所由作也。

【注释】(1) 鉴：镜子。(2) 模范：榜样，表率。

【译文】以铜做镜子，可以端正衣帽仪容。以古人为师，可以做现代人的榜样。

[笺注白话]这是说著书教育女子的意义。人用镜子照，可以端正仪表。以古人为榜样，就可以效法古圣先贤，这是《女范捷录》之所以创作的原因。

能师古人，又何患德之不修，而家之不正哉。

【译文】只要能够向古人学习，又何愁不涵养德行，而家道不正呢？

后德篇

【题解】此章列举多位历史上的贤明后妃，讲述她们如何辅助君主创立盖世功勋。

凤仪[(1)]龙马[(2)]，圣帝之祥。

［笺注］舜时凤凰来仪，伏羲时龙马负图，皆圣主之瑞应也。此启下文之意。

【注释】（1）凤仪：凤凰来舞，仪表非凡，古代指吉祥的征兆。（2）龙马：传说圣主出，有龙马龟凤等背负传授天命的图文以献。

【译文】凤凰来仪和龙马负图，是圣主在世的祥瑞相。

［笺注白话］大舜皇帝时，凤凰来仪；伏羲皇帝时，龙马负图，都是圣主在世的祥瑞感应。这是为了引出下文。

麟趾[(1)]关雎[(2)]，后妃之德。

［笺注］"麟趾""关雎"二诗，皆咏文王妃太姒之德。言麒麟之足不践生草，不履生虫，比后妃之仁。雎鸠生有定偶，并游而不相狎，比后妃之德。

【注释】（1）麟趾：指《诗经·周南·麟之趾》。（2）关雎：指《诗经·周南·关雎》。

【译文】《诗经》中《麟之趾》和《关雎》两篇，都是歌颂后妃的仁德。

［笺注白话］《麟之趾》和《关雎》两篇诗，都是歌颂文王妃太姒的

德行。麒麟的脚不践踏生长的青草，不踩踏活着的昆虫，比喻后妃的仁爱。雎鸠鸟生来就有固定的配偶，比翼双飞却亲近庄重，比喻后妃的德行。

是故帝喾[(1)]三妃，生稷[(2)]、契[(3)]、唐尧[(4)]之圣。

［笺注］帝喾元妃姜嫄，祀郊禖而生后稷。次妃简狄，降玄鸟而生契。三妃庆都，娠十四月而生唐尧。三妃恭俭慈良，三子贤明仁圣也。〇嫄音原。禖音梅。

【注释】(1) 喾〔kù〕，即帝喾，姓姬，名俊，号高辛氏，河南商丘人，为"三皇五帝"中的第三位帝王，即黄帝的曾孙，前承炎黄，后启尧舜，奠定华夏基根，是华夏民族的共同人文始祖，商族的第一位先公。(2) 稷：帝喾的长子、周王的先祖、农耕业的始祖。曾经被尧举为"农师"，被舜命为后稷。(3) 契：帝喾之子，商部族的杰出首领，被尊为"玄王"。他是商朝开国君主成汤的先祖。(4) 唐尧：中国古代传说的圣王，姓伊祁，号放勋。因封于唐，故称"唐尧"，尧选择舜为其继任人，死后由舜继位。这是战国时期儒家学派推崇的禅让。

【译文】所以帝喾有三位后妃，生了稷、契、尧三位圣人。

［笺注白话］帝喾的元妃是姜嫄，祭祀郊禖神（古帝王求子所祭之神）后，生下了后稷；第二个妃叫简狄，吃了玄鸟蛋而生了契；三妃庆都怀胎十四个月生下唐尧。三位王妃恭敬、节俭、慈悲、贤良，三个儿子都是贤明仁德的圣人。

文王百子，绍[(1)]姜[(2)]任[(3)]、太姒[(4)]之徽[(5)]。

［笺注］绍，继也。徽，美也。诗曰："太姒嗣徽音，则百斯男。"言太王之妃太姜，王季之妃太任，文王之妃太姒，皆仁厚慈孝，相承其美，

而生王季、文王、武王，身有天下，而衍百男之庆也。

【注释】(1) 绍：连续，继承。(2) 姜：太姜是周朝先祖太王（古公亶父）的正妃，太姜生了太伯、仲雍和王季三个儿子。(3) 任：太任是王季之妻，周文王之母，历史上有记载的胎教先驱。(4) 太姒：太姒是周文王的正妃，周武王之母。(5) 徽：美德，美善之行。

【译文】文王有百子，继承了太姜、太任、太姒的美德。

［笺注白话］绍是继承的意思。徽是美德的意思。《诗经》上说："太姒继承太任、太姜的美德，必能多生儿子。"这是说太王妃太姜，王季妃太任和文王妃太姒，都有仁爱、宽厚、慈悲、孝顺的品德，代代传承了美德，后生下王季、文王和武王，一统天下，而衍生出多子多孙的喜庆。

妫汭[(1)]二女，绍际唐[(2)]虞[(3)]之盛。

［笺注］唐尧以舜有圣德，降二女于妫汭以事舜。二女，娥皇、女英。敬承舅姑，恭顺大舜，不以帝女之贵，而骄其夫家。尧之女，舜之妻，父与夫皆圣人，故曰"际唐虞之盛"。

【注释】(1) 妫汭〔guī ruì〕：妫水隈曲之处，传说舜居于此，尧将两个女儿嫁给他。(2) 唐：唐尧，尧帝。(3) 虞：虞舜，舜帝，受尧"禅让"而称帝。

【译文】下嫁给舜到妫汭的两位女子，继承了尧帝和舜帝时期的兴盛。

［笺注白话］尧帝因为舜有圣人的德行，把两个女儿下嫁给舜到妫汭。两个女儿分别叫娥皇和女英，她们孝顺公婆，恭敬大舜，不因为皇帝女儿的尊贵而骄横于夫家。她们是尧的女儿，舜的妻子，父亲和夫君都是圣人，所以说是"尧帝和舜帝时期的兴盛"。

涂[(1)]莘[(2)]双后，肇开[(3)]夏商之祥。

［笺注］夏禹妃涂山氏，方娶四日，而禹治水，八年不归。涂山能教其子，启贤能承敬以家天下。汤妃有莘氏，恪恭诚顺，庄敬贤明。皆能开国承家，以启夏商之业。

【注释】(1) 涂：涂山氏，大禹的妻子。(2) 莘〔shēn〕：有莘，商汤的妻子。(3) 肇开：开始，发端。

【译文】涂山氏和有莘氏两位皇后，开始了夏商两朝的事业。

［笺注白话］夏朝大禹的王妃涂山氏，结婚才四天，大禹就出外治水，八年都没有回家，涂山氏教育好他们的孩子启，启贤能恭敬，继承父位，从此帝位在一家中世代相传。商汤的王妃有莘氏，恭敬诚顺，庄重贤明。两位后妃都能开创新朝承继家业，开辟了夏商两朝的事业。

宣王[(1)]晚朝，姜后有待罪[(2)]之谏。

［笺注］周宣王日晏始朝，姜后脱簪珥，待罪于永巷。王乃勤政。

【注释】(1) 宣王：周宣王，姬姓，名静，中国周朝第十一位王。在位时间（前827年～前781年），周厉王之子，宣王即位后，整顿朝政，使已衰落的周朝一时复兴。史称“宣王中兴”。(2) 待罪：等待治罪。

【译文】周宣王上朝迟了，姜后就用等待大王治罪的方式规谏周宣王勤政。

［笺注白话］周宣王天色已晚才开始上朝，姜后脱下发簪耳环，在永巷等待被治罪。周宣王从此勤于政事。

楚昭[(1)]晏驾，越姬[(2)]践[(3)]心许之言。

［笺注］晏驾，薨也。昭王出游而乐，曰："寡人死。谁从之者？"诸姬皆曰："愿从。"而越姬独不言。及王薨于军，诸姬皆不从。越姬曰："向者不从，不欲从王好乐而死也。虽不从，而实心许之矣。今王为国而薨于军，敢不践心许之约？"遂死从王。

【注释】(1) 楚昭：春秋时期楚昭王熊壬，楚昭王可谓是楚国的一位中兴之主。(2) 越妃：越王勾践之女，楚昭王妃。(3) 践：履行，实行。

【译文】楚昭王去世了，越妃履行心中暗许的誓言，随从楚昭王而死。

［笺注白话］晏驾，是指诸侯过世。楚昭王外出游玩取乐时说："我要是死了，谁愿意跟我一起死？"各位姬妾都说："愿意跟您死。"只有越姬没说话。等到楚昭王死于军中时，各位姬妾都不愿意随同而死，越姬说："以前没说随王去死，是不想在大王取乐时说这样的话，虽然嘴上不从，心里已经默许会从王而死。现在大王为国而死于军中，我怎么敢不履行心中暗许下的约定呢？"于是随大王而死。

明[(1)]和[(2)]嗣[(3)]汉，史称马[(4)]邓[(5)]之贤。

［笺注］汉明帝马皇后、和帝邓皇后，皆贤明恭俭，仁厚爱民，而东汉以治。

【注释】(1) 明：指汉明帝刘庄（28年~75年），东汉第二任皇帝，汉光武帝刘秀的第四子。明帝之世，吏治比较清明，境内安定。(2) 和：指汉和帝刘肇（79年~105年），东汉第四位皇帝，在位17年，终年27岁。(3) 嗣：接续，继承。(4) 马：明德马皇后（38年~79年），汉明帝刘庄唯一的皇后，伏波将军马援的三女儿。(5) 邓：和熹邓皇后（81年~121年），讳邓绥，东汉和帝之皇后，东汉女政治家，是中国历史上第一个垂帘听政的皇后。

【译文】汉明帝和汉和帝继承了汉室王朝，他们的皇后明德马皇后和和熹邓皇后都是贤明女子，史称“马邓之贤”。

[笺注白话]汉明帝马皇后和汉和帝邓皇后都是贤良、智慧、恭敬、勤俭的人，仁爱、宽厚、爱民如子，正因此东汉有这段太平之治。

高[(1)]文[(2)]兴唐，内有窦[(3)]孙[(4)]之助。

[笺注]唐高祖窦皇后、太宗长孙皇后，匡赞二君，以成帝业。长孙后尤贤，每事尽其规谏，太宗嘉纳之。

【注释】(1) 高：唐高祖李渊（566年～635年），字叔德，唐朝开国皇帝，杰出的政治家和战略家。(2) 文：唐太宗李世民（599年～649年），唐朝第二位皇帝，著名的政治家、军事家，开创了中国历史上著名的“贞观之治”。(3) 窦：唐高祖窦皇后，是定州总管神武公窦毅与北周武帝姐姐襄阳长公主的女儿。唐太宗李世民的母亲。(4) 孙：唐太宗长孙皇后，隋右骁卫将军晟之女。善于匡正李世民为政的失误，并保护忠正得力的大臣。

【译文】唐高祖和唐太宗建立唐朝，是有窦皇后和长孙皇后两位贤内助。

[笺注白话]唐高祖窦皇后和唐太宗长孙皇后，匡正辅佐两位君主成就帝王大业。长孙皇后尤其贤德，每遇事都尽力劝诫谏言，受到唐太宗的赞许和采纳。

暨[(1)]夫宋室之宣仁[(2)]，可谓女中之尧舜。

[笺注]宋英宗宣仁高太后，佣孙哲宗，垂帘听政，任贤不贰，去谗不疑，尽除弊政，史称女中尧舜。

【注释】(1) 暨：至，到。(2) 宣仁：宣仁高太后(1032年~1093年)，宋英宗皇后，宋神宗生母。实际执掌朝政9年，起用司马光等为相，废除王安石新政，史称“元祐更化”。

【译文】到宋朝的宣仁高太后时，可以称得上是女中的尧帝舜帝。

[笺注白话]宋英宗宣仁高太后，拥立她的孙子宋哲宗赵煦继位，自己垂帘听政，一心任用贤臣，去除谗言用人不疑，尽力废除前朝的不良政治措施，史书上称其为女中的尧舜。

乌林(1)尽节于世宗(2)。

[笺注]金主亮遍淫宗妇，葛王妃乌林氏不屈，自缢于车中。后葛王即位，是为世宗，终身不立后。

【注释】(1) 乌林：乌林答氏，即金世宗完颜雍昭德皇后。乌林答氏知书达礼，文采超群，侍夫教子，贤良无比。(2) 世宗：金世宗完颜雍(1123年~1189年)，金朝第五位皇帝，金太祖完颜阿骨打孙，在位29年。金世宗对金朝中期占有相当的重要地位，他也被誉为“小尧舜”。

【译文】乌林答氏作为金世宗完颜雍的妻子，为保全节操而牺牲生命。

[笺注白话]金主海陵王完颜亮，奸淫遍了宗族内的女子，当时葛王完颜雍的妻子乌林答氏宁死不屈，自杀在途中。后来葛王登上皇位，成为金世宗，终其一生没有立皇后。

弘吉(1)加恩于宋后(2)。

[笺注]宋降于元，太后谢氏入朝。元世祖后弘吉氏，事之如姊姒，

恩礼有加。

【注释】(1)弘吉:南必皇后,弘吉剌氏,元世祖忽必烈的第二任皇后。(2)宋后:谢道清(1210年~1283年),宋理宗皇后,历史上有名的谢太后、南宋女政治家。

【译文】元世祖皇后弘吉氏给予谢太后恩典。

[笺注白话]宋朝向元朝投降,谢太后来到元朝京师。元世祖皇后弘吉氏,待她如同姐妹妯娌一样,施以恩惠礼遇有加。

高帝(1)创洪基于草莽(2),实藉孝慈(3)。

[笺注]明高帝孝慈皇后马氏,与帝同起草野。知百姓之艰难,规谏太祖勤俭爱民,宽仁慈爱,庶子二十余,待如己子。

【注释】(1)高帝:明太祖朱元璋(1328年~1398年),原名朱重八,明朝开国皇帝,结束元朝在中国的统治。(2)草莽:草野,民间。(3)孝慈:明太祖孝慈高皇后马氏(1332年~1382年),史载马氏仁慈、聪明、有见识,朱元璋称帝前后,马氏给了很多帮助。

【译文】明太祖朱元璋从普通百姓,创立明朝宏伟基业,其中也借助了孝慈高皇后马氏的力量。

[笺注白话]孝慈高皇后马氏与明太祖朱元璋一同发迹于民间,知道百姓的艰难,经常规劝进谏宋太祖勤俭爱民,宽仁慈爱,明太祖有二十多个嫔妃生的孩子,她都像自己的孩子一样对待。

文皇(1)肃内治于宫闱,爰资仁孝(2)。

[笺注]成祖仁孝文皇后徐氏,中山王达女也。性仁恕孝敬,作《内

训》二十篇，以教诸公主，以及臣庶之女。

【注释】(1) 文皇：明成祖朱棣（1360年~1424年），明朝第三位皇帝，明太祖朱元璋第四子。受封为燕王，后夺位登基，改元永乐。(2) 仁孝：仁孝徐皇后（1362年~1407年），明成祖朱棣嫡后，明开国功臣徐达嫡长女。女四书之《内训》的作者。

【译文】明成祖整肃后宫的秩序，是依靠仁孝文皇后徐氏。

［笺注白话］明成祖的仁孝文皇后徐氏，是中山王徐达的女儿。生性仁爱宽容孝敬，她写了《内训》二十篇，用来教化各位公主和臣子平民的女儿。

稽古(1)兴王(2)之君，必有贤明之后，不亦信哉。

［笺注］言创业之君，必有贤明之后，以成内治也。

【注释】(1) 稽古：考察古事。(2) 兴王：开创基业的君主。

【译文】考察历史上凡是开创基业的君主，一定有贤明的后妃，岂不确实可信吗？

［笺注白话］这是说创立基业的君主，一定有贤明的后妃，来辅助君王成功治理国政。

母仪篇

【题解】此章列举历史上堪称天下女子典范的好母亲，讲述她们如何教子有方，扬名后世。

父天母地。

［笺注］乾，父道也。坤，母道也。

【译文】父亲如上天，母亲如大地。

［笺注白话］乾卦代表天，父道如天，自强不息。坤卦代表地，母道如地，厚德载物。

天施地生。

［笺注］天施雨露，地生万物。

【译文】天施予雨露浇灌，地滋养万物生长。

骨气(1)像父，性气(2)像母。

［笺注］骨气主志，性气主情。志阳情阴，各从其类。

【注释】(1)骨气：气概，志向。(2)性气：性情脾气。

【译文】人的气质志向会像父亲，而性情脾气会像母亲。

［笺注白话］骨气主导志向，性气主导情绪。志向是阳性的表露在外，情绪是阴性的深藏于内，各自从属于父母的阴阳属性。

上古贤明之女有娠(1)，胎教之方必慎。

［笺注］礼曰："古者妇人娠子，必有胎教。立不跛，行必徐。席不正不坐，割不正不食。目不视恶色，耳不听淫声，口不食邪味。夜则令瞽者诵诗书，陈礼乐，则生子女形容端正，才智过人矣。"

【注释】(1) 有娠：怀孕。

【译文】上古时期贤明的女子有了身孕，必定谨慎遵守胎教的方法。

[笺注白话] 古礼上说："古代妇人怀孕，一定要胎教。站立不歪斜，走路徐缓。座位摆得不正不坐，用不人道的方式宰杀的肉不吃。眼睛不看邪恶的事物，耳朵不听靡乱的乐声，不吃邪僻野味。晚上叫盲人先生诵读诗书，讲述礼乐。这样生出来的子女相貌端正，才能智慧过人。"

故母仪[(1)]先于父训，慈教严于义方[(2)]。

[笺注] 言生子女，母仪之教明，然后能从父义方之训。

【注释】(1) 仪：典范，表率。(2) 义方：行事应该遵守的规范和道理。

【译文】所以母亲的表率作用先于父亲的教训，慈母的教诲比父亲教的行事规范更要严谨。

[笺注白话] 这是说生下子女，母亲的表率作用教导明白了，然后才能跟从父亲学习为人处事的道理。

是以孟母买肉以明信。

[笺注] 孟子少邻于屠家，问母杀猪何为。母戏曰："与汝食也。"既而悔曰："与子戏言，是教以不信也。"乃解簪珥买肉以示信。

【译文】所以，孟子的母亲买肉来说明诚信的道理。

[笺注白话] 孟子小时候邻居是屠夫，他问母亲屠夫为何杀猪。母亲开玩笑回答说："给你吃的。"讲完不久就后悔地说："我向儿子说玩笑话，是教儿子不诚信啊。"于是解下发簪耳环卖了买肉回来，表明诚信的道理。

陶[1]母封鲊[2]以教廉。

［笺注］晋陶侃为监鱼吏，寄鲊供母。母封鲊还侃，示之曰："汝为监吏，而以官物遗亲，是不廉而干法也。"侃因感励，遂为名臣。

【注释】(1) 陶：陶侃（259年~334年），中国东晋时期名将，是我国晋代著名诗人陶渊明的曾祖父。(2) 鲊〔zhǎ〕：腌制的鱼。

【译文】陶侃的母亲封还腌制的鱼，教儿子廉洁。

［笺注白话］晋朝人陶侃担任监鱼的小官，利用职权寄了些腌制的鱼供养母亲。母亲封好那罐腌鱼还给陶侃，并写信说："你作为监守的官吏，却拿公家的东西送给家人，是不廉洁而且犯法的事。"陶侃因此受到激励，最终成为一代名臣。

和熊[1]知苦，柳氏[2]以兴。

〔笺注〕柳公绰妻韩夫人，以熊胆和丸，令子侄含之读书，以励其苦志。

【注释】(1) 熊：熊胆，味极苦。(2) 柳氏：唐朝柳公绰（书法家柳公权兄长）的妻子韩夫人。

【译文】柳公绰妻子韩氏，将熊胆汁和成丸，让孩子尝食苦味，使后代兴旺。

［笺注白话］唐朝柳公绰的妻子韩夫人，用熊胆和成药丸，让儿子和侄子含着它读书，来磨励他们的意志。

画荻[1]为书，欧阳[2]以显。

［笺注］欧阳修少贫，母夫人用芦荻画书以教读。

【注释】(1) 荻〔dí〕: 多年生草本植物，生在水边，叶子长形，似芦苇，秋天开紫花，茎可以编席箔。(2) 欧阳: 欧阳修(1007年~1072年)，字永叔，号醉翁，晚号“六一居士”，北宋政治家、文学家、史学家，“唐宋八大家”之一。

【译文】欧阳修的母亲，用荻草拨炉灰教他写字，才有后来欧阳修的成就。

[笺注白话] 欧阳修小时家里很穷，母亲郑夫人用芦荻草拨炉灰写字，教他读书。

子发为将，自奉[(1)]厚而御[(2)]下薄，母拒户而责其无恩。

[笺注] 子发为楚将，归省母。母不纳而责之曰: “子为帅，以粱肉自甘，而将士皆菽粒不饱，是暴而无恩，必丧师辱国，非吾子也。”子发悔过自责，与众同甘苦，将士皆悦。

【注释】(1) 自奉: 自己日常生活享用。(2) 御: 统治，治理。

【译文】子发担任将军，自己的日常用度很多，而分配给部下的很少。他回家探母时被母亲拒之门外，责备他对下属毫无恩典。

[笺注白话] 子发是楚国的将军，他回家看望母亲时，母亲将他拒之门外并责备说: “你作为元帅，自己饱餐好饭好肉，而将士吃豆粒都不让他们吃饱，这是残暴不施恩惠，一定会使军队损失国家蒙受耻辱，你不是我的儿子!”子发后来忏悔改过，与众人同甘共苦，将士们都对他心悦诚服。

王孙[(1)]从君，主失亡而已独归，母倚闾[(2)]而言其不义。

[笺注] 齐王孙贾从愍王出走而失王，贾自归。母曰: “汝朝出不

归，吾倚门而望。暮出不返，吾倚闾而望。今汝从王出走，不知王之所在，岂得为义乎？”贾乃出，因知王被杀，集市人为兵，诛杀王者，立王子为襄王。

【注释】(1) 王孙：王孙贾，春秋时大夫。(2) 闾〔lǘ〕：里门，巷口的门。古时二十五家为一闾。

【译文】王孙贾随齐愍王出行，与愍王失散了，自己独自回家。母亲倚在巷口教训他的不义之举。

［笺注白话］齐国的王孙贾随齐愍王出行，与愍王失散了，王孙贾自己回家。母亲说：“你早上出门没回来，我就倚着家门守望，晚上还没回来，我就倚着巷口守望。今天你跟随愍王出去，却不知道他去哪里了，这样做怎么算忠义呢？”王孙贾当即出门，知道愍王被杀，招呼集市上的人作为兵卒，杀掉了害死愍王的人，立愍王的儿子为齐襄王。

不疑(1)尹京(2)，宽刑(3)活众。贤哉！慈母之仁。

［笺注］汉隽不疑为京兆尹，每断刑，多人罪，则母愤不食；多全活，则母乃喜。故不疑为官，仁而不残，遵母教也。○隽音绢。

【注释】(1) 不疑：隽不疑，字曼倩，西汉时勃海(今河北沧县东)人。(2) 尹京：京兆尹，中国古代官名，相当于今日首都的市长。(3) 宽刑：宽缓刑罚。

【译文】汉朝的隽不疑担任京兆尹，宽缓刑罚救活不少人，这样贤明，都是因为他母亲的慈悲仁德啊！

［笺注白话］汉朝时的隽不疑担任京兆尹，每逢断案时，如果被治罪的人很多，他的母亲就生气不吃饭；如果能平反保全犯人的性命，他的母亲

就很高兴。所以隽不疑当官，仁厚而不残暴，都是遵循母亲教诲的缘故。

田稷为相，反金待罪。卓[(1)]矣！孀[(2)]亲之训。

［笺注］田稷相齐，受金遗母，母反其金而责其贪。稷待罪于王，王赦之，卒为贤臣。

【注释】(1) 卓：高超，超绝。(2) 孀：死了丈夫的女人。

【译文】田稷担任宰相，把收受的贿赂返还并等待治罪。寡母的教训多么高明啊！

［笺注白话］田稷担任齐国的宰相，收受贿赂赠送给母亲，母亲把钱还给他并责骂他贪财。田稷向齐宣王投案自首等待治罪，齐宣王赦免了他，最终田稷成为一代贤臣。

景让[(1)]失士心，母挞[(2)]之而部下安。

［笺注］唐李景让为节度，性严刻，将士有叛志。母郑氏升堂，挞景让于阶下，将士皆叩头求免。境获安，后为贤帅。

【注释】(1) 景让：唐朝李景让，字后己，曾任御史大夫和西川节度使。(2) 挞〔tà〕：用鞭棍等打人。

【译文】李景让因滥刑而失去人心，他的母亲命令杖责他，部下士兵于是安定下来。

［笺注白话］唐朝李景让担任节度使，性情严厉刻薄，因打死一名部下而使士兵想造反。他的母亲郑氏升堂亲自过问此事，在堂前台阶下杖责李景让，将士们都磕头求情。因此管辖境内得到安定，后来李景让成为贤明的统帅。

延年[1]多杀戮，母恶之而终不免。

［笺注］汉河南守严延年母，有子五人，皆为太守，号万石夫人。行至郡，值延年断狱，杀人甚众，血流成池。母怒曰："人命至重，奈何残酷至此，殆不免矣！"遂不入。延年后果诛死。

【注释】(1) 延年：严延年，汉朝酷吏，当时人称"屠伯"。

【译文】严延年执法严酷杀戮太多，母亲认为这是很大的罪过，最终严延年没有逃过被诛杀的命运。

［笺注白话］汉朝时河南太守严延年的母亲，有五个儿子，都当了太守，人称她为"万石夫人"。有一次她走到严延年管辖的郡府，适逢严延年判决案件，杀死太多人，血流积成了池。严母生气地说："性命是最重要的，怎么能残酷到如此地步，难免会有灾祸啊！"于是不肯进城。严延年后来果然被诛杀而死。

柴继母舍己子而代前儿。

［笺注］齐宣王时有被杀者，适兄弟二人在侧。兄曰："我杀之。"弟曰："我杀之。"王不能决，问其母。母曰："当坐少者。"王曰："少者，非汝子耶？"母曰："少者，妾所生。长者，夫前妻子也。妾实不知谁杀人。若坐长者死，是妾受夫之托，而弃前人之孤也。"王义之而并免焉。

【译文】柴氏身为继母用自己的儿子代替前妻的儿子受死。

［笺注白话］战国时期齐宣王时，有人被杀，恰逢兄弟两人在旁边。兄长说："是我杀的。"弟弟说："是我杀的。"齐宣王不能决断，就问他们的母亲。母亲说："应该处罪小儿子。"齐宣王说："小儿子，不是你亲生的

吗？”母亲说：“小儿子是我亲生的，大儿子是夫君的前妻所生。我实在不知道是谁杀了人，如果把大儿子处死，我受了夫君临终托付，就是违背诺言遗弃孤子啊。”齐宣王赞美继母的义举，将两个儿子都赦免了。

程禄妻甘己罪而免孤女。

［笺注］南齐崖州参军继妻王氏，夫卒，奉丧归。己有幼子，而前妻一女，王以大珠为女联络臂。时珠禁甚严，不税而怀珠出境者死。女弃其珠，子幼纳之于奁，母女皆不知也。出境为吏检出，法当死。官问谁当坐者。母曰：“吾实爱之，当坐我。”女曰：“母已弃之，妾窃取之，当坐妾。”母子痛哭于庭而争死。官询其情，叹曰：“贤哉！继母。孝哉！女也。”俱释之。

【译文】程禄的妻子甘愿自己认罪而让前妻的遗女免于刑法。

［笺注白话］南齐时崖州参军的第二任妻子王氏，在夫君过世后，护送灵柩回老家，带着自己生的小儿子和前妻生的女儿。王氏用大珍珠穿成串给女儿戴在手上。当时禁止携带珍珠的管制很严，不交税而私藏珍珠出境的人要判死罪。女儿把珠子丢弃，却被小儿子捡回来放在匣子里，母女都不知道。出境时被官吏检查出来，按律当死。官吏问应该治谁的罪，母亲说：“是我实在喜欢留下的，应该治我的罪。”女儿说：“母亲已经丢弃了，是我偷偷捡回来，应该治我的罪。”母女两个人在堂前痛哭，争相赴死。官员询问情况后感叹地说：“多么贤良的继母，多么孝顺的女儿啊！”把她们都放了。

程母(1)之教，恕于仆妾，而严于诸子。

［笺注］宋二程夫子母侯氏，教子方严。虽小过必请于父，而责正

之。常曰："父不知子之过，皆母溺爱而隐蔽之也。"故教子则严而有礼。至待仆妾，则恕而有恩，未尝笞杖之。二子明道伊川先生，遵夫人之教，皆成大儒。

【注释】(1) 程母：盂县侯氏，北宋著名教育家、理学家程颐和程颢的母亲。程颐程颢世称"二程"，出生于湖北黄陂。程颢，字伯淳，人称明道先生。程颐，字正叔，人称伊川先生。

【译文】两位程夫子的母亲侯氏教子有方，对待奴仆婢妾很宽厚，在教育孩子方面却很严格。

［笺注白话］宋朝程颐、程颢的母亲侯氏，教导孩子非常严格。即使孩子犯了小过失也一定告诉父亲，让父亲斥责匡正他们。侯氏常说："父亲不知道孩子的过失，都是因为母亲溺爱而替他们隐瞒。"所以教子严格而讲求礼仪。至于对待奴仆婢妾，却宽厚仁恕，从没杖责过他们。两个儿子就是明道先生程颢和伊川先生程颐，他们遵循母亲的教训，都成为一代大儒。

尹母(1)之训，乐于菽水(2)，而忘于禄养(3)。

［笺注］宋和靖先生尹焞母陈氏，教之曰："学之未至，如耕而不获，不可辍也。"绍圣初，应进士举。时禁二程之学，焞不对而出。归告母。母曰："吾愿从菽水之养，不愿汝以仕养也。"伊川先生叹曰："非此母不生此子。"

【注释】(1) 尹母：宋朝尹焞〔tūn〕的母亲，尹焞人称和靖先生，伊川先生之高足，嘉遁涵养，志尚高洁。(2) 菽〔shū〕水：所食唯豆和水，形容生活清苦。(3) 禄养：以官俸养亲。古人认为官俸本为养亲之资。

【译文】尹焞母亲陈氏教训儿子，宁愿过清苦生活，也不要拿昧心的官俸赡养自己。

［笺注白话］宋朝和靖先生尹焞母陈氏教育儿子说："学问没有深入，就如同种庄稼没有收获，不可以中途停止。"绍圣初年，尹焞去参加进士考试，当时禁止两位程夫子的学说，尹焞没有答卷就出来了，回家告诉母亲。尹母说："我愿意过清苦的生活，也不愿意你做违心事当官来养我。"伊川先生程颐感叹说："没有这样的母亲哪有这么出色的儿子。"

是皆秉(1)坤仪之淑训(2)，著母德之徽音(3)者也。

【注释】(1) 秉：执行，随顺。坤仪：犹母仪，为天下母亲之表率。(2) 淑训：对女子的教育。(3) 徽音：美誉。

【译文】这些都是秉承做天下母亲表率的女子教育，彰显母亲德行的传世美谈呀。

孝行篇

【题解】此章讲到孝行是所有品德的源头，是女德中最重要的。列举历史上孝感天地的孝女事迹，勉励后人向她们学习。

男女虽异，劬劳(1)则均。

［笺注］言人生虽有男女之别，而父母劬劳养育之恩，则均一无别也。

【注释】(1) 劬〔qú〕劳：劳累，劳苦。

【译文】男女生下来虽然有差别，但为养育他们付出的辛苦却是不相上下的。

［笺注白话］这是说人生下来虽然有男女的区别，但父母亲辛苦养育的恩情，是等同没有差别的。

子媳虽殊(1)，孝敬则一(2)。

［笺注］男女则亲生，媳则义合。其出虽不同，而事父母、姑舅之道，其孝敬之礼，则如一也。

【注释】(1) 殊：不同。(2) 一：相同。

【译文】儿子和媳妇虽然不一样，但孝敬父母的道理是相同的。

［笺注白话］儿女是亲生的，媳妇是娶来的，但也是因道义而结合。他们的出生和成长家庭虽然不同，但侍奉父母和公婆的道理，孝敬长辈的礼节，却是一样的。

夫孝者，百行(1)之源，而尤为女德之首也。

［笺注］万善之端，莫先于孝，故为百行之源。妇人之义，莫重于孝，故为女德之首。

【注释】(1) 百行：各种品行。

【译文】孝是各种品德的源头，更是女子德行中最重要的。

［笺注白话］所有善行的开端，都是来自于孝，所以孝是所有品德的源头。女子的忠义行为，没有比孝更重要的，所以孝排在女子德行的首位。

是故杨香[(1)]搤[(2)]虎，知有父而不知有身。

［笺注］杨香，晋农夫杨丰女也。年十四，父耕遇虎，将噬之。香踊身向前，按搤虎头，虎惊走而父得生。夫幼女，岂能制虎？但救父之心切，知有父而愤不顾身也。

【注释】(1) 杨香：晋朝人，二十四孝中《扼虎救父》故事的主人公。(2) 搤：同“扼”，用力掐着，抓住。

【译文】因此杨香为救父亲掐住猛虎，只想着父亲的安危而忘记自己生命危险。

［笺注白话］杨香是晋朝农夫杨丰的女儿。十四岁那一年，父亲种地时遇到猛虎，虎将要吞食父亲时，杨香纵身向前一跃，按掐住老虎的头，老虎受惊逃走，父亲安然无事。杨香一个十四岁的小姑娘，怎么能制服猛虎呢？她只是救父亲的心情急切，一心想着父亲安危而奋不顾身了。

缇萦[(1)]赎亲[(2)]，则生男而不如生女。

［笺注］汉太仓令淳于意，被罪当刑，有女五人而无子。临行叹曰：“生女不生男，缓急非所益。”少女缇萦闻而悲之，乃从父往京，上书愿以身入官为奴，而赎父刑。文帝嘉其孝而免之，因除肉刑。

【注释】(1) 缇萦：淳于缇萦，西汉临淄人，著名医学家淳于意之女。淳于意为使自己专志医术，辞去官职，长期行医民间，对封建王侯却不肯趋承。被富豪权贵罗织罪名，送京都长安受肉刑。(2) 赎亲：用财物或其它代价换回亲人。

【译文】淳于缇萦愿意用自己赎回父亲，生儿子还不如有一个这样的女儿。

［笺注白话］汉朝时太仓令淳于意，被治罪要受到肉刑，他有五个女儿但是没有儿子。准备赴京受刑时感叹说："生女儿不如生儿子，遇到难事没有人能帮忙。"他的小女儿缇萦听到后非常难过，于是随从父亲去往京城，向皇帝上书愿自己入宫做奴婢来换取父亲不受肉刑。汉文帝嘉许缇萦的孝心而赦免了她的父亲，并因此废除了残酷的肉刑。

张妇蒙冤，三年不雨。

［笺注］汉东海张氏寡妇，孝养其姑。姑怜其少，恐己为累而不得嫁也，乃自经。姑女告妇杀姑，官不察而处妇以极刑，东海大旱三年。后守至，知妇以孝而冤死，乃自祭妇墓，未毕而大雨沾足。

【译文】张寡妇蒙受冤屈，当地三年不下雨。

［笺注白话］汉朝东海这个地方有一位张氏寡妇，很孝顺她的婆婆。婆婆可怜她年纪轻，怕因为自己拖累张氏而使她不能再嫁人，于是上吊自杀了。婆婆的女儿状告张氏杀害婆婆，官府没有细察就将张氏处死，之后东海地区大旱三年。后来新上任的太守，知道张氏很孝顺，是冤枉而死的，于是亲自去祭奠她的墓，祭祀仪式还没有结束，天上就下起了大雨。

姜妻至孝，双鲤涌泉。

［笺注］妻，姜诗妻庞氏，至孝。姑好饮江水，庞远汲以供之。姑好食江鱼，庞毁妆以易之。久而不怠。地侧忽涌甘泉，其味胜江水。泉中日跃双鲤，取以供亲，皆孝感所致。

【译文】姜诗的妻子非常孝顺，感动天地，使得屋旁涌出泉水，每天还跳出两条鲤鱼来，让她可以供奉婆婆。

[笺注白话]姜诗的妻子庞氏非常孝顺。婆婆喜欢喝江水，庞氏就走很远打水供养婆婆。婆婆喜欢吃江里的鱼，庞氏变卖掉首饰给婆婆买鱼吃。她坚持这样做很久不松懈。屋旁地侧突然涌出甘甜的泉水，口味比江水还好。泉中每天跳出两条鲤鱼，让她拿来供养婆婆，这些都是她的孝心感召来的。

唐氏乳姑，而毓(1)山南(2)之贵胤(3)。

[笺注]唐崔山南曾祖母长孙氏，年高无齿，祖母唐氏以乳哺其姑，寿考以终。崔后为节度，孝养祖母，盖孝姑之报也。

【注释】(1) 毓：繁殖，养育。(2) 山南：崔山南，名琯，唐代博陵（今属河北）人，官至山南西道节度使。(2) 贵胤：贵家子弟。

【译文】唐氏用自己的乳汁喂养年迈无牙的婆婆，使得孙子崔山南当了大官成为显贵。

[笺注白话]唐朝时崔山南的曾祖母长孙夫人，因为年事已高牙齿脱落，他的祖母唐氏用自己的乳汁喂养婆婆，婆婆过世时很长寿。崔山南后来当了节度使，孝顺奉养祖母，这是唐氏孝敬婆婆的回报呀。

卢氏冒刃(1)，而全垂白(2)之孀慈(3)。

[笺注]唐郑义宗妻卢氏，夜有群盗入其家，长幼奔窜，惟姑在室。卢冒白刃以身蔽姑，为贼箠击几死。贼去。人谓卢何不去。答曰："乡邻有难，犹当救护。老亲在室，而畏死不救，乃禽兽之行也。"

【注释】(1) 冒刃：迎着刀锋，形容勇敢无畏。(2) 垂白：白发下垂，谓年老。(3) 孀慈：守寡的婆母。

【译文】唐朝卢氏，勇敢面对强盗的暴行，保护年老守寡的婆婆。

［笺注白话］唐朝郑义宗的妻子卢氏，晚上有一群强盗闯进她家，大人孩子都逃跑了，只把婆婆留在屋里。卢氏冒着危险用自己的身体保护婆婆，几乎被盗贼打死。盗贼走后，有人问卢氏为什么不走，卢氏回答说："邻里乡亲有困难，都应该帮忙。把老母亲扔在家，见死不救，就是禽兽的行为了。"

刘氏啮[(1)]姑之蛆[(2)]，刺臂斩指，和血以丸药。

［笺注］明韩太初妻刘氏，姑患风疾，刘彻夜侍姑而驱蚊。姑疮腐而生蛆，刘啮食之。刺臂斩指，取血和汤药进姑而愈。

【注释】(1) 啮〔niè〕：咬，嚼食。(2) 蛆〔qū〕：似蝇蛆的虫。

【译文】明朝刘氏咬食婆婆身上的蛆虫，刺破手臂斩伤手指，用血和着药给婆婆吃。

［笺注白话］明朝韩太初妻子刘氏，婆婆得了疯病，刘氏整夜侍奉婆婆，帮她赶蚊子。婆婆的疮口腐烂长了蛆虫，刘氏就把虫子吃掉。她还刺破手臂折伤指头，用血混和汤药给婆婆吃，后来婆婆病好了。

闻氏舐[(1)]姑之目，断发[(2)]矢志[(3)]，负土以成坟。

［笺注］明徽郡俞新妻闻氏，夫亡剪发守节以事姑。姑目疾，闻净口以舐，姑目复明。姑卒，自负土为坟。郡守旌之。

【注释】(1) 舐〔shì〕：舔。(2) 断发：截短头发，剪断头发。(3) 矢志：立下誓愿和志向，以示决心。

【译文】闻氏舔婆婆的眼睛，剪短头发守节明志，为婆婆挑土盖坟。

［笺注白话］明朝徽郡俞新的妻子闻氏，夫君亡故后剪短头发立志守节侍奉婆婆。婆婆眼睛患病，闻氏漱口后用舌头舔婆婆的眼睛，婆婆眼睛居然好了。后来婆婆过世，闻氏自己挑土盖坟。郡守表彰她的孝行。

陈氏方于归(1)，而夫卒于戍(2)，力养其姑五十年。

［笺注］宋陈氏嫁未旬日，夫忽行戍边，托妻养其母。夫死不回，父劝其嫁。氏曰："岂有受夫托养其亲，已许而背之乎？"欲自杀。父惧而止。陈力作养姑，五十余年，丧葬成礼。朝廷赐金旌之，号曰"孝妇"。

【注释】(1) 于归：出嫁。(2) 戍：守边，防守。

【译文】陈氏才出嫁，丈夫就死于驻守边关。陈氏尽力奉养婆婆五十年之久。

［笺注白话］宋朝陈氏出嫁不到十天，丈夫忽然出行守卫边疆，托付妻子奉养他的母亲。丈夫死在边关回不来了，陈氏父亲劝她改嫁。陈氏说："哪里有接受丈夫托付奉养亲人，已经许下诺言又违背诺言的呢？"想要自杀，父亲害怕就不再劝她。陈氏努力劳作供养婆婆五十多年，按规定礼仪给婆婆完成丧葬仪式。朝廷赏赐金钱表彰她，并称她为"孝妇"。

张氏当雷击，而恐惊其姑，更(1)延厥(2)寿三十载。

［笺注］宋顾德谦妻张氏，梦神示以明日当为雷击死。晓闻雷声甚巨，恐惊其姑。乃出屋，跪桑下以待死。空中有神曰："是孝妇也。当延其寿三十年。"

【注释】(1) 更：再，愈加。(2) 厥：代词，其。

【译文】张氏知道自己会被雷击死，但她怕惊动婆婆，老天再延长了她三十年的寿命。

[笺注白话]宋朝顾德谦的妻子张氏，梦见神灵告诉她明天会被雷击则死。一早听到雷声很大，怕惊动了婆婆。于是走出屋外，跪在桑树下等死。空中有神明说："你是个孝妇，应当延长你三十年的寿命。"

赵氏手戮仇于都亭[(1)]以报父。

[笺注]汉庞淯妻赵氏，父为赵寿所杀。有三弟皆欲报仇，不幸俱死。赵寿笑曰："吾无忧矣。"赵氏使人告之曰："我尚在，勿喜也。"氏生子后一年，遇寿醉，乘马过都亭。赵格之下马，而手刃之。持头诣县请死，令嘉异之，奏贷其死。

【注释】(1) 都亭：都邑中供人休息住宿的处所。

【译文】赵氏在都亭亲手杀死仇人为父亲报仇。

[笺注白话]汉朝庞淯的妻子赵氏，父亲被赵寿杀害，有三个弟弟都想替父报仇，但不幸都过世了。赵寿笑着说："我没什么可怕的了。"赵氏让人告诉他说："还有我在呢，别高兴得太早了。"赵氏生儿子后一年，遇到赵寿酒醉，骑马路过都亭。赵氏把赵寿打落马下，亲自杀了他，拿着他的头到县衙投案自首。县令特别嘉许她，上奏赦免她的死罪。

娟女躬[(1)]操舟[(2)]于晋水以活亲。

[笺注]赵简子将渡河，舟人醉不起，简子欲杀之。舟人女娟，特揖而请曰："妾父以主君将渡不测之渊，故祷神而醉。今杀之，被醉不知罪，妾请带父操舟。"乃鼓楫而歌，风恬浪息。简子大悦，乃纳之为妃。

【注释】(1) 躬：亲自，亲身。(2) 操舟：驾驶船只。

【译文】女子娟亲自驾驶船只渡晋水，救活了父亲。

［笺注白话］赵简子想要渡河，船夫酒醉不醒，赵简子生气想杀了船夫。船夫的女儿娟拱手作礼请求说："我的父亲因为您要渡这危险的深渊，所以祈祷河神才喝醉了。现在您杀了他，因为醉了也不知道有罪，我请求代替父亲驾舟。"于是一边划桨一边唱歌，风平浪静。赵简子非常高兴，于是娶她做了王妃。

曹娥抱父尸于舜江。

［笺注］汉曹娥父祷神，醉溺于舜江。娥投水寻父二日，死抱父尸浮出。

【译文】曹娥抱着父亲的尸体浮出舜江。

［笺注白话］汉朝曹娥的父亲因为祈祷江神，喝醉跌入舜江中淹死了。曹娥跳进水中找父亲，两天后她抱着父亲的尸体浮出水面。

木兰代父征于绝塞(1)。

［笺注］唐秦木兰女，父当从征，老病不能行，弟幼弱。兰改妆代父从征十二年，立功于塞，始归，人不知其为女也。

【注释】(1) 绝塞：极远的边塞地区。

【译文】木兰代父从军出征边塞。

［笺注白话］唐朝女子秦木兰（编者按：疑为北魏时期花木兰），她的父亲应当从军，但年迈多病不能去，弟弟又年幼。木兰女扮男装代父从军出征十二年，在边塞立下战功，刚回来时，人们都不知道她是个女子。

张女割肝，以甦[(1)]祖母之命。

［笺注］淮安女张二娘，祖母病危，医言食肝可愈。求之不得，女乃自割肝。横割不得，直割始得。烹以进祖母，祖母即愈。女痛绝而甦。疮口寻愈，疤痂脱，痕红如十字。

【注释】(1) 甦〔sū〕：复活，苏醒。

【译文】张家女割自己的肝，救活祖母的命。

［笺注白话］淮安女子张二娘，祖母病危，医生说要吃肝才能治好。四处寻找却找不到，张二娘于是割自己的肝。横切肚子没有找到，竖切才找到肝。取出来煮给祖母吃，祖母很快就痊愈了。张二娘伤口疼得死去活来。创口不久长好，伤口上的痂脱落，留下红色的十字疤痕。

陈氏断首[(1)]，两全夫父之生。

［笺注］唐长安妇陈氏，有仇人欲杀其夫。乃劫其父，逼使女开门杀夫。女虑从之则伤夫，不从则杀父。乃曰："吾夫每沐发，则散发而卧于堂。吾令其沐发，而开门以待汝。"乃归，醉其夫卧于楼，自沐发卧于堂，开门待仇。仇至，误杀妇以去。父与夫皆获全。

【注释】(1) 断首：砍头，身首异处。

【译文】陈氏被砍头，却救活了丈夫和父亲两条生命。

［笺注白话］唐朝长安妇人陈氏，有仇人想杀她的丈夫，于是抓住她的父亲，强迫陈氏开门杀她的丈夫。陈氏想到如果按仇人的话做会伤害丈夫，如果不按他的话做父亲会被杀。于是说："我丈夫每次洗完头发，都会披散头发躺在厅堂。我让他去洗头，然后开门等你。"于是回屋，把丈夫灌醉让他睡在楼上，自己洗头后躺在厅堂，开了门等待仇人。仇人

进来误杀陈氏后走了，她的父亲和丈夫都得到了保全。

是皆感天地，动神明。著[1]孝烈[2]于一时，播[3]芳名于千载者也。可不勉[4]欤！

【注释】（1）著：明显，显著。（2）孝烈：孝义节烈。（3）播：传布，传扬。（4）勉：尽力，努力，鼓励。

【译文】这些都是感召天地、打动神明的孝女子。她们在当时彰显了孝义忠贞的节操，又使美好的名声传扬千年。我们怎能不以她们来勉励自己呢？

贞烈篇

【题解】此章讲述了女子保全贞节的重要性，列举了历史上苦节守志，富贵不淫，宁死不辱的贞烈女子事例。

忠臣不事两国，烈女[1]不更[2]二夫。

［笺注］齐王蠋曰："忠臣不事二君，烈女不更二夫。"言女之事夫，犹臣之事君也。臣事二姓，则不忠。女事二夫，则失节。

【注释】（1）烈女：刚正有节操的女子。（2）更：改变，改换。

【译文】忠于君主的臣子不辅佐两个国家的国君，有节操的女子不嫁第二个丈夫。

［笺注白话］战国时期齐国的王蠋说："忠臣不辅佐两国的君主，烈女不嫁第二个丈夫。"这是说女子侍奉丈夫如同臣子辅佐君王。臣子辅佐

不同姓的君主就是不忠诚，女子嫁两个丈夫就是丧失气节。

故一与之醮[(1)]，终身不移。

［笺注］醮，筵也。男婚女嫁，父母筵而饯之。女始嫁从父，再醮非礼也。

【注释】(1) 醮〔jiào〕：古代婚娶时用酒祭神的礼，谓尊者对卑者酌酒，卑者接受敬酒后饮尽，不需回敬。

【译文】所以女子一旦结婚，喝了婚礼上的酒，一生都不能变。

［笺注白话］醮是指婚礼宴。男子结婚女子出嫁，父母摆酒宴迎送新人。女儿最初嫁人是服从父亲的意愿，再结婚就不合礼仪了。

男可重婚，女无再适[(1)]。

［笺注］男子以宗嗣、祭祀为重，故妻死可再娶；女则以守贞为正。

【注释】(1) 适：女子出嫁。

【译文】男子可以再次结婚，女子不可以再嫁。

［笺注白话］男子以宗族血脉传承和祭祀祖先为要紧事，所以妻子死了可以再娶，女子却应该守志不嫁。

是故艰难[(1)]苦节谓之贞，慷慨[(2)]捐生谓之烈。

［笺注］女子丧夫苦守，是为贞节。遇难不屈，威逼不从，宁死不辱，妇曰烈妇，女曰烈女。

【注释】(1) 艰难：困苦，困难。苦节：坚守节操，矢志不渝。(2) 慷慨：充满正气，情绪激昂。捐生：舍弃生命。

【译文】因此艰难困苦还矢志不渝叫做贞，秉持正气舍弃生命叫做烈。

［笺注白话］女子丧夫守节不再嫁叫做贞节。遇到艰难不屈服，威武相逼不服从，宁死不受玷污，这样的妇人叫烈妇，这样的女子叫烈女。

令女截[(1)]耳劓[(2)]鼻以持[(3)]身。

［笺注］夏侯令女，魏曹文叔之妻也。文叔死，父母欲嫁之。令女曰："仁者，不以盛衰改节。义者，不以存亡易心。"乃自截其耳以誓节。及夫家尽绝，父母又欲嫁之，女乃断鼻以全贞。

【注释】(1) 截：割断，弄断。(2) 劓〔yì〕：割除。(3) 持：守，保持。

【译文】夏侯令女切断耳朵、割除鼻子以保守节操。

［笺注白话］夏侯令女是魏国曹文叔的妻子。曹文叔死后，父母想让她改嫁。夏侯令女说："仁人不因为盛衰而改变气节，义士不因为存亡而改变心志。"于是自己切断耳朵发誓守节。等到丈夫家的人都过世了，父母又想让她再嫁，夏侯令女于是割断鼻子保全贞节。

凝妻牵[(1)]臂劈[(2)]掌以明志。

［笺注］五代虢州司户王凝妻李氏，夫卒，携幼子奉丧归，止于旅店，主人以其有丧不纳。李氏固求，主人牵其手而出之。李氏泣曰："天乎！吾不幸无夫，而此手为人所执耶？"乃引刀自劈其掌。有司闻之，乃旌李氏而责主人。

【注释】(1) 牵：拉，挽。(2) 劈：割，砍。

【译文】王凝妻子李氏被人拉着手，就砍断自己的手掌保护名节。

［笺注白话］五代虢州司户王凝妻子李氏，丈夫亡故，带着年幼的儿子奔丧回家，半路想住客店，店主因为她穿着孝服而不让她住下。李氏一再央求，店主拉着她的手哄她走。李氏哭泣说："天哪！我不幸丧夫，这手岂能被人握住？"于是抽刀砍断自己的手掌。地方长官听说后，表彰李氏责罚店主。

共姜髧髦(1)之诗，之(2)死靡他。

［笺注］卫世子共伯蚤死，其妻共姜守义。（父母欲夺而嫁之）不从，作柏舟之诗。曰："髧彼两髦，实维我仪，之死矢靡它。"髧，垂也。髦，剪发夹囟，双垂于耳。子事父母之节，指夫也。言与夫结发为夫妇，今夫死，言亦守死而无他也。〇囟音信。（《诗经·国风·鄘风·柏舟》）

【注释】(1) 髧髦〔dàn máo〕：古时小儿发式。(2) 之：到。靡他：无他心。

【译文】共姜的《鄘风·柏舟》一诗，表达到死也没有二心。

［笺注白话］卫世子共伯早亡，他的妻子共姜守节不嫁。她的父母想强迫她嫁，而她不从，作了《鄘风·柏舟》这首诗说："头发飘垂那少年，是我相中好侣伴。发誓至死不另求！"髧指头发下垂，髦指剪发齐眉，两侧垂到耳朵。这是未婚在家侍奉父母时的发式，指夫君。讲与丈夫为结发夫妻，现在丈夫过世，自己也要守节至死别无他心。

史氏刺面之文，中心不改。

［笺注］明溧阳史氏女，夫邵一龙，未嫁而夫死，父母欲更择婿。女乃刺面文，曰："中心不改。"痛绝复甦，以墨填文一书不明，复刺以补

之，事闻旌节以寿终。

【译文】史氏在自己脸上刺字“中心不改”，表明不再嫁的决心。

［笺注白话］明朝溧阳史家女，丈夫邵一龙在女子未过门时就过世了，父母想再选个女婿，史氏于是在脸下刺字“中心不改”。疼痛得晕死过去又苏醒过来，用墨涂在刺的字上，有一处刺得不清楚，又补刺上。官府知道此事，表彰她至死不再嫁的气节。

皇甫夫人，直斥逆臣，膏(1)鈇钺(2)而骂不绝口。

［笺注］皇甫规夫人，能文善书。规卒，董卓闻其美欲娶之。妻知不免，乃跪卓门，以义说之。卓不从，乃责骂之曰：“我大臣妻，义不受辱。汝羌胡杂种，尝隶吾夫帐下，今敢无礼于尔君夫人耶？”卓怒，悬其头于车上，乱箠击之。骂不绝口而死。（《后汉书》卷八十四）

【注释】(1) 膏：借指赴死，受死。(2) 鈇钺〔fū yuè〕：斫刀和大斧，指刑具。

【译文】皇甫夫人当面斥责忤逆之人，直到赴死受刑都骂不绝口。

［笺注白话］皇甫规的夫人，擅作文章。皇甫规过世后，董卓听说她貌美想娶她。夫人知道逃不过去，就跪在董卓门前跟他讲道义。董卓不听，夫人就责骂他说：“我是大臣的妻子，守义不受人玷污。你这个羌人外族的杂种，曾经附属在我丈夫手下，现在竟然敢对你上司的夫人无礼？”董卓大怒，把她的头挂在车上，乱棍击打她，她骂不绝口直到死去。

窦家二女，不从乱贼，投(1)危崖(2)而愤不顾身(3)。

［笺注］唐德宗时，有朱泚之乱，盗贼纵横。奉天窦氏二女（伯娘、仲娘），为贼所逼，姊先投深崖之下，妹从之。姊死，而妹折肱以免。帝

闻而旌之。(《旧唐书》之列传第一百四十三)

【注释】(1) 投:跳进去。(2) 危崖:高峻的悬崖。(3) 愤不顾身:奋勇直前,不顾自身安危。

【译文】窦家的两个女儿,不受叛乱盗贼污辱,跳下悬崖从容赴死。

[笺注白话]唐朝德宗时,有朱泚造反,盗贼横行。奉天(今辽宁)窦氏的两个女儿伯娘和仲娘,被盗贼逼迫,姐姐先跳下悬崖,妹妹也跟着跳下去。姐姐死去,妹妹摔断手臂没有死。皇帝听说后表彰了她们。

董氏封发(1)以待夫归,二十年不施膏沐(2)。

[笺注]唐贾直言,谏谪岭南,谓妻董氏曰:"我去生死未可知。汝少不宜独居,可自为计。"董乃以绵束发,令夫手书封之,誓曰:"非夫至不解。"二十年而夫始归,亲解其发。(发堕无余。)(《新唐书》第二部/卷第一百九十六列传第一百三十)

【注释】(1) 封发:封束发髻、誓不改嫁之事。(2) 膏沐:洗沐,润泽。

【译文】董氏封束发髻等待丈夫回来,二十年没有洗过头。

[笺注白话]唐朝贾真言,因为直谏被降职到岭南,走时对妻子董氏说:"我此去生死难料,你年纪轻轻不用独守等我,可以自做打算。"董氏就用绵布束起头发,让丈夫在上面写字,发誓说:"不等到你回来就不解开。"二十年后丈夫才回来,亲手解开头发。(头发都脱落下来。)

妙慧题诗以明己节,三千里复见生逢。

[笺注]明扬州卢进士妻李妙慧,夫及第未归,讹传夫死。父母怜其贫寡,欲嫁之。时有南昌巨商谢唐,无子。母李氏在扬,妙慧族姑也,

欲以为子妾。父乃佯携女之谢舟而去。李知其故，数欲自缢，俱为婢解。族姑闻之，乃以为女而携归舟。过金山寺，李题诗而自署曰："扬州进士卢某妻，李妙慧题诗。"有"盖棺不作横金妇，天地当寻折桂郎。新诗题在金山寺，高贵云帆过豫章"之句。及卢授官归，踪迹其妻不得。因过金山寺，见诗。乃弃官寻豫章商船，多而不可诘。因夜绕商舟而唱李之诗，谢姑闻而招之。因得见，妻已为尼，乃复合。事闻而复其官。

【译文】李妙慧题诗来表明自己的气节，长路迢迢终于与夫君再相见。

［笺注白话］明朝扬州卢进士的妻子李妙慧，夫君考中进士，有误传说卢进士死了，卢父母可怜李妙慧贫苦守寡，想让她改嫁。当时有南昌的富商谢唐，因为没有子嗣，谢母李氏在扬州，是李妙慧的族姑，想纳她给儿子做妾。卢父亲于是假意带她到谢家船上而后离去。李妙慧知道原因后，几次要上吊，都被侍女救下。族姑听说后，就把她认作女儿带回船上。在过金山寺时，李妙慧题了一首诗："盖棺不作横金妇，天地当寻折桂郎。新诗题在金山寺，高贵云帆过豫章。"并署名"扬州进士卢某的妻子李妙慧题"。等到卢进士被封官职回家时，到处找妻子找不到。有次过金山寺，见到妻子写的诗。于是放弃官位寻找豫章的商船，商船太多没法打听到。于是夜晚绕着商船咏唱李妙慧的诗，碰巧谢族姑听到并招呼他。因此得以见到妻子，李妙慧已经当了尼姑，于是还俗复合。朝廷听到此事恢复了卢进士的官职。

桓夫人义不同庖(1)，而吟匪石(2)之诗。

［笺注］卫桓公夫人姜氏，自齐适卫，未及国门，而公遇弑，国人立其弟宣公。左右请姜回车，姜不从。乃筑室自居于卫，持丧三年。宣公请同庖而居。姜不可，乃咏匪石之诗以自誓，终卒于卫。诗见《邶风柏舟》

篇。

【注释】(1) 庖〔páo〕: 厨房。(2) 匪石: 非石, 不像石头那样可以转动。形容坚定不移。

【译文】卫桓公夫人守节义不再嫁, 吟诵“我心匪石, 不可转也”的诗, 表明守节的决心。

[笺注白话] 卫桓公夫人姜氏, 从齐国嫁到卫国去, 还没走到国门, 听说新郎已经被杀, 卫国人立桓公弟弟宣公做国君。随从请姜氏坐车回齐国, 姜氏没有听。于是建造房子自己独居在卫国, 服丧三年。卫宣公请姜氏与他同居, 姜氏不同意, 并吟诵“我心匪石, 不可转也”的诗盟誓, 最后死在卫国。诗见《诗经·邶风·柏舟》。

平夫人(1)持兵闾巷, 而却阖闾(2)之犯。

[笺注] 吴王阖闾破楚, 昭王出走。吴王闻昭王母伯嬴美, 而欲犯之。伯嬴持兵守永巷, 而语吴王曰: “大王举兵, 匡正楚国。而欲行不义, 何以霸天下? 妇人之义, 于死无二。近妾必死, 又何乐焉? 王若杀妾, 是屠国君之母而甘淫乱之名, 又何益哉? ”王惭乃止。嬴拒巷三旬, 秦兵就救至, 昭王返国。

【注释】(1) 平夫人: 秦景公之女, 楚平王之夫人, 楚昭王之母。名伯嬴, 嬴是秦国的姓, 伯表示她是大女儿。(2) 阖闾〔hé lǘ〕, 姬姓, 吴氏, 名光, 春秋时吴国第二十四任君主。以楚国旧臣伍子胥为相, 以齐人孙武为将军, 使国势日益强盛。

【译文】楚平王夫人带兵守在永巷, 退却了吴王阖闾的侵犯。

[笺注白话] 吴王阖闾打败楚军, 楚昭王逃走。吴王听说楚昭王的

母亲楚平王夫人伯嬴生得貌美，想要占为己有。楚平王夫人伯嬴带兵守住永巷，对吴王说："大王起兵是打着为楚国匡扶正义的旗号，却要做不义的事情，怎么能称霸天下呢？妇人守节义，到死都不二嫁。靠近臣妾者必死，哪有什么寻欢作乐的？大王如果杀了臣妾，是屠杀国君的母亲还情愿落下淫乱的名声，有什么好处吗？"吴王听了很惭愧打消了念头。楚平王夫人伯嬴拒守永巷三十天，秦国援兵一到，楚昭王返回了楚国。

夫之不幸，妾之不幸，宋女之言哀。

［笺注］蔡人之妻，宋人之女也。始嫁而夫有恶疾，女事夫不怠。父母哀而欲嫁之。女曰："夫有恶疾，夫之不幸，亦妾之不幸也。夫有疾而弃之，不仁。女再适而背夫，不义。不仁不义，何用生为？"乃于自杀。父母遂止。卒事其夫，以终天年。

【译文】夫君的不幸就是我的不幸，宋女的话令人同情。

［笺注白话］宋国的女子嫁到蔡国，刚嫁过来丈夫就得了重病，宋女侍奉丈夫从不懒惰。父母怜悯她的遭遇，想让她改嫁。宋女说："夫君得了重病是夫君的不幸，也是我的不幸。丈夫有病就抛弃他，是没有仁爱之心。女子离开丈夫再嫁，是不合道义。一个不仁不义的人，为什么还要活在世上？"于是要自杀，父母就打消了念头。宋女后来侍奉她的丈夫，直到他过世。

使君(1)有妇，罗敷有夫(2)，赵王之意止。

［笺注］汉赵王家令妻秦罗敷美，王欲夺之。罗敷作诗曰："使君自南来，五马立踌躇。使君语罗敷，还可其载不。罗敷前致词，使君亦何愚。使君自有妇，罗敷自有夫。"王乃止。

【注释】(1) 使君：汉代称呼太守刺史，汉以后用做对州郡长官的尊称。(2) 罗敷有夫：旧指女子已有丈夫。

【译文】罗敷对赵王说："使君有妻子，罗敷有丈夫。"赵王于是放弃了想娶罗敷的想法。

［笺注白话］汉朝时赵王家的管家妻子叫秦罗敷，生得貌美，赵王想夺来做妾。罗敷就写了一首诗说："使君乘车从南边来，拉车的五匹马停下来徘徊不前。使君对罗敷说，愿意与我一同乘车吗？罗敷上前回话说，使君怎么这么笨，你本来有妻子，我罗敷本来有丈夫。"赵王就打消了念头。

梁节妇之却[(1)]魏王，断鼻存孤[(2)]。

［笺注］梁节妇夫亡，有美色，魏王欲妻之。妇断鼻曰："王之欲妾者，以其色也。今乃刑余之人矣。王何欲焉？妾之所以不死者，以子幼而欲抚其成也。"魏王大惭，乃赐号曰"高行节妇"。

【注释】(1) 却：拒绝，推辞。(2) 存孤：恤养孤儿。

【译文】梁节妇拒绝魏王，割断鼻子抚养孩子。

［笺注白话］梁节妇丈夫过世得早，她有姣美的姿色，魏王想娶她。梁节妇割断鼻子说："大王想娶我，是因为我的美色。现在我是面目有缺陷的人了，大王还想吗？我之所以没有自杀，是因为孩子年幼，我想把他抚养成人。"魏王听到非常惭愧，就赐给她封号"高行节妇"。

余郑氏之责唐帅，严词[(1)]保节。

［笺注］南唐伐闽，闽余洪妻郑氏，为唐将王建封所获，王献于主帅查文徽。徽悦其色，欲纳之。郑氏责之曰："主帅吊伐，褒忠旌节，以

扬风化。建封行伍，尚不污节义，君元帅也。奈何身为祸首耶？”查惭，乃访其夫而归之。

【注释】(1) 严词：用严厉的话表白或陈述。

【译文】闽国的余郑氏责问南唐主帅，义正辞严，保住了自己的贞节。

［笺注白话］南唐讨伐闽国，闽国余洪的妻子郑氏，被南唐将领王建封抓住，他把余郑氏进献给主帅查文徽。查文徽爱慕她的容貌，想要娶她。郑氏责问他说：“主帅您吊民伐罪，应该褒奖忠义的男子，表彰守节的妇人，来宣扬教育感化。王建封是军队里的人，尚且不玷污有节义的女子，您是元帅，怎么能成为罪魁祸首呢？”查文徽听了很惭愧，就寻访她的丈夫把她送回去。

代夫人深怨其弟，千秋表(1)磨笄(2)之山。

［笺注］赵简子女为代夫人，其弟襄子宴代君，而以铜斗击杀之。举兵灭代，而迎其姊。姊仰天大哭。（曰：“以弟慢夫，非仁也。以夫怨弟，非义也。”）磨首笄而刺喉以死。代人哀之，名其葬地为磨笄山。

【注释】(1) 表：显扬，表彰。(2) 磨笄〔jī〕：磨利束发的簪子。

【译文】代夫人因弟弟杀了丈夫，而深深地责备她的弟弟，人们用磨笄山为名，千年表彰代夫人为夫自杀的节义。

［笺注白话］赵简子的女儿嫁给代国君做代夫人，他的弟弟赵襄子设宴招待代国国君，却用铜斗把代君打死，赵襄子起兵消灭代国后，接姐姐代夫人回国。代夫人仰天大哭，（说：因为弟弟怠慢丈夫，是不仁；因为丈夫而怨恨弟弟，是不义。）磨利头上的簪子刺入喉咙而死。代

国人为她难过，把埋葬代夫人的地方称为磨笄山。

杞良妻远访其夫，万里哭筑城之骨。

［笺注］秦范杞良娶妻三日，即赴筑长城之役。及天将寒，妻姜氏制衣远寻其夫。闻夫已死，积骸成丘，乃检骨，滴血而识之，血皆不入。姜大哭三昼夜，城忽崩，见白骨数具。复滴血，渗入骨而不可拭者，知为夫骨也。因负骸骨出潼关，力竭不能行，乃置骸骨于岩下，坐其傍而死。潼关人哀之，因葬其夫妇，立祠以祀之。○《孟子》云："华周、杞梁之妻，善哭其夫，国俗变。"此又齐二将之妻。二将死于战，二妻哭之。三日，流血，城为之崩。此又二烈妇也。

【译文】范杞良的妻子远道探望自己的丈夫，沿万里长城哭出了筑城的丈夫骸骨。

［笺注白话］秦朝人范杞良娶妻才三天，就被逼赶赴修长城的劳役。等到天快要冷时，妻子姜氏做好衣服远道寻找丈夫，却听说丈夫已经过世。尸骨堆积成小山，于是捡视骸骨，通过滴血识亲的方式找丈夫的遗体，血液都渗不进去。姜氏大哭了三天三夜，筑的城墙忽然崩塌了，露出几具白骨。姜氏又滴血相认，有一具尸骨血渗进骨头，血迹擦不掉，知道这是丈夫的遗骨。于是背着丈夫的遗骨走出潼关，精疲力竭走不动了，就把骸骨放在岩石下，坐在丈夫的尸骨边死去。潼关的百姓同情她，于是把夫妇二人埋葬，还立了祠堂祭祀他们。○《孟子》中说："华周和杞梁的妻子，在丈夫死后为他们痛哭，改变了一国的风俗。"这是两位齐将的妻子，二将死在战场，两位夫人为他们痛哭。哭了三天都哭出了血，城墙因此而崩塌，这是两位烈妇的事迹。

唐贵梅自缢[(1)]于树以全贞，不彰[(2)]其姑之恶。

［笺注］明贵池女唐贵梅，十七岁丧夫守志。姑与商淫，欲并得贵梅。梅骂不从。姑告梅不孝，官责梅。梅受责不辩，归缢于树而死，不言姑之过。

【注释】(1) 自缢：引绳缢颈而自尽 (2) 彰：表明，显扬。

【译文】唐贵梅宁愿上吊自尽，以保全自己的贞节，也不张扬婆婆的恶行。

［笺注白话］明朝贵池这个地方有位女子唐贵梅，十七岁时丈夫去世，她守志不再嫁。婆婆与一位商人通奸，商人也想占有唐贵梅，她痛骂不从。婆婆到官府告唐贵梅不孝，官员杖责了她，她受到杖责也不申辩，回家后吊死在树上，至死不说婆婆的过错。

潘妙圆从夫于火以殉节[(1)]，而活其舅[(2)]之生。

［笺注］元徐允让妻潘妙圆，从夫避兵。贼执其翁而杀夫，欲辱潘。潘曰："汝舍翁焚夫，则从汝。"贼纵翁而焚夫，潘跳入火而死。

【注释】(1) 殉节：为保全志节而牺牲生命。(2) 舅：丈夫的父亲，公公。

【译文】潘妙圆跟随丈夫跳入火中殉节而死，同时救活了公公的性命。

［笺注白话］元朝徐允让的妻子潘妙圆，跟随丈夫躲避兵乱，贼人抓住她的公公杀死她的丈夫，还要污辱她。潘妙圆说："你放了我公公，把我丈夫尸体焚烧，我就听从你。"贼人放了公公焚烧了丈夫尸体，潘妙圆跳入火中而死。

谭贞妇庙中流血，雨渍犹存。

［笺注］宋赵宗室妻谭氏，吉安人。元破吉安，赵逃去，谭抱子避兵于文庙。兵欲辱之，谭骂兵。兵杀其母子，血渍于石，洗之不去。至今庙中每阴雨，犹有血渍。

【译文】谭贞妇死时在庙中流的血迹，一到下雨天还会出现。

［笺注白话］宋朝宗室皇亲的妻子谭氏是吉安人。元朝攻陷吉安时，他丈夫逃走，谭氏抱着孩子躲在文庙中，士兵要污辱她，她痛骂士兵。士兵把他们母子杀死，血浸染在石头上，洗不掉。到现在庙中每逢阴雨天，石头上还会出现血迹。

王烈女崖上题诗，石刊(1)尚在。

［笺注］元末临海民妻王氏，色美。兵乱杀其夫，驱王过县清风岭。王题诗于岭上，曰："君王无道妾当灾，弃女抛儿马上来。夫面不知何日见，妾魂未识几时回。两行怨泪垂频滴，一对愁眉锁不开。遥望家乡何处是，存亡二字实哀哉。"遂投崖而死。后人哀之，刊其诗于壁。

【注释】(1) 刊：刻，雕刻。

【译文】王烈女在崖壁上题诗，后人把它刻在石头上留存。

［笺注白话］元朝末年临海有一位百姓的妻子王氏，容貌姣好。兵乱时丈夫被杀，她被驱赶着过县里的清风岭。王氏在岭上题诗一首："君王无道妾当灾，弃女抛儿马上来。夫面不知何日见，妾魂未识几时回。两行怨泪垂频滴，一对愁眉锁不开。遥望家乡何处是，存亡二字实哀哉。"题完后就跳悬崖而死。后人同情她的遭遇，把诗刻在了崖壁上。

崔氏甘(1)乱箭以全节。

［笺注］唐赵元楷妻崔氏，河北大乱，夫妇避兵。崔被执而免其夫，贼欲辱之，崔执刀以拒贼。贼怒，乱箭射之而死。

【注释】(1) 甘：情愿，乐意。

【译文】崔氏宁愿被乱箭射死，以保全自己的名节。

［笺注白话］唐朝赵元楷的妻子崔氏，那时河北大乱，夫妇二人躲避贼兵。崔氏被抓住而她的丈夫幸免于难，贼兵要污辱她，崔氏手拿刀抵抗贼兵。贼兵大怒，用乱箭将她射死。

刘氏代鼎烹(1)而活夫。

［笺注］元末汉中大饥，兵掠人食之。执民李仲义，将烹食之。仲义妻刘氏，奔告兵曰："吾夫饿瘠无肉。吾闻妇人肥黑者肉美，妾愿代烹。"兵免夫而烹刘氏，远近莫不哀之。

【注释】(1) 鼎烹：鼎镬之刑，此处指煮食。

【译文】刘氏代替丈夫被煮熟而食，救活了丈夫。

［笺注白话］元朝末年，汉中地带发生严重的饥荒，士兵掳掠人来做食物充饥。当时有一个百姓叫李仲义被抓住，就要被煮食的时候，他的妻子刘氏跑来告诉士兵说："我丈夫饿得太瘦弱没有肉。我听说黑胖的女人肉比较美味，我愿意代替他被你们吃。"士兵就放了她丈夫，把刘氏煮食了，远近的百姓都很同情她。

是皆贞心(1)贯(2)乎日月，烈志(3)塞乎两仪。正气凛(4)于丈夫，节操播乎青史者也。可不勉欤！

【注释】(1) 贞心：坚贞不移的心地。(2) 贯：贯通。(3) 烈志：壮志，大志。塞：充满。两仪：天地。(4) 凛：严肃，庄严。

【译文】这些女子都是坚贞不移的心贯通日月，壮志豪情充满天地，正气凛然如大丈夫，气节操守在青史流芳。我们怎能不以她们来勉励自己呢？

忠义篇

【题解】此章列举历史上忠义女子的事例，说明女子一样可以为家国尽忠，她们的忠义事迹为教化后世子孙做出了榜样。

君亲虽曰不同，忠孝本无二致[(1)]。

［笺注］阳节潘氏之言也。言人能孝于亲者，必忠于君，是为人伦正义。

【注释】(1) 二致：不一致，两样。

【译文】君主和父母虽然名义上是不同的，但忠诚和孝顺的本质是没有两样的。

［笺注白话］这是阳节潘氏所说的。是讲一个人能对父母孝顺，一定能对君主忠诚，这是人伦关系中的根本道理。

古云，率土[(1)]莫非王臣。岂谓闺中[(2)]遂无忠义？

［笺注］天下皆为王臣，男女皆君之民也。女子岂无忠义哉？

【注释】(1) 率土：沿着王土的边沿，指普天之下，四海之内。(2) 闺中：女子所住的地方。

【译文】古书上说，四海之内，都是皇帝子民。难道说女子就没有忠义之人？

［笺注白话］天下百姓都是皇帝子民，男女都包括在内。女子难道就没有忠义了吗？

咏小戎[(1)]之驷，勉良人[(2)]以君国同仇。

［笺注］秦仲征犬戎而没于王事，秦襄公励兵秣马，必灭犬戎而后已。故其民皆思亲其上，死其长，其妇人皆勉良人以忠义，有君国同讐之义。读秦风小戎诗可见也。

【注释】(1) 小戎：周代兵车的一种。驷：四马所驾之车。(2) 良人：古时女子对丈夫的称呼。

【译文】妻子们咏唱《诗经·秦风·小戎》，鼓励丈夫为国家尽忠，与君主同仇乱忾。

［笺注白话］秦仲受国君之命讨伐犬戎部落时阵亡，秦襄公就做好战斗准备，决心一定要消灭犬戎部落。所以臣民都想敬爱自己的君主，随时为国捐躯，国家的妇人都鼓励自己的丈夫为国尽忠，与国君同仇乱忾。《诗经·秦风·小戎》正是讲述这样的事。

伐汝[(1)]坟之枚[(2)]，慰君子[(3)]以父母孔迩[(4)]。

［笺注］文王率六州之民，供纣之役。故汝坟之妇人，伐条枚而思君子，咏赬尾而慰良人。勉以思文王之德，如父母之近，早供王事而归

也。见周南汝坟篇。

【注释】(1) 汝：汝水，出自河南弘农卢氏山，至安徽入淮。坟：大堤。汝坟即汝水的大堤。(2) 枚：树干，枝干。(3) 君子：此处指夫君。(4) 父母孔迩：孔，很、甚。迩，近。父母亲就在身边。这里指文王的德行就像父母一样近在身边。

【译文】女子们砍伐汝坟的树枝，安慰夫君文王的德行像父母般近在旁侧。

［笺注白话］周文王率领六州的百姓，给纣王服劳役。所以汝坟这个地方的妇人，一边砍树枝做柴一边思念夫君，咏唱“鲂鱼赪尾，王室如毁；虽则如毁，父母孔迩。”这一段安慰丈夫。勉励他们记得周文王的美德像父母一样近在旁侧，及早服完劳役回家。见《诗经·周南·汝坟》。

美范滂(1)之母，千秋尚有同心(2)。

［笺注］汉范滂以直节死。其母曰：“汝为忠臣，吾为忠臣之母，又何憾焉？”宋苏子瞻母程氏，读范滂传而嘉叹之。子瞻曰：“儿欲为范滂，太夫人许之乎？”母曰：“汝能为范滂，吾岂不能为滂之母耶？”

【注释】(1) 范滂〔pāng〕：(137年~169年) 东汉官员，以清节闻名。字孟博，曾任清诏使、光禄勋主事。灵帝初再兴党锢之狱，诏捕滂，自投案，死狱中。范滂与母亲诀别时，范母对范滂说：“儿今日能与李膺、杜密齐名，死亦何恨？”(2) 同心：共同的心愿，心思相同。

【译文】后人称赞范滂的母亲，肯定儿子因进忠直言，死而无憾。很多年后苏轼的母亲也以相同的心愿鼓励儿子。

［笺注白话］汉朝时的范滂因为刚正不阿而死，他的母亲说：“你是

忠臣，我作为忠臣的母亲，又有什么遗憾呢？”宋朝苏轼的母亲程氏，读到《后汉书·范滂传》时赞叹范滂的行为。苏轼说：“儿子想要做范滂这样的人，您允许吗？”母亲说：“你能做范滂，我难道不能做范滂的母亲吗？”

封卞壸[(1)]之坟，九泉犹有喜色。

［笺注］晋卞壸父子皆战死，墓在冶城。明太祖建朝天宫，欲平其冢，见一妇衰麻而大笑。帝怪问之。答曰：“吾夫死忠，子死孝。吾忠臣妻，孝子母。又何戚焉？”言毕不见。太祖问于人，始知冢为卞坟，妇乃壸之妻也。乃建祠而封墓。

【注释】(1) 卞壸〔kǔn〕：(281年~328年)，东晋初著名政治家、军事家、书法家，累事三朝，两度为尚书令。以礼法自居，意图纠正当世，并不畏强权。后在苏峻之乱期间率兵奋力抵抗苏峻，最终战死。

【译文】明太祖赐封了晋朝忠义大臣卞壸的坟墓，九泉之下的卞壸夫人都会有欣喜的神色。

［笺注白话］晋朝的卞壸父子都为国战死，坟墓在冶城。明太祖修建朝天宫，想要推平他的坟墓，见到一位妇人穿丧服大笑。明太祖感到奇怪就问他，妇人回答说：“我丈夫死于忠义，儿子死于孝顺。我是忠臣的妻子，孝子的母亲，有什么忧愁悲哀的呢？”说完就不见了。太祖询问后才知道这是卞家的坟墓，妇人是卞壸的妻子。于是建立祠堂赐封坟墓。

江油降魏，妻不与夫同生。

［笺注］魏伐蜀，江油守臣马邈降魏。妻李氏，吐夫之面曰：“守土之臣，不战死而降敌，非吾夫也。”乃缢而死。

【译文】驻守江油的地方长官投降魏军，他的妻子不跟他一起苟且偷生。

［笺注白话］三国时期，魏军伐蜀，江油守臣马邈投降魏国，他的妻子李氏朝他脸上吐口水说："镇守一方的长官，没有战死却投降敌人，这不是我的丈夫。"说完就上吊自杀而死。

盖国沦[(1)]戎，妇耻其夫不死。

［笺注］戎伐盖国，盖君死。戎君下令曰："盖之臣，敢有不降而自死者，诛其妻子。"盖将丘子将自杀，左右救不得死，乃归。妻曰："国灭君死，子何以生？"将曰："固欲死，人救故生。"妻曰："昔以救生，今胡不死？"答曰："恐诛及妻子耳。"妻曰："为将而不力战，不忠。君死不殉，不仁。恋妻子而忘君之仇，不义。妾不忍与子同生也。"乃自经死。戎君贤之，祠以太牢，而存盖国。

【注释】(1) 沦：陷入，沉沦，亡失。

【译文】盖国被戎国吞并，盖将妻子以丈夫未能殉节而死感到羞耻。

［笺注白话］戎国讨伐盖国，盖国君死了。戎国君下令说："盖国的臣子，有胆敢不投降而自杀的，就诛杀他的妻子。"盖国将领丘子想要自杀，随从相救没有死成，于是回到家。妻子说："国家灭亡君主也死了，你为何还活着？"将领说："我本来是想死，别人把我救活的。"妻子又说："之前是被人救活了，现在为何还不死？"将领回答说："我怕诛连到妻子。"妻子说："作为将领不拼力战斗是不忠，君主死了自己还活着不殉难是不仁，留恋妻子却忘记君主的仇是不义。我不愿意与你苟且偷生。"说完就上吊自杀了。戎国君敬重她是有道义的人，以太牢之礼祭祀她，而且保留了盖国。

陵母对使而伏剑[1]。

［笺注］王陵事汉，其母在楚。项王拘其母，语汉使曰：“陵不来，吾将杀其母。”母对使曰：“语吾儿善事汉王，母不足虑也。”乃伏剑而死。

【注释】(1) 伏剑：以剑自刎。

【译文】王陵的母亲当着使者的面用剑自刎而死。

［笺注白话］楚汉相争时，王陵在汉为官，他的母亲在楚国。项王扣押他的母亲，对汉王使者说：“王陵如果不来，我就杀了他的母亲。”母亲对使者说：“告诉我儿子好好为汉王尽忠，不必担心母亲。”说完就用剑自刎而死。

经[1]母含笑以同刑。

［笺注］魏王经，从少帝髦，讨司马昭。昭弑帝，戮经母子于市。经临刑泣曰：“儿累母矣。”母曰：“汝为忠臣，吾含笑而入地矣。何恨焉？”遂同死。

【注释】(1) 经：王经，字彦纬，冀州清河郡人，三国时期魏臣。初任江夏太守，后升为尚书。公元260年，魏帝曹髦提出进讨司马昭的计划。王经进谏，但曹髦不听。曹髦被杀之日，王经因为没向司马昭告急，而和其母一同被逮捕并被处死。

【译文】王经的母亲面带微笑与儿子一同受刑。

［笺注白话］三国时期魏国王经，跟随年少的魏帝曹髦讨伐司马昭。司马昭杀死魏帝，同时处死王经母子。王经临刑前哭着说：“做儿子的连累母亲了。”王经母亲说：“你是忠臣，我含笑酒泉，死而何怨？”于是母子

一同赴死。

池州被围，赵昴发[1]节义成双。

［笺注］宋赵昴发为池州通判。元兵围城，守弃城走，都统出降。昴发谓妻雍氏曰："我守士臣，当死此土。汝宜先去。"妻曰："君为命官，我为命妇。君为忠臣，吾独不能为忠臣妇耶？妾请先死。"昴发次之。及元兵入城，昴发夫妻，冠带大书几上曰："国不可背，城不可降。夫妇同死，节义成双。"乃同缢死于从容堂。

【注释】(1)赵昴〔mǎo〕发：字汉卿，宋末昌州（今北京市昌平、密云一带）昌元人。任安徽池州通判时，正值元兵攻城，他毅然率领民众奋勇守城抗敌，竟至城陷，慷慨赴义。

【译文】宋朝的池州城被元军包围时，赵昴发和他的妻子双双殉节就义。

［笺注白话］宋朝的赵昴发担任池州通判，元兵包围城池，太守弃城而逃，都统投降。赵昴发对妻子雍氏说："我是镇守城池的地方官，应该与这座城池共存亡。你还是先逃吧。"妻子说："夫君是受朝廷任命的官吏，我是朝廷命官的夫人。夫君可以做忠臣，我难道不能做忠诚的臣妻吗？臣妾先行赴死了。"赵昴发在妻子自杀后也自杀了。等到元兵攻入城内，发现赵昴发夫妻的帽子和腰带放在桌上，并写了几个大字："不能背叛国家，不能献城投降。夫妻二人同赴死，节操忠义两相全。"夫妻一同在家中从容堂上吊自杀。

金川[1]失守，黄侍中[2]妻女同尽。

［笺注］明成祖兵入金川门，建文帝出亡。侍中黄观先出征兵秦

王，闻国变，自投于江。成祖以黄妻翁氏及女，配象奴为妇。翁请置酒具礼。象奴出置酒礼，妻女同投入通济门河以死。尸逆流入城中清溪，黄尸亦从江流入城中贡院前，三尸相聚。国人异之，乃建祠于贡院之南。

【注释】(1) 金川：金川门位于南京老城城北，是南北向城门，为明代所建的十三座内城城门之一。(2) 黄侍中：黄观，字澜伯，又字尚宾，安徽省贵池县里山乡上清溪人。明朝洪武二十四年(1391年)会试，廷试皆第一，后任礼部侍中，为朱允文亲用。燕王举兵，他奉诏募兵安庆，旋闻京变，在长江罗刹矶自溺。

【译文】明朝"靖难之役"时，金川门被燕王朱棣占领，侍中黄观和妻子女儿一同自尽。明朝建文帝时，燕王朱棣(后来的明成祖)造反，打进金川门，建文帝逃走。侍中黄观外出招募军队救援，听说政权更迭，就投江自杀了。明成祖把黄观的妻子翁氏和女儿婚配给养象的奴隶为妻。翁氏请求摆下酒宴安排仪式，象奴外出置办酒礼时，黄观的妻子和女儿一起跳入通济门河中自尽。尸体逆水流到城中的清溪，黄观的尸首也顺江流入城中的贡院前，三具尸体相聚一处。国都的人们都认为此事奇特非凡，就在贡院南面建立祠堂祭祀他们。

朱夫人(1)守襄阳而筑城，以却秦寇(2)。

［笺注］晋朱序守襄阳，秦兵入寇，夫人率家中婢妾自守一面。城将倾，夫人出私财，连夜更筑内城，以退秦兵。人谓其城为"夫人城"。

【注释】(1) 朱夫人：朱序之妻。朱序，字次伦，东晋重要将领，在淝水之战时协助东晋战胜前秦，及后继续在前线为东晋抵抗北方外族政权的侵袭。(2) 寇：侵犯，侵略。

【译文】晋朝朱序的妻子帮助丈夫镇守襄阳加固城池，抵挡前秦部队的侵犯。

［笺注白话］晋朝的朱序镇守襄阳城，前秦兵大举进犯，他的夫人率领家中侍女把守一面。当时城墙将要倒塌，朱夫人拿出私人财物，连夜加固内城墙，抵挡前秦部队。当时人称这座城为“夫人城”。

梁夫人(1)登金山而击鼓，以破金兵。

［笺注］金兵犯宋，韩世忠率舟师逆战于江，宋兵少却。梁夫人乃登金山，自击鼓以励将士，遂大破金兀术于镇江。

【注释】(1) 梁夫人：韩世忠的夫人梁红玉。韩世忠，南宋抗金名将，与岳飞、张俊、刘光世合称“中兴四将”。

【译文】宋朝韩世忠的夫人梁氏登上金山敲打战鼓，为宋军擂鼓助威，最后打退了金兵。

［笺注白话］南宋时，金兵来犯，韩世忠率领水师在江上迎战，宋朝部队不占优势稍有退却。韩世忠夫人梁氏见势不妙，登上金山，亲自为将士们擂鼓助威，于是在镇江大败金兀术的军队。

虞夫人(1)勉(2)子孙力勤(3)王事。

［笺注］晋虞潭母孙氏，值苏峻犯京师，潭守吴兴。母劝潭竭力勤王，勿以母老为虑。又遣孙虞楚佐父从军，务图忠孝。潭后以功封侯，母九十五始卒，谥曰“宣夫人”。

【注释】(1) 虞夫人：虞潭的母亲孙氏。虞潭，字思奥，是经学大师虞翻的孙子，东晋时期为维护朝廷统一，屡统军旅，转战各地的著名军师。其母孙氏，孙权的族孙女，曾多次支持虞潭起兵赴国难。(2) 勉：劝人努力，鼓励。(3) 力勤：勤劳，勤勉。

【译文】虞夫人鼓励子孙勤勉国事，为朝廷效力。

［笺注白话］晋朝时虞潭的母亲孙氏，当时正值苏峻的部队进犯京城，虞潭镇守吴兴。孙氏勉励虞潭竭尽全力效忠朝廷，不要顾虑母亲年迈。又派孙子虞楚参军入伍辅佐父亲，务必做到忠孝双全。虞潭后来因战功封侯，母亲孙氏活到九十五岁，赐谥号“宣夫人”。

谢夫人(1)甘俘虏以救民生(2)。

［笺注］宋谢枋得起兵复宋，不克而饿死。妻李氏逃匿山中，携二子采草木而食。元将欲捕李不得，乃下令曰：“不得李氏，即屠其山民。”李氏曰：“不可以我故而伤民命。”乃出就俘于建康狱。比闻夫卒，乃自经死。二子获免。

【注释】(1) 谢夫人：宋朝谢枋得夫人李氏。谢枋得，字君直，聪明过人，文章奇绝；学通“六经”，淹贯百家。元朝屡召出仕，坚辞不应，在大都悯忠寺(今北京法源寺)，坚贞不屈，绝食而死。(2) 民生：生民，民众。

【译文】宋朝谢枋得夫人甘愿当俘虏而不连累百姓。

［笺注白话］宋朝谢枋得起兵光复宋朝，事败之后，饿死尽节。妻子李氏逃跑躲藏在山里，带两个儿子采野果为生。元朝将官想抓李氏却抓不到，于是下令说：“抓不到李氏，就要屠杀山里的百姓。”李氏说：“不能因为我的原因而伤害百姓。”于是主动出山被抓进建康监狱。等她听说丈夫已经过世，就上吊自杀而死。两个儿子都逃过此难。

齐桓(1)尸虫出户，晏娥踰垣(2)以殉君。

［笺注］齐桓公死，五子争立，闭锢宫门，四月不葬，尸虫出于户外。宫女晏娥，不忍其君之暴露，乃踰垣而殉君，自缢于公之侧。

【注释】(1) 齐桓：齐桓公，春秋时齐国国君，姜姓，吕氏，名小白。在位时期任用管仲改革，选贤任能，晚年昏庸，信用易牙、竖刁等小人，最终在内乱中饿死。(2) 踰垣〔yú yuán〕：翻越墙头。

【译文】齐桓公死后，尸体无人收殓，尸虫爬到屋外，宫女晏娥翻墙入室，在齐桓公尸体旁自杀。

［笺注白话］齐桓公死时，五个儿子争夺国君位置，禁闭宫门，过了四个月还未收殓尸体，尸体上的虫爬出门外。宫女晏娥不忍心看到国君尸体暴露，就翻墙进去，上吊自尽，死在齐桓公尸体旁。

宇文(1)白刃犯宫，贵儿捐生(2)以骂贼。

［笺注］隋炀帝幸江都而天下乱。宇文化及使裴虔通弑帝，宫人奔散。独宫女朱贵儿骂曰："主上以天寒，赐汝等以衣帛。曾几何时，乃敢谋逆耶？"通等欲缢帝，贵儿以身蔽君。乃先杀贵儿，然后弑帝。

【注释】(1) 宇文：指宇文化及，隋炀帝近臣，公元618年禁卫军兵变，弑君隋炀帝，翌年被窦建德击败，擒而杀之。(2) 捐生：舍弃生命。

【译文】宇文化及带兵造反剿杀隋炀帝，宫女朱贵儿舍弃生命痛斥贼寇。

［笺注白话］隋炀帝杨广到江都游玩时，天下大乱。宇文化及派裴虔通刺杀隋炀帝，嫔妃和宫女都逃散了，只有宫女朱贵儿骂兵士们道："皇上因为天气寒冷，赏赐你们衣服和丝绸，才过了多久，你们怎么敢图谋造反呢？"裴虔通等想要勒死隋炀帝，朱贵儿用自己的身体掩护皇上。他们

就先把朱贵儿杀死，然后又杀死隋炀帝。

鲁义保以子代先公之子[1]。

［笺注］鲁孝公称，武公之少子，懿公之弟也。兄子伯御，杀懿公而自立，人欲杀孝公。公之保母臧氏，以己子衣公之衣，而卧于床，伯御杀之。保母乃抱孝公，逃匿于舅家。及长，舅氏及保闻于宣王。王杀伯御而立孝公，号母曰“孝义保”。

【注释】(1) 先公之子：鲁孝公，姬称，是鲁国第十二任君主。他是鲁懿公弟弟，伯御（鲁废公）杀死鲁懿公后自立为君。周宣王率领诸侯军队讨伐鲁国，杀死伯御并立姬称为鲁国君主。

【译文】鲁国的忠义保姆，用自己的儿子代替先王的儿子受死。

［笺注白话］周朝时，鲁孝公名为姬称，是鲁武公的小儿子，鲁懿公的弟弟。孝公的兄子伯御杀死鲁懿公自立为君，又想杀鲁孝公。孝公的保姆臧氏让自己的孩子穿上了孝公的衣服，躺在床上，伯御当成鲁孝公杀死了臧氏的孩子。臧氏保护着鲁孝公，逃到自己的舅舅家。等到孝公长大，臧氏和她的舅舅把事情报告周宣王。周宣王杀了伯御立鲁孝公为君，并给保姆臧氏封号“孝义保”。

魏节乳以身蔽幼主之身。

［笺注］秦灭魏，杀魏王，尽诛诸公子。有少公子，为乳母匿于山中。王令：“人献公子者赏千金，匿之者诛其族。”魏有故臣，谓乳母曰：“胡不献之，千金可得也。”乳母不从。故臣以告秦王，王命军追之。因乱箭射其公子，母以身遮蔽公子。身中数十箭，与公子俱死。秦王哀之，以卿礼葬，号曰“节乳母”。

【译文】魏国有位节义的乳母，用自己的身体为幼主遮挡乱箭。

［笺注白话］秦国灭了魏国，杀死魏王，把所有的魏国公子都杀光。只有一位小公子，被乳母抱走藏在山里。秦王下令："有人献出公子就赏赐千两黄金，如果窝藏公子就诛杀全家。"魏国的旧臣对乳母说："为什么不把公子献出去，可以得到千两黄金。"乳母不听，旧臣就报告秦王，秦王命令军队追杀。用乱箭射向公子，乳母用自己的身体为公子遮挡，身中几十箭，与公子都死了。秦王为她感到悲伤，以卿的礼仪厚葬，并封号为"节乳母"。

孙姬，婢也。匍伏(1)湖滨，以保忠臣血胤(2)。

［笺注］陈友谅破太平，杀守将花云，妻郜氏死节。婢孙氏抱其三岁儿，匍匐湖滨蒲草中，采莲子以食其儿。有雷老者引之入金陵，见明太祖言事毕，而雷忽不见。因封其子为东丘侯，赐名花炜。封孙氏为夫人，炜以母事之。

【注释】(1) 匍伏：跪伏，趴伏。(2) 血胤：同一血统的子孙后代。

【译文】孙姬只是一个侍女，趴伏在湖边，保护忠臣的后代。

［笺注白话］陈友谅击破太平城，杀死守将花云，花云的妻子郜氏殉节而死。侍女孙氏抱着花云三岁的儿子，趴伏在湖边的蒲草中，采摘莲子给小孩吃。有一位姓雷的老人带着她们到了金陵，见到明太祖朱元璋，把事情讲完后，雷老忽然不见了。明太祖就封花云的儿子为东丘侯，赐名花炜。封孙氏为夫人，让花炜像母亲一样侍奉她。

毛惜，妓也。身甘(1)刀斧，耻为叛帅讴歌(2)。

［笺注］毛惜惜，淮之官妓也。宋李全降，金攻淮，淮帅降。全适宴客，召惜歌以侑客。数召而后至，俯首不歌。帅曰："吾向令汝歌。今不歌，何也？"惜惜曰："朝廷以重兵付汝，一旦降贼，汝亦贼也。吾虽官妓，岂为贼讴歌者哉？"帅怒杀之。

【注释】（1）甘：情愿，乐意。刀斧：借指严刑，此处指被杀。（2）讴歌：歌唱。

【译文】毛惜惜虽然是位官妓，情愿被杀，也不耻为叛降的大帅唱歌。

［笺注白话］毛惜惜是淮安的官妓。金兵攻打淮安，南宋淮安大帅李全投降。李全宴请宾客时，邀请毛惜惜前来唱歌助兴。叫了几次她才来，来了之后低头不唱歌。大帅李全说："我向来是叫你来唱曲儿的，你今天为什么不唱呢？"毛惜惜说："朝廷把重兵托付给你，一旦投降了贼寇，你也就成了贼寇。我虽然只是个官妓，怎么能为贼寇唱歌呢？"大帅愤怒地把她杀死。

刘母非不爱子，知军令之不可干[(1)]。

［笺注］南唐刘仁瞻守寿州，周师攻寿州。子从谏，欲劫周营。不禀父而大败回，父以其违令欲斩之。诸将劝，不从。众乃诉于夫人，请其救子。夫人曰："妾非不爱，奈军令不可违，非妇人之可劝而勉也。"闭门痛哭而不出。卒斩其子。

【注释】（1）干：触犯，冒犯，冲犯。

【译文】刘母不是不爱自己的儿子，但她知道军令如山，不可冒犯。

［笺注白话］南唐的刘仁瞻镇守寿州，适逢周兵攻打寿州。他的儿子

刘从谏想要去偷袭周营，没有禀报父亲就擅自行动，结果大败而归。刘仁瞻因为儿子违抗军令要杀他，众将求情，刘仁瞻就是不听。众人于是告诉刘夫人，请她来救儿子。刘夫人说："我不是不爱自己的儿子，无奈军令如山不可违，不是我一个妇道人家可以说服免除的。"说完后就关门痛哭不见人，最终她的儿子还是被杀了。

章母非不保家，愿阖[1]城之俱获免。

［笺注］王建封，闽帅章氏之牙将也。常犯罪，当诛。章母因帅醉纵之。逃入南唐，后为大将。攻建州，城将下。建封遣人以令箭插母之门，曰："主将将屠城，插此箭者免，且用以报母恩也。"母还其箭曰："吾不忍阖城尽死，而吾家独全也。愿与城俱尽。"建封义之。及城下，一城皆免。章氏世显于闽中。

【注释】(1) 阖：全部，整个。俱：全部，都。

【译文】章母不是不想保全家人，而是希望全城都能免于杀戮。

［笺注白话］王建封是福建章大帅手下的一名将官，曾经因犯了过失，按律当斩。章帅的母亲趁大帅酒醉时把他放了。王建封后来逃到南唐，做了大将。他领兵攻打建州时，城池将要攻破，王建封派人把令箭插在章母家的门口，并说："主将将要屠杀城内百姓，插此令箭的人家可以获免，这是我报答章母对我的恩情。"章母把令箭归还，并说："我不忍心看到全城人都死了，只有我一家人活下来。愿意和全城人一起死。"王建封被章母的义举感动，攻到城下时，全城人都免于杀戮。章家在闽中地区世代显贵。

是皆女烈之铮铮[1]，坤维之表表[2]。其忠肝义胆，足以风[3]

百世而振纲常者也。

【注释】(1) 铮铮：比喻声名显赫，才华出众。(2) 表表：卓异，突出。(3) 风：教化，风教；振：显扬，扬起；纲常：指伦理道德。

【译文】以上都是声名显赫的忠义女子的事例，是女子中的突出表率。她们的忠肝义胆，足以流芳百世教化后人，并且彰显了伦理道德的纲常。

慈爱篇

【题解】此章讲述女子仁慈博爱、和谐家庭的重要，并列举历代在家庭和睦、亲属友爱、兄弟妯娌厉行悌道方面堪称榜样的女子。

任恤[1]睦姻[2]，根于孝友。

［笺注］孝友、睦姻、任恤，谓之大行。任者，受托而任人抚育瞻养之事也。恤者，矜怜鳏寡孤独而周恤之也。睦者，和顺著于家庭宗族之间。姻者，恩义及于亲戚邻里之际。大抵此四者之德行，皆根于孝友二字而来。孝则敬亲不敢慢于人，爱亲不敢恶于人，老吾老以及人之老矣。友则爱于兄弟，和于妻子，敬于长上，矜于孤幼，幼吾幼以及人之幼矣。

【注释】(1) 任恤：诚信并给人以帮助同情。任：诚笃可信。恤：体恤，怜悯。(2) 睦姻：对宗族和睦，对外亲亲密。睦：亲善，和睦。姻：对姻亲亲爱。

【译文】诚信助人和睦相亲，根植于孝顺友爱。

［笺注白话］孝顺友爱、和睦相亲、诚信助人，被《周礼》称为六种

善行。任是指受人之托，担负抚育孩子赡养老人的事。恤是指怜悯鳏寡孤独，并且周济他们。睦是指在家庭宗族间和睦恭顺。姻是指对亲戚邻居以恩情道义相待。大致这四种德行都是源于孝顺友爱。孝顺就能恭敬亲人而不敢轻慢，爱亲人就不敢冒犯别人，赡养孝敬自己的长辈就会尊敬其他与自己没有亲缘关系的老人。友爱就与兄弟相亲，与妻子和睦，尊敬年长的人，怜悯孤儿幼子，抚养教育自己的小孩就会关爱其他与自己没有血缘关系的小孩。

慈[(1)]惠和[(2)]让，本于宽仁。

［笺注］宽则无不恕，仁则无不爱。恕则和让生焉。爱则慈惠生焉。故曰宽仁者，慈惠和让之本也。

【注释】（1）慈：仁爱，和善。惠：仁爱，宽厚。（2）和：和睦融洽。让：谦让，推辞。

【译文】慈悲善良、和睦谦让，源于宽厚仁爱。

［笺注白话］宽厚就没有不能原谅的，仁爱就没有不爱的。原谅就能产生和睦谦让，爱就能产生慈悲善良。所以说宽厚仁爱是慈悲善良、和睦谦让的根本。

是故螽[(1)]斯揖[(2)]羽，颂太姒之仁。

［笺注］《诗》曰：“螽斯羽，揖揖兮。宜尔子孙，蛰蛰兮。”言后妃仁厚，子孙众多，不分嫡庶，而均爱如一。如螽斯一生九十九子，而和揖如一也。

【注释】（1）螽〔zhōng〕斯：绿色或褐色昆虫，善跳跃，吃农作物，俗称蝈蝈。这里指《诗经·周南·螽斯》。(2) 揖〔jí〕: 聚集。

【译文】所以《诗经·周南·螽斯》中，蝈蝈群聚振翅，赞颂太姒的仁厚。

［笺注白话］《诗经》说:“蝈蝈张翅膀，群聚挤满堂啊。你的子孙多又多，和睦好欢畅啊。”是周朝文王妃太姒仁爱宽厚，子孙众多，不分是正妃所生还是妾妃所生，都一样关爱他们。就像蝈蝈一生有九十九个孩子，却和睦团结成一家。

银鹿绕床，纪恭穆(1)之德。

［笺注］吴越文穆王钱元瓘妃马氏，无子。请于王父武肃王缪，谕文穆纳妾。武肃曰:“延吾世祚者，汝也。”后生诸子十五人，妃亲爱无别。置大银鹿于床，小鹿十余，诸子各抱之，绕床而戏。

【注释】(1) 恭穆：恭穆夫人马氏，五代吴越国王钱元瓘的正室夫人。

【译文】银鹿环绕床边，纪念恭穆夫人马氏的仁德。

［笺注白话］五代时吴越文穆王钱元瓘的正妃马氏，没有生儿子。她请求自己的公公武肃王钱缪，下谕让文穆王娶妾。武肃王说:“延续我的皇家后世，是你的功劳。”后来文穆王生了十五个儿子，马妃亲爱每个孩子没有分别。后来放了一只大银鹿在床上，还有小鹿十多只，孩子们各抱一只，围绕床边玩耍。

士安(1)好学，成于叔母之慈。

［笺注］晋皇甫士安，名谧。早丧父母，寡婶抚之，初不好学。婶泣曰:“吾家世凋零，子复不好学，何以慰先人之望? 吾死惭见伯姒于地下矣。”谧亦感泣，遂成大儒，号玄晏先生。

【注释】(1) 士安：皇甫谧，字士安，自号玄晏先生，晋代著名学者，在文学、史学、医学诸方面都很有建树。编撰的《针灸甲乙经》、《历代帝王世纪》、《高士传》、《逸士传》、《列女传》、《元晏先生集》等书。

【译文】皇甫士安的好学，是因婶婶的慈爱所成就的。

［笺注白话］晋朝的皇甫谧，字士安，年幼时，父母就过世了，是守寡的婶婶抚养他长大。士安起初不好学，他的婶婶哭着说："我们的家道衰败，你又不好学，拿什么来告慰先人的厚望呢？我死之后没有脸面见先逝的兄嫂了。"士安也感动哭泣，竭力用功读书，后来成为著名学者，号玄晏先生。

伯道(1)无儿，终获子绥之报。

［笺注］晋邓攸，字伯道。夫妇避乱山中，负己子与弟子。无食，力竭，势不两存。妻曰："己子可再生。亡叔止一子，不可弃也。"攸乃弃其己子，而留侄邓绥。攸后仕元帝而卒，无子。弟子绥养伯父母，备极其孝。伯父母死，俱服丧三年。

【注释】(1) 伯道：邓攸，字伯道，晋朝人，担任过汝阴太守和太子中庶子。

【译文】邓伯道弃儿保侄而老年无子，最终侄子邓绥像亲儿子一样尽孝。

［笺注白话］晋朝人邓攸，字伯道。夫妇两人背着自己的儿子和弟弟的儿子逃到山里躲避兵乱。当时没有食物，精疲力竭，两个孩子只能保住一个。邓攸的妻子说："自己的孩子还可以再生，弟弟早逝只留下这一个儿子，不能丢弃他。"邓攸就舍弃了自己的儿子，留下侄子邓绥得以活命。邓攸后来在晋元帝时期为官，过世时没有儿子。侄子邓绥赡养伯父母非常孝

顺。邓攸夫妻死后，邓绥为他们都守丧三年。

义姑弃子留侄，而却齐兵。

［笺注］齐侯伐鲁，见妇人逃难，弃幼子而抱大儿，以避兵。召问之曰："人莫不爱少子。汝弃小抱大，何也？"对曰："小者妾之子，大者亡兄之子也。妾受亡兄之托，而抚其孤。逢难而弃之，是不仁也。故宁弃妾之子。"齐侯叹曰："妇而能知此，乃礼义之邦也。岂可伐乎？"乃和而退师。

【译文】妇人舍弃儿子保全侄儿的义举，感动齐侯，使齐国退兵。

［笺注白话］齐侯带兵讨伐鲁国，见到一位妇人逃难途中，舍弃小儿子而抱着大儿子逃避兵乱。齐侯叫她过来问道："人没有不爱小儿子的，你丢弃小儿子却抱着大儿子，这是为什么呢？"妇人回答说："小孩子是我生的儿子，大孩子是已故兄长的儿子。我受兄长遗托，要抚养他留下的孤儿。如果我遇到困难时把侄儿抛弃，就是个不仁不义的人了。所以宁愿舍弃我自己的儿子。"齐侯感叹："一个妇人都能这样讲仁义，这是谨守礼义的国家啊，我怎么可以讨伐呢？"于是与鲁国讲和，退兵回国。

览妻(1)与姒(2)均役，以感朱母。

［笺注］晋王祥，继母朱氏，冬月思鱼，祥卧冰以求鲤。母尝以非礼虐使祥。母亲子王览，必同兄共服其劳。母又虐使祥妻，览妻亦与姒均共辛苦。母悟，遂俱爱之。

【注释】(1) 览妻：指王览的妻子。王览，字玄通，"书圣"王羲之的五世祖，在西晋官至光禄大夫。二十四孝之中，"卧冰求鲤"的西晋太保王祥的同父异母弟。(2) 姒：嫂子。

【译文】王览的妻子与嫂子一起干苦活，感动了王祥的继母王览的生母朱氏。

［笺注白话］晋朝王祥的继母朱氏，冬天想吃鱼，王祥就躺在冰面上捕鲤鱼。朱氏曾经违背常礼虐待王祥，她的亲生子王览都会和兄长一起承担苦力活。母亲又刁难差遣王祥的妻子，王览的妻子也和嫂子一起受辛苦。母亲朱氏因此醒悟改过，于是一样的善待他们。

赵姬不以公女[(1)]之贵，而废嫡[(2)]庶之仪。

［笺注］赵姬，赵成子衰之妻，文公女也。初衰同文公奔狄，娶狄女叔隗生赵盾，母子留于狄。既入晋为卿，文公以女妻之，后生同、括、婴（即元同、屏括、楼婴）。赵姬固请衰迎长子盾母子于狄，尊叔隗为正嫡，而以盾为嫡子，自居庶妾之位。

【注释】(1) 公女：赵姬是晋文公的女儿。(2) 嫡：正妻。庶：妾。

【译文】赵姬不因为自己贵为晋文公的女儿，而废弃了正妻和侧室间的礼仪。

［笺注白话］赵姬是赵成子的妻子，晋文公的女儿。当初赵成子与晋文公一起逃到狄国，娶狄国女子叔隗为妻，并生子赵盾，母子俩都留在了狄国。后来赵成子回到晋国做了卿大夫，晋文公把自己的女儿许配给他，后来生下赵同、赵括和赵婴三个儿子。赵姬一再请求赵成子去狄国把长子赵盾母子接回来，并尊重叔隗作正妻，赵盾作为嫡长子，自己甘居侧室的地位。

卫宗不以君母之尊，而失夫人之礼。

［笺注］卫嗣君之母，庶妾也。夫人无子，而妾子立。夫人欲避居于别宫。公母曰："嫡庶之道，不可废也。岂其子故，而废事小君之礼？今主母固欲别居，是因妾故，逐嫡母而犯大伦耶。"乃欲自杀。嫡惧而从之，仍居正室而慈爱愈加，子母事嫡而孝敬益厚。卫人义之，号为"卫宗二顺"。

【译文】卫嗣君的母亲不倚仗自己是国君的生母，而对正室夫人失礼。

［笺注白话］卫嗣君的母亲是侧室。正室夫人没有儿子，就立了卫嗣君继位。正室夫人想要让出正宫而避居到别处。卫嗣君的母亲说："正妻侧室的原则是不可以废弃的。哪能因为儿子做了国君就废弃了应有的礼仪？现在您如果一定要搬到别处住，那就是我失礼了，逐出嫡母是触犯道德伦理的事。"于是就要自杀。正室夫人很感动就听从了她的建议，仍然住在正宫，而且对卫嗣君更加慈爱，卫嗣君也更加孝敬嫡母。卫国人认为他们遵行仁义，尊称他们为"卫宗二顺"。

庄姜(1)戴妫(2)，淑惠见于国风。

［笺注］庄姜齐夫人，其庶陈氏戴妫。子死归陈，庄姜不忍其去，作燕燕之诗，有瞻望弗及涕泣如雨之情。嫡庶之爱如此。

【注释】(1) 庄姜：春秋时齐国公主，卫庄公的夫人。《诗经·卫风·硕人》中描写庄姜时说："手如柔荑，肤如凝脂，领如蝤蛴，齿如瓠犀，螓首蛾眉，巧笑倩兮，美目盼兮。"(2) 戴妫〔guī〕：战国时期卫庄公之妾陈国女子厉妫〔sì〕的妹妹，后来也被卫庄公纳为妾。

【译文】卫庄公的夫人庄姜对身份地位不如自己的戴妫很有情谊，

淑雅贤惠的美名留在《诗经》中。

［笺注白话］庄姜是卫庄公的正室与庄公的妾室陈国女子戴妫关系融洽。亲生子去世后，戴妫想独自回故乡陈国，庄姜舍不得她离去，写下《燕燕》这首诗，用“瞻望不见人影，泪流纷如雨降”表达依依惜别之情。可见妻妾间的友爱之深厚。

京陵东海，雍睦(1)著乎世范(2)。

［笺注］晋王浑妻京陵钟氏，弟澄妻东海郝氏，皆和顺雍穆，治家有礼，臣庶之家，遵以为法。

【注释】(1) 雍睦：指和睦。(2) 世范：世人的典范。

【译文】晋朝时分别来自京陵和东海的妯娌俩和睦相处，成为当世的典范。

［笺注白话］晋朝人王浑的妻子是来自京陵的钟氏，弟弟王澄的妻子是来自东海的郝氏，妯娌两人和睦融洽，治家守礼，当时的大户人家，都将二人尊为榜样。

是皆秉仁慈之懿(1)，敦(2)博爱之风。和气萃(3)於家庭，德教化於邦国者也。不亦可法与?

【注释】(1) 懿：美德。(2) 敦：崇尚，注重。(3) 萃：聚集，汇集。

【译文】以上这些女子都秉承仁慈的美德，崇尚博爱的风气，家中充满祥和融洽的气氛，使道德的教化影响到整个国家。不是也很值得学习吗?

秉礼篇

【题解】此篇讲述女子谨守礼节的重要，并列举历史上谦恭守礼、宁舍身不失礼的德行卓著女子的故事。

德貌言工，妇之四行。

［**笺注**］孝慈贞淑，为妇之德。端庄静雅，谓之妇容。温柔和婉，谓之妇言。勤劳恭慎，谓之妇工。此四者，妇道之常经，女子之正义也。

【译文】妇德、妇容、妇言和妇工，是古代女子的四种德行。

［**笺注白话**］孝敬慈悲贞洁柔善，叫做妇德。仪容端庄、举止静雅，叫做妇容。声音柔和、语气委婉，叫做妇言。勤劳恭敬谨慎，叫做妇工。德、容、言、工四方面是妇女的行事规范，是正确合理的行为。

礼义廉耻，国之四维。

［**笺注**］维，纲也。《传》曰："四维不张，国乃灭亡。"言国无此四者，纪纲不振，臣民无法，乱亡之道也。

【译文】礼节道义廉洁知耻，是国家的四个重要行为规范。

［**笺注白话**］维是指行为规范。《左传》中说："政令不行会导致一国的灭亡。"这是讲如果国家没有这四条行为规范约束，纲纪废弛，臣子民众不守法度，将会导致一国的混乱灭亡。

人而无礼，胡[1]不遄[2]死。言礼之不可失也。

［笺注］《诗》曰：“相鼠有体，人而无礼，胡不遄死？”言禽兽之不若也。

【注释】(1) 胡：为何。(2) 遄〔chuán〕：快，迅速。

【译文】人若不守礼，何不速速就死。这是讲礼的重要，不可以失礼。

［笺注白话］《诗经·鄘风·相鼠》中说：“看那老鼠的身体，人若不知守礼，何不赶快死去？”是讲人如果不知礼，连禽兽都不如。

是故文伯之母[1]，不踰门而见康子[2]。

［笺注］公父文伯之母，季康子之叔祖母也。年已七十矣。康子往见母，立中门之内，设帨于门。康子拜于门外，隔帨而相与言。其守礼如此。

【注释】(1) 文伯之母：姜姓，谥曰敬，故称敬姜。敬姜是春秋战国时期鲁国大夫公父文伯的母亲，《烈女传》中有《鲁委敬姜》的故事。(2) 季康子：姬姓，季氏，名肥。春秋时期鲁国的正卿，谥康，史称“季康子”。

【译文】文伯的母亲不越过大门与季康子见面。

［笺注白话］公父文伯的母亲是季康子叔叔的母亲。当时她已经七十岁了，季康子去拜见她时，她站在中门里面，挂上门帘，季康子在门外行礼，互相隔着门帘说话。文伯母亲年纪大了还如此谨守礼节。

齐华夫人，不易驷[1]而从孝公[2]。

［笺注］齐孝公夫人，卫华氏女。乘安车从孝公游。车奔而轮倾，帷裂。姬命婢牵帷以障。公使驷马车载姬。姬辞曰："车无帷，非礼也。车蔽而露处，亦非礼也。无礼而生，不如守礼而死。"遂欲自缢，侍女救之不得，安车至而始甦。其守礼如此。

【注释】(1) 驷：四马所驾之车。(2) 齐孝公：姜姓，吕氏，名昭。中国春秋时期齐国国君，齐桓公之子。

【译文】齐孝公的夫人华氏，不依从齐孝公的话，不愿乘坐失礼的车驾。

［笺注白话］齐国孝公的夫人是卫国华氏的女儿，乘坐安车跟随孝公出行。车子在奔跑中轮子倾倒，车帘也破裂了。齐华夫人让侍女牵着帘子帮她遮挡。齐孝公派了辆四马拉车来接夫人，她辞谢说："坐没有帘子的车，是违礼的。车子坏了把自己露在外面，也是违礼的。与其不守礼而生，不如守礼而死。"说完就要自杀，侍女没有及时拦住，等到接夫人的安车到达时，她才苏醒过来。齐华夫人竟然如此遵守礼节。

孟子欲出妻(1)，母责以非礼。

［笺注］孟子入室，见妻方暑而袒。孟子不悦，欲出妻。妻曰："妇人私室，不修容仪。见夫不行客礼。今夫子以客礼责妾，妾当出矣。"母责之曰："礼，'将上堂，声必扬'，所以戒人也；'将入户，视必下'，恐见人过也。今子不知礼，而以礼责人，不亦过乎？"孟子谢罪，遂留其妇。

【注释】(1) 出妻：休弃妻子。

【译文】孟子想因妻子非礼而休妻，孟母教训孟子失礼在先。

［笺注白话］孟子有一次进入内室，看见妻子因天气炎热而袒露不

整。孟子很不高兴，想要休弃妻子。妻子说："这里是妇人的内室，不要求容仪整齐。看见丈夫也不必行待客之礼。今天您以待客之礼要求我，那我是应该被休了。"孟母知道此事后教训孟子说："礼节要求进屋之前先高声告知里面的人，以防室内人失礼。刚进屋时，眼睛要向下看，以免看见别人的过失。今天是你先不守礼数，却还以礼节要求别人，这不是你的错吗？"孟子认了错，听从母亲的话没有休妻。

申人欲娶妇，女耻其无仪。

［笺注］申人娶妻，六礼不备，欲苟合以成婚。女不肯从。申人乃讼之于狱。女以其非礼相配，死不听命，乃作行露之诗以自誓。后卒，以礼乃合。诗见召南。

【译文】申人想娶一女子为妻，女子因他不遵守迎娶之礼而感到被羞辱。

［笺注白话］一个申国人想娶一女子为妻，没有完成迎娶新娘的六项礼节，就想苟且完成婚礼。女子不同意。申国人就以违反婚约为名把女子告到衙门。女子以婚配礼数不全为由，宁死也不肯嫁，于是做了《行露》这首诗表达坚定的心意。最终按女子的要求礼节完备后才成婚。诗见《诗经·国风·召南》。

顷公(1)吊杞梁(2)之妻，必造庐(3)以成礼。

［笺注］晋伐齐，齐将杞梁战死。妻载其丧归，遇齐顷公。公欲吊之于野。妻曰："君若以亡夫有罪，妻请戮于司寇。若哀矜而赐之吊，则有先人之敝庐在焉。"公从之。丧归而亲往吊之，成礼而后葬。葬毕，妻乃痛苦而死，城为之崩。

【注释】（1）顷公：即春秋时齐顷公，姜姓，吕氏，名无野，齐惠公之子，在位17年。（2）杞梁：春秋时齐国大夫，在激战中被俘而死。（3）庐：古人服丧期间守护坟墓，在墓旁搭盖的小屋居住。

【译文】齐顷公去吊唁杞梁，杞梁的妻子一定要让齐顷公按礼节到庐棚吊唁。

［笺注白话］春秋时，晋国讨伐齐国，齐国将领杞梁战死。杞梁妻子带着他的灵柩回乡安葬，路上遇到齐顷公。齐顷公想在荒野中吊唁，杞梁的妻子说："国君如果因为夫君有罪，我作为妻子愿意接受司寇的处罚。如果是怜悯我们，前来吊丧，还请到亡人的庐棚吊唁。"齐顷公按她所说，等灵柩回乡后，亲自到庐棚吊唁，礼节完备后下葬。办完丈夫葬礼，杞梁妻痛哭而死，城墙都因此而崩塌。

溧女哀子胥[(1)]之馁[(2)]，宁投溪而灭踪。

［笺注］楚伍子胥逃难过溧水，见浣纱之女携食筐。子胥曰："吾三日不食，夫人盍矜怜而赐餐。"女乃跪授胥食。已告曰："追者至，夫人幸勿言。"女许诺。胥言之再三。女笑曰："吾三十养母而不嫁，岂与人言者乎？吾以女而授男餐，非礼也。已许诺而嘱之再三，是疑我不信。不信而无礼，不可以生。"乃投水而死。子胥救之不及。及入吴，破楚归，乃投千金于水，以报其女。

【注释】（1）子胥：伍子胥，春秋末期吴国大夫、军事家，名员，字子胥，本楚国人，后助吴王夫差灭楚，后被夫差赐剑自杀。（2）馁：饥饿。

【译文】溧水边的女子因为怜悯伍子胥挨饿而施食给他，后来宁愿投溪自尽为伍子胥隐藏行踪。

［笺注白话］楚国人伍子胥逃难时过溧水，见到一位洗衣服的女子手拿食篮。伍子胥说："我有三天没吃饭了，您可怜我给点儿吃的吧。"女子就跪下给伍子胥食物。伍子胥吃完后对女子说："如果有追兵来，希望您不要提到我。"女子答应了。伍子胥又再三嘱咐。女子笑着说："我三十岁了，因为要养母亲所以没有出嫁，怎么能随便跟人说话呢？我作为女子而给陌生男子食物已经是违礼了。我已经许诺了你还再三嘱咐，是不相信我。我又没信用又违礼，不能再活了。"于是跳水而死。伍子胥救她不及，等到逃往吴国，带兵打败楚国回来时，向女子投江的地方扔下千金，来报女子的恩德。

羊子怀金，妻孥[(1)]讥其不义。

［笺注］乐羊子拾遗金于道，怀归示妻。妻曰："吾闻志士不饮盗泉之水，贤者不受嗟来之食。子何恋非礼之金前，甘为不义乎？"答曰："金无主者。"妾曰："金无主者，心无主者乎？"乐羊子惭。乃俟于道而还其人。

【注释】(1) 孥：子女。

【译文】乐羊子拾金而昧，妻子儿女指责他的行为不合道义。

［笺注白话］乐羊子在路上捡到一块金子，带回家给妻子看。妻子说："我听说有志气的人不喝'盗泉'的水，廉洁方正的人不接受侮辱施舍的食物，夫君怎么可以贪恋不该拿的金子，甘愿做不义的事呢？"乐羊子回答说："这金子没有主人啊。"妻子说："金子没有主人，难道人心也没有主人吗？"乐羊子很惭愧，于是站在路边等待，把金子还给失主。

齐人乞墦[(1)]，妾妇泣其无良。

［笺注］齐人有一妻一妾，每出必醉饱而归。问其与饮食者，尽富贵之家。妻疑之曰："从贵人饮，而无显者来。"乃密尾夫行，则见其出郭，而往墦冢之间，乞祭者之余，不一而足。妻耻之。妇告其妾曰："良人者，所仰望而终身也。今若此！"乃与其妾讪其良人，而相泣于中庭。齐人不知，尚施施自得，归而骄诳其妻妾也。

【注释】(1) 墦〔fán〕：坟墓。

【译文】一个齐国人到坟地去乞讨食物，他的妻和妾哭泣伤怀嫁了无德之人。

［笺注白话］齐国人有一妻一妾，每次出门都吃得酒足饭饱回家。妻子问他跟谁吃的饭，回答说都是些有钱有势的人。妻子怀疑地说："总和富贵人吃饭，怎么没见到有贵客登门。"于是悄悄尾随丈夫出行，看见他出了城门，朝坟地走去，向祭祀的人乞讨剩余的祭品，还不只讨一家。妻子感到很大的耻辱，回家告诉妾说："丈夫是我们仰望而终身依靠的人，现在他竟然是这样的！"二人在庭院中咒骂着丈夫，悲极而泣。丈夫还不知道，得意洋洋地从外面回来，在他的两个女人面前撒谎摆威风。

宋伯姬，保傅(1)不具不下堂(2)，宁焚烈焰。

［笺注］宋共公夫人伯姬，鲁宣公女也。公卒，弟元公立。至景公时，值宫中火，左右请夫人避火。伯姬曰："妇人之义，保傅不具，夜不下堂。"保母至曰："夫人避火。"伯姬曰："傅母未至也。岂可以乱而失礼？"火势既逼，宫人奔散，伯姬终不下堂而焚死。年已六十矣。

【注释】(1) 保傅：保姆和傅母，都是照顾起居生活的人。(2) 下堂：离开厅堂。

【译文】宋共公的夫人伯姬谨守礼节，保姆和傅母没有在身边就不离开厅堂，宁可被烧死在烈火中。

［笺注白话］宋共公的夫人伯姬，是鲁宣公的女儿。宋共公过世后，他的弟弟宋元公继位。到了宋景公在位时，遇上宫中着火，侍从请夫人逃走避火。伯姬说："妇人家的规矩，若是保姆和傅母不在身边，晚间不可以离开厅堂。"后来保姆来了说："请夫人避火。"伯姬说："傅母还没有到，难道可以因为慌乱就做失礼的事？"火势很快逼近，宫人都逃散了，伯姬最终也不离开厅堂而被火烧死，当时年纪已经六十岁了。

楚贞姜，符节(1)不来不应召，甘没狂澜(2)。

［笺注］楚昭王夫人贞姜，从王出游，留姜于渐台之上。与之约，相召必以符。及江水暴至，王使召夫人而忘取符，夫人不行。使者曰："水大至，还取符恐不及，夫人速行。"夫人曰："符所以明信，信所以制礼。无礼而生，不如守礼而死。"使者还取符，则水高台没，夫人死矣。昭王哀之，谥曰"贞姜"。

【注释】(1) 符节：古代传达命令或征调兵将用的凭证。(2) 狂澜：巨大的波浪。

【译文】楚昭王的夫人贞姜因使者没带符节就不跟他走，甘愿沉没在江水之中。

［笺注白话］楚昭王的夫人贞姜，跟随昭王出游。昭王有事把贞姜留在渐台上，并与她相约，派使者来接她时以符节为信。等到江水暴涨时，昭王派人来接夫人，却忘记带符节，夫人不跟来使走。使者说："洪水就要来了，我回去取符恐怕来不及了，夫人快些走吧。"夫人说："符是用来做信物的，信是用来规范礼节的。不守礼地活着，还不如因守礼而死去。"

使者只好回去取符，大水涨起淹没高台，夫人被淹死了。楚昭王非常难过，赐她谥号为“贞姜”。

是皆动必合义，居必中度[(1)]。勉夫子以匡其失，守己身以善其道，秉礼而行，至死不变者。洵[(2)]可法也？

【注释】(1) 中度：合乎标准法度。(2) 洵：实在，诚实。

【译文】这些贤德女子做事必定要合乎理义，行为合乎法度。她们劝勉匡正丈夫的过失，严格要求自己依道秉礼而行，即使牺牲生命也不改变守礼的信念，实在是值得学习啊。

智慧篇

【题解】此章讲到有智慧的女性可以匡正夫子，预见未来，列举历史上辅助夫君儿子，具大智慧的女子故事。

治安[(1)]大道，固在丈夫。

［笺注］治国安天下，固男子之大道。而正身齐家之要，亦关于妇道，不可缺也。

【注释】(1) 治安：政治清明，社会安定。

【译文】治国安邦的重要原则，一定是男子的责任。

［笺注白话］治国安定天下，一定是男子的重要职责。但修身齐家的关键，也是关乎妇道的，女子的作用不可或缺。

有智妇人，胜于男子。

［笺注］家有智慧之妇，匡救夫子之失，而应仓卒之变，有男子所不可及者。

【译文】有智慧的女子，是可以胜过男子的。

［笺注白话］家中如有智慧的女子，能够匡正丈夫和儿子的过失，能应对紧急变故，有时男子都比不上她们。

远大之谋，预思而可料。仓卒[(1)]之变，泛应[(2)]而不穷。

［笺注］言古之贤妇，每遇事势之来，能思患而预防之。已至而能应仓卒之变，未至而能决终身之机，皆不可及也。

【注释】(1) 仓卒：非常事变。(2) 泛应：多方应酬。

【译文】有智慧的妇人，能深谋远虑，有先见之明，可以预料趋势。在发生非常变故时，随机应变而不会手足无措。

［笺注白话］这是说古代的贤妇，每当遇到大事考验，能预见会发生的灾祸，事先采取防范措施。事情如果发生能应对自如，如果没有发生能判断最终的结果，有男子比不上的才能。

求[(1)]之闺阃[(2)]之中，是亦笄帏[(3)]之杰。

［笺注］言妇女而具智慧之识，是亦女中之杰也。

【注释】(1) 求：寻找，搜索。(2) 闺阃〔kǔn〕：内室，闺房。(3) 笄帏：指女子。笄：古代的一种簪子，用来插住挽起的头发，或插住帽子。帏：

帐子、幔幕。

【译文】从深闺内室中走出的女子，也有女中豪杰。

［笺注白话］这是说妇女中有智慧学识的，也是女子中的豪杰。

是故齐姜[(1)]醉晋文[(2)]而命驾，卒成霸业。

［笺注］晋文公初为公子，避难于齐。齐桓公妻之以女，文公乐而忘返。从游之臣赵衰、魏犨等议于桑中，欲劫公子归而图国。桑女闻而奔告齐姜，姜杀之以灭口。乃饮公子醉，亟召赵衰等扶公子上车。公子醒，已离齐境。乃遍历楚秦，借兵复国，以成霸业。〇犨音酬。

【注释】(1) 齐姜：齐桓公之宗女，晋文公之夫人。是位有胆有识的夫人。(2) 晋文公：姬姓，名重耳，史称晋文公。春秋中前期晋国国君，晋献公之子，晋惠公之兄，政治家、外交家，他是春秋五霸之一，为后来的三晋（赵国、魏国、韩国）位列战国七雄奠定了基础。

【译文】晋文公的夫人齐姜将晋文公灌醉，命人驾车送他回晋国，才成就了晋文公后来的霸业。

［笺注白话］晋文公当初做公子时，逃到齐国避难。齐桓公把自己的女儿齐姜许配给他为妻，晋文公安于享乐不思回国。跟他一起逃亡的赵衰、魏犨等臣子在桑林中商议，想劫持晋文公回国执掌朝政。有位采桑女听到后跑来告诉齐姜，齐姜把她杀了灭口。然后把晋文公灌醉，立即让赵衰等人扶公子上车赶路回国。等公子醒来时，已经离开了齐国的境内。后来公子游历楚国和秦国借军队打回晋国做了国君，后来成为春秋五霸之一。

有缗娠少康[(1)]而出窦[(2)]，遂致中兴。

［笺注］夏寒浞弑夏帝相，而篡其位。帝妃有缗氏怀娠，而匿于墙

穴之中，得不死。逃归母家，而生少康。虞君妻以二女，有众五百人，乃灭寒浞而中兴夏室。

【注释】(1) 少康：姒少康，他的父亲夏后氏首领姒相被寒浞杀死，姒少康是姒相的遗腹子。姒少康长大后积极争取夏后氏遗民，攻灭了寒浞，恢复了夏王朝的统治。姒少康大有作为，史称少康中兴。(2) 窦：孔，洞。

【译文】有缗氏怀着少康躲在墙洞里，后逃出，最终成就了少康中兴盛世。

[笺注白话] 夏朝的臣子寒浞杀害了夏帝姒相，篡夺帝位。夏帝的妃子有缗氏怀有身孕，藏在墙洞之中，幸免不死。后来逃回到娘家，生下了少康。虞国君把两个女儿许配给少康，少康凭借手下五百人，起兵灭掉寒浞，成为中兴夏朝的皇帝。

颜女识圣人之后必显，喻[1]父择婿而祷尼丘。

[笺注] 孔子父叔梁纥，丧妻，欲再娶。母颜氏之父，言于家曰："孔叔梁，老丑而武勇，欲再娶。人无之者，奈何？"其少女征在曰："吾闻孔氏圣王之裔，其后必昌。妻之何伤？"父曰："然则以汝妻之，可也。"遂以之嫁叔梁。恐其老无子，乃祷于尼丘山神，而生仲尼焉。

【注释】(1) 喻：晓谕，告知，开导。

【译文】颜氏女子知道圣王的后人必会显达，告知父亲选择这样的女婿，后来到尼山祷告，生下了圣人孔子。

[笺注白话] 孔夫子的父亲叔梁纥妻子过世了，想再娶妻。孔子的母亲颜氏的父亲对家人说："叔梁纥年老相貌一般，但很勇武，想要再娶妻。没有人想嫁给他，怎么办？"他的小女儿征在说："我听说孔家是圣王

的后裔，后代一定会昌盛，嫁给他又何妨？”父亲说：“这样说来我就把你许配给他了。”于是颜氏嫁给了叔梁纥。颜氏怕叔梁纥年老无子，就去尼山向山神祈祷，后来生了大圣人孔子。

陈母知先世之德甚微，令子因人以取侯爵。

［笺注］秦末，天下大乱。陈婴素有才略，众欲立以为君。母曰：“汝家先世，无大德，举事必不成。不若择主而事，事成犹可封侯，不成犹可自免也。”婴乃从项梁起兵。后归汉，以功封棠邑侯。

【译文】陈婴的母亲知道陈家先辈积德不多，令儿子不要自立为王，而是辅佐别人，最后被封侯。

［笺注白话］秦朝末年，天下大乱。陈婴一向有才能胆略，众人想立他为君。陈母说：“你家的先辈没有积下大德，如果夺取政权一定不成功。不如辅佐别人起事，成功了还可以封侯，失败了也能免于灾祸。”陈婴就跟随项梁起兵。后来归附汉朝，因他的功劳被封为棠邑侯。

剪发留宾，知吾儿之志大。

［笺注］陶侃少有大志，所交之友，皆当世之杰。有范逵过其家，贫无供具，母乃剪发密卖以买馔。剉其床草荐，以饲其马。逵叹曰：“非此母，不生此子。”

【译文】陶侃的母亲卖掉长发招待宾客，因为她知道儿子的志向远大。

［笺注白话］晋朝的陶侃从小有大志，结交的朋友都是当时的豪杰。有一次范逵路过他家，家里穷得没有东西招待，陶母就剪下头发偷偷卖

了，换钱买食物招待客人。又切碎床铺上的草垫子，给客人喂马。范逵感叹说：“有这样的母亲才能有那样的儿子。”

隔屏窥客，识子友之不凡。

［笺注］房玄龄从文中子学，诸同门皆一时之杰，尝过龄家。母从屏后窥之曰：“皆卿相之器也。吾儿有友如此，吾何患乎？”后房与其友，如杜如晦、薛元敬等，皆仕唐太宗为卿相。

【译文】房玄龄母亲隔着屏风观察客人，看出儿子的朋友气度不凡。

［笺注白话］房玄龄拜文中子为师学习，他的同学都是当时的名士，曾经到房家做客。房母从屏风后观察他们说：“这些人都有担任宰相的德能，我儿子能有这些朋友，我还担心什么呢？”后来房玄龄和他的朋友如杜如晦、薛元敬等，都在唐太宗时做了大官。

杨敞(1)妻促夫出而定策，以立一代君。

［笺注］汉昌邑王无道，大将军霍光欲废之而立宣帝，乃往丞相杨敞家议立。敞老而懦，闻议战栗而退入堂。妻促其出曰：“废昏立明，何等大事，而畏缩如此。今不出，明日议成而族灭矣。”敞乃出定策而立宣帝，以功封平通侯。

【注释】(1) 杨敞：西汉丞相。汉昭帝时曾任丞相，为弘农杨氏第一世祖。杨敞之妻为司马迁的女儿。

【译文】杨敞的妻子敦促丈夫出面定下国策，确立一代新君。

［笺注白话］汉朝时昌邑王是无道昏君，大将军霍光想废掉他立汉宣帝，就到丞相杨敞家与他商议。杨敞年迈胆小，一听是商议立废皇帝的

大事就害怕地退回屋里。杨妻敦促他出面："废除昏君拥立明君，这是多大的事情啊，你却害怕成这样。现在你不出去，明天别人商定了咱们就会被灭族的。"杨敞才出来商定立汉宣帝的国策，后来因为拥立有功被封为平通侯。

周顗(1)母因客至而当庖(2)，能具(3)百人之食。

［笺注］晋吏部尚书周顗，字伯仁。母李氏，名络秀，田家女也。父安东将军周浚，常因猎遇雨避于李氏。李出而母病，女独与一俾一仆，杀猪为馔，具百人之食，而极其丰腆。浚闻而叹曰："贤哉！女也。"因求为妾，父初犹未许。女曰："吾家户大而世微，欺之者众。不结纳贵人，何以保家？"父遂允之，而生伯仁。

【注释】(1) 周顗〔yǐ〕：字伯仁，晋朝时曾任荆州刺史，做到吏部尚书。(2) 庖：厨师。(3) 具：备办，准备。

【译文】周顗的母亲在宾客来访时，为大家做饭，能准备上百人的食物。

［笺注白话］晋朝吏部尚书周顗字伯仁。他的母亲李氏，名络秀，是农夫家的女儿。周顗的父亲安东将军周浚曾经因为打猎在李家避雨。李氏的父亲出门母亲又生病，只有李氏和一男一女两佣人，杀猪做饭，提供上百人的食物，把饭菜做得非常丰盛。周浚听说后感叹说："这女子很贤惠啊！"就想娶她为妾，起初她父亲不同意，李氏对父亲说："咱家有些钱却没有地位，可以欺负我们的人很多，如果不结交权贵，怎么能保全一家？"父亲就同意了这门婚事，后来李氏生了周顗。

晏(1)御扬扬(2)，妻耻之而令夫致贵。

［笺注］晏子为齐相，御车者，御晏子而过己门，扬扬有自得之意，其妻耻之。御者归而其妻请去。夫问其故。妻曰：“晏子身材五尺，而为齐相。吾见其恭谦、敬慎而常若不足。子今七尺之身，而甘为之御，过里门而扬扬自得。其意若此，非吾夫也。”御者谢其妻而深自刻责，学道谦恭，常若不足。晏子怪而问之，御者以告。晏子嘉其纳善自改，闻诸景公，以为大夫，妻为命妇。

【注释】(1) 晏：晏婴，字仲，谥平，又称晏子，春秋后期一位重要的政治家、思想家、外交家。晏婴以生活节俭，谦恭下士著称。御：驾车的人。(2) 扬扬：得意的样子。

【译文】晏子的车夫太得意，车夫妻子看到很羞愧地匡正夫君，使得夫君改过而得到富贵。

［笺注白话］晏子是齐国的卿相，他的车夫载着晏子过里门时洋洋得意的样子，车夫的妻子感到很羞愧。车夫回家时，他的妻子请求离去。车夫问她为什么，妻子说：“晏子身高只有五尺担任齐相，我见他恭敬谦卑谨慎，常觉得自己不够好。您身高七尺，甘愿做他的车夫，过里门却洋洋得意。你这个样子，不是我的夫君。”车夫拜谢妻子并且深刻反省自责，学会谦卑恭敬，常自觉不足。晏子（奇怪于车夫的变化）问他原因，车夫告诉他实情。晏子赞许他接纳善言勇于改过，并把此事告诉了齐景公，景公封车夫为大夫，车夫的妻子也得到封号。

宁(1)歌浩浩，姬识之而喻相尊贤。

［笺注］齐桓出游，见宁戚扣牛角而歌，知其贤者也。使相管仲迎之。戚白：“浩浩乎！白水。”管仲不喻其意，五日不朝，面有忧色。妾婧请问其故，仲语之。婧笑曰：“人已明告君，君胡不知也。古诗曰：‘浩浩

白水，鲦鲦之鱼。君来召我，我将安居。国家未定，从我焉如。'此宁戚之欲得仕于国也。"仲大悦，以告桓公。公斋戒请于祖庙，以宁戚为相，而齐大治。

【注释】(1) 宁：宁戚，姬姓，宁氏，名戚。春秋时齐桓公拜他为大夫。后长期任齐国大司田，为齐桓公主要辅佐者之一。

【译文】宁戚诵"浩浩白水"，管仲的姬妾婧听懂了，就告诉管仲尊请他为官。

[笺注白话]齐桓公出游时，见到宁戚敲击牛角唱歌，知道他是贤人。派相国管仲去迎请他。宁戚说："浩浩乎！白水。"管仲不明白他是何意，面带忧虑的神色，五天没有上朝。他的姬妾婧问他是何原因，管仲告诉他后，婧笑着说："他已经明确告诉夫君了，夫君怎么还不知道呢？古诗中说：'水浩浩然盛大，鱼游其中，如果国君来召我辅佐国政，我将安居于此，国家还没真正稳定强盛，我又怎么能袖手旁观呢？'这是宁戚愿意为国效力的意思。"管仲很高兴，告诉齐桓公。桓公斋戒后到祖庙祈请，拜宁戚为相，后来齐国政治安定。

徒[(1)]读父书，知赵括[(2)]之不可将。

[笺注]赵奢善用兵。死后，王以其子赵括为将以拒秦。括母见王，曰："括不可用也。其为人也，徒读父书而不能用。尝与妾夫论兵强辩，而夫不能难。夫谓妾曰：'括不知兵而强辩，便之为将，必丧师而辱国也。'"王不听。母曰："括如败，请无坐妾罪。"王许之。后括果大败，丧兵四十万。

【注释】(1) 徒：但，仅，只。(2) 赵括：战国时期赵国人，赵国名将马服君赵奢之子。赵括熟读兵书，但不懂得灵活应变。在长平之战大败，四十余万赵兵尽被秦国坑杀。

【译文】赵括的母亲知道他只是读了父亲的兵书，但不能领兵打仗。

［笺注白话］赵奢善于用兵，他死后，赵王任命他的儿子赵括担任将军抵抗秦军。赵括的母亲拜见赵王说："赵括不能胜任。他只是读了父亲的兵书却不会用兵。曾经与父亲讨论兵法强词夺理，他父亲争不过他，跟我说：'赵括不会用兵还强词争辩，如果让他带兵，一定会战败丧师辱国的。'"赵王不听赵母的话。赵母说："赵括如果战败了，请不要牵连治我的罪。"赵王答应了。后来赵括果然大败，损兵四十万。

独闻妾恸，识文伯之不好贤。

［笺注］鲁公父文伯死，诸妾哭之甚哀，有自经以殉者。其母不悦曰："吾子相鲁死，而贤士大夫吊者，俱无戚容。而姬妾婢若此，是独钟爱于妾妇，而简贤弃礼也。其死宜矣。"

【译文】公父文伯的母亲在他过世时，只听到妻妾痛哭，明白文伯生前未能善待贤臣。

［笺注白话］鲁国的公父文伯死了，他的妻妾都哭得很伤心，甚至有自杀陪葬的。文伯的母亲不高兴地说："我儿子是在担任鲁相时死的，诸位贤士大夫来吊唁时，都没有哀伤的表情，而妻妾却如此难过。这都是因为他生前宠爱女人，失礼怠慢了贤臣的缘故。他死了也是应该的。"

樊女笑楚相之蔽贤(1)，终举贤而安万乘(2)。

［笺注］楚庄王退朝。樊姬问曰："何晏也？"王曰："与贤相虞丘子言。不觉其日之晏也。"樊姬笑曰："虞丘子贤矣，惜不忠也！妾事王

十一年，而进九女，皆贤于妾。虞丘相楚十年，所进无非子弟、宗族，未闻进一贤者也。”王乃告虞丘子。虞丘乃避舍求贤，得孙叔敖为相，而楚国大治。

【注释】(1) 蔽贤：埋没贤能的人。(2) 万乘：国家。

【译文】樊姬笑楚相埋没贤能的人才，最终使楚相推举贤人，安定国家。

［笺注白话］楚庄王退朝后，樊姬问他："今天怎么晚啦？"楚庄王说："我与贤相虞丘子讨论事情，不知不觉就晚了。"樊姬笑着说："虞丘子是位贤臣，可惜不够忠诚啊！我侍奉大王十一年，推荐了九个女子，都比我贤德。虞丘子做楚相十年了，推荐的人都是他的子弟和家人，没听说举荐过一个贤人。"楚庄王把此话告诉了虞丘子，虞丘子就离开家去寻访贤人，找到孙叔敖来做楚相，楚国因此政治安定。

漂母哀王孙而进食，后封王以报千金。

［笺注］韩信钓鱼于淮水，而漂絮之母怜其贫，尝食之。信曰："吾必有以报母。"母曰："吾哀王孙而进食，岂望报乎？"后信助汉破楚，封楚王，报母以千金。

【译文】洗衣老妇怜悯韩信而送他食物，后来韩信封王以千金回报洗衣老妇。

［笺注白话］韩信在淮水中钓鱼，洗衣服的老妇怜悯他处境贫寒，曾送他食物。韩信说："我一定会报答您。"老妇说："我是同情您的处境送您食物，哪里还图回报呢？"后来韩信辅佐汉王击破楚军，被封为楚王，用千金回报老妇。

乐羊子能听妻谏以成名。

［笺注］汉乐羊子，游学未久而归。妻问之。曰："思卿怀归耳。"妻方织，乃引刀自断其机，曰："积丝成寸，积寸成尺。尺寸不已，遂成丈匹。今吾子学业未成而归，犹妾之断此机，而枉费前功也。"夫感悟复学，遂成大儒。

【译文】乐羊子因为能听从妻子的劝诫而成名。

［笺注白话］汉朝的乐羊子，在外面游学不久就回家，妻子问为何，他说："因为想念你所以回家。"妻子正在织布，就拿刀把织布机割断说："一根根丝积累成一寸布，一寸一寸积累到一尺，不断地织才能成丈成匹。今天您学业没完成就回家，就像我割断这织布机一样，前功尽弃了。"乐羊子感悟了其中的道理，又回去学习，最终成为一代大儒。

宁宸濠(1)不用妇言而亡国。

［笺注］明宁王宸濠欲反，妃妻氏屡谏不可背国。王不听，举兵反，为巡抚王守仁所执。临死叹曰："纣以用妇言而亡，我以不用妇言而亡。"

【注释】(1) 宁宸濠：宁王朱宸濠，明代藩王，明太祖朱元璋五世孙，宁康王的庶子，袭封宁王。

【译文】宁王朱宸濠不听从妻子的劝言，最终破家亡身。

［笺注白话］明朝的宁王朱宸濠想要造反，他的妻子多次劝谏他不可以叛国，宁王不听还是起兵谋反，被巡抚王守仁抓住。宁王在临死时感叹说："商纣王因为听了妇人言而死，我因为不听妇人言而死。"

陶答子妻，畏夫之富盛而避祸，乃保幼以养姑。

［笺注］齐陶答子，治陶而贪，及归而富十倍，宗戚贺于堂。妻独抱幼子而泣曰："德薄而位大，是谓婴害。无功而家昌，是谓积殃。"姑怒其不祥，遂逐之。独与少子居。后答子竟为盗所杀，尽劫其财。母老独免，妇乃与少子归养其姑。

【译文】陶答子的妻子害怕夫君富贵荣盛过度而躲避灾祸，最终保全幼子、奉养婆婆。

［笺注白话］齐国的陶答子治理陶地，贪污民财，等到回家时比以前富裕了十倍，宗族亲戚都来贺喜。陶妻独自抱着小儿子哭泣说："德行不够却居高位，会招致灾难。没有功劳却家财昌隆，是积累祸殃。"婆婆生气她说话不吉利，就把她赶出家门。陶妻与小儿子单独居住。后来陶答子竟然被盗贼杀害，财产全被抢劫，母亲因为年老而幸免，陶妻就带着幼子回来奉养婆婆。

周才美妇，惧翁之横肆(1)而辞荣，独全身以免子。

［笺注］明周才美为太守，而其父暴横于乡。其妻处家恒不乐，翁问之。答曰："夫已贵，家不忧不富，而翁聚敛不休，祸不远矣。"翁悟，乃改行为善。其子双目失明而免官，翁以善之无报也，乃复为恶。子目忽明，仍起为郡守，阖家上任。妇不从，独携少子居。翁姑夫与妾及子并童仆，俱覆于江中，无一免者。独妻与幼子存焉。

【注释】(1) 横肆：专横放肆。

【译文】周才美的妻子因为惧怕公公的专横放肆会有恶报，不享受荣华富贵，带着儿子独居而幸免于难。

[笺注白话]明朝的周才美担任太守，他的父亲在乡里横行暴敛。周妻在家时常常不高兴，公公问她为何，她回答说：“夫君已经很尊贵了，家里不愁钱花，您还不停地敛财，灾祸会很快来的。”公公有所感悟，改行善事。后来周才美双目失明被免去官职，公公认为做善事没有善报，于是又开始作恶。周才美的眼睛忽然复明，依旧被任用做郡守，全家一起去上任。周妻不愿意跟随，独自带着幼子居住。公公婆婆夫君妾子和仆人，都在江中淹死了，没有一个幸免的，只有周妻和她的儿子活了下来。

漆室处女，不绩[1]其麻而忧鲁国。

[笺注]鲁漆室处女，不积麻而叹息。邻妇问曰：“汝何悲乎，追忧未嫁耶？”女曰：“非也。吾忧鲁君老，而太子幼也。”邻妇笑曰：“此国家事也。子何预。”女曰：“不然。昔晋客舍吾家焉，逸而践吾园葵，吾终岁不食葵。邻女奔，邻人倩吾兄追之。渡河水涨而兄死，终身无兄。今鲁君死而子幼，事端起而祸乱将作。兵起郊野，殃及庶人。吾乡里其能免乎？”后鲁果大乱，人民屠戮，多死于兵。

【注释】(1) 绩：把麻搓捻成线或绳。

【译文】漆室处女不做搓麻绳的工作，而为鲁国担忧。

[笺注白话]鲁国漆室处女不搓麻绳而叹息。邻居的妇人问道：“你为什么事难过呢？应该是担忧还没有出嫁吧？”女子说：“不是，我担心鲁国君过世了，而太子又年幼。”邻居妇人笑她说：“这是国家的事情，跟你有何关系。”女子说：“不是这样的，过去有位晋客住在我家，他的马脱缰践踏了我家的葵园，我一年没有葵吃。邻居家的女子逃走了，邻居恳请我哥哥去追，过河时水涨上来把哥哥淹死，我再也没有兄长了。现在鲁国君死了但儿子却年幼，一有变动就会发生祸乱了。士兵在郊野打仗会殃及老百姓的，我们乡里

能幸免吗？”后来鲁国果真大乱，有很多百姓死于兵变的屠杀。

巴家寡妇，能捐己产而保乡民。

［笺注］秦筑长城，巴蜀一郡当役万人。有寡妇名清者，上书愿倾家财，募人筑附近边城，以免万人之役。乃尽出资帛百余万，筑边城数百里，不费官钱，而民皆不离乡里。又得工役之资，而争效其力，不数月而城已完固。始皇嘉之，筑怀清之台，以旌其功焉。

【译文】巴家的寡妇捐献自己的财产保全乡民的性命。

［笺注白话］秦始皇修筑长城，巴蜀郡要找一万人去服役。有一个寡妇叫巴清，上奏愿意尽献家产，招募乡人修筑附近的长城，以免除一万人的劳役。于是捐出百余万的财产，修筑几百里的城墙。不花官府的钱，当地百姓都不用离开乡里，还能得到服劳役的工资，大家都踊跃效力，没几个月城墙就完成了。秦始皇为了嘉许她，修筑了怀清台，表彰她的功绩。

凡此皆女子之嘉猷(1)，妇人之明识。诚可谓知人免难，保家国而助夫子者欤。

【注释】(1) 嘉猷：治国的好规划。

【译文】所有这些都是女子中有远见卓识者。妇人的智慧见解，确实可以让人免于灾难，可以保全一家一国，可以帮助夫君和儿子。

勤俭篇

【题解】此章讲到勤俭持家是女性重要的品质，列举历史上出身尊贵女子力行勤俭的故事。养尊处优的女子尚要勤俭，何况寻常百姓家，因此勤俭是女子持家之道。

勤者，女之职；俭者，富之基。

［笺注］女不勤则生业废怠，不俭则资产耗散，非治家之道。

【译文】勤劳是女人分内之事。节俭是致富的基础。

［笺注白话］女子不勤劳，家业就会因懈怠而荒废，不节俭就会损耗家财，这不是持家的正道。

勤而不俭，枉劳其身。

［笺注］勤者，必劳苦。不俭，则劳而无补。

【译文】勤劳但不节俭，就会白白受累。

［笺注白话］勤劳的人一定很辛苦工作。如果不节俭，所受辛苦将付之东流。

俭而不勤，甘受其苦。

［笺注］俭者，俭约而甘淡薄。若不勤其职业而补益之，则徒自苦而已。

【译文】节俭而不勤劳，是自甘受苦。

［笺注白话］节俭的人过日子很省，甘愿清贫寒素。但如果不勤劳工作增加收入，就只是自甘受苦而已。

俭以益勤之有余，勤以补俭之不足。

［笺注］能勤而俭，则日益而有余。能俭而勤，则家饶而无不足。

【译文】节俭可以把勤劳赚到的钱用好，勤劳可以增补节俭生活的不足。

［笺注白话］能够勤劳再加上节俭，就能日有所进年年有余，能够节俭再加上勤劳，就能家产富余丰足。

若夫贵而能勤，则身劳而教以成。富而能俭，则守约[(1)]而家日兴。

［笺注］已贵而勤，则家人不惰，是以身为教也。已富而俭，则日用不耗，是因约而致丰也。

【注释】(1) 守约：保持俭朴的品德。

【译文】如果夫君地位尊贵还能勤劳，就能言传身教影响家人。如果夫君富有还能节俭，就能保持俭朴家风，使家族日渐兴旺。

［笺注白话］尊贵还能勤劳，家人就不会懒惰，这是身教。富有还能节俭，就不会奢侈浪费，会因为节约而更加丰足。

是以明德[(1)]以太后之尊，犹披大练[(2)]。

［笺注］明德马皇后，汉明帝后，章帝之母也。性恭俭，常衣白练之衣，不尚华采。

【注释】(1) 明德：明德皇后马氏，汉明帝刘庄唯一的皇后，伏波将军马援的三女儿。(2) 大练：粗帛。

【译文】明德马皇后位居太后之尊，却穿着朴素。

[笺注白话]明德马皇后是汉明帝的皇后，汉章帝的母亲。生性谦恭节俭，常穿白绢衣服，不爱好华丽的打扮。

穆姜以上卿[(1)]之母，尚事纫[(2)]麻。

[笺注]纫，积也。穆姜，鲁上卿公父文伯母，穆伯妻敬姜也。文伯还朝，见其母绩麻。因以歉之，“家而主母，犹绩乎？”母叹曰：“鲁其亡乎！使童子为卿，而不闻大道也。夫人劳则思善，逸则思恶。今汝为卿而不知劳，反怪吾之勤于女职。吾惧鲁之将亡，而废穆伯之祀也。”事见《春秋传》。

【注释】(1) 上卿：周制天子及诸侯皆有卿，分上中下三等，最尊贵者谓上卿。(2) 纫：搓，捻。

【译文】穆姜身为上卿的母亲，还亲自搓麻绳。

[笺注白话]纫是指把麻析成细缕捻接起来。穆姜是鲁国上卿公父文伯的母亲，穆伯的妻子，叫敬姜。有一次文伯上朝回来，看见母亲在绩麻，就抱怨说：“像我们这样的家庭，您还要绩麻吗？”母亲叹气说：“鲁国快要亡了！让你这样的人做卿，又不明白道理。一个人勤劳就会想善事，放逸就会想恶事。现在你当了卿不知道勤于国事，反倒怪我做女工。我恐怕鲁国要亡了，穆伯的祭祀也要废了。”出自《春秋传》。

葛覃[(1)]卷耳[(2)]，咏后妃之贤劳。

[笺注]周南葛覃之诗，言后妃采葛而亲为刈获，以成絺綌而为衣服也。卷耳，言后妃登山采卷耳，以供宗庙之祀，而思念君子也。皆述后妃勤苦之事。

【注释】(1) 葛覃:《诗经·周南》篇名。赞扬妇女的恭谨和勤劳。(2) 卷耳:《诗经·周南》篇名。讲述妇女劳作时怀念家人。

【译文】《诗经》中《葛覃》和《卷耳》篇,歌颂后妃的贤良辛劳。

[笺注白话]《诗经·周南》中有一篇《葛覃》,讲后妃采葛后,还亲自切割,做成葛布再裁衣服。《诗经·周南》中有一篇《卷耳》,讲后妃上山采供奉宗庙祭祀的卷耳时,思念夫君。都是说明后妃勤奋劳作的事。

采蘩(1)采蘋(2),述夫人之恭俭。

[笺注]召南采蘩之诗,美夫人之贵而能勤也。采蘋,美大夫之妻恭敬节俭、勤于宗祀也。

【注释】(1) 采蘩:《诗经·召南》篇名。讲述贵族夫人尽职于劳作之事。(2) 采蘋:《诗经·召南》篇名。描述了女子采摘浮萍、水藻,置办祭祀祖先等活动。

【译文】《诗经》中的《采蘩》和《采蘋》篇,描述了贵夫人的谦恭节俭。

[笺注白话]《诗经·召南》中有一篇诗《采蘩》,是赞美贵族夫人勤劳的美德。还有一篇诗《采蘋》是赞美大夫的妻子恭敬节俭、为宗庙祭祀之事操劳。

七月(1)之章,半言女职。

[笺注]豳风七月之篇,大家贵女皆不辞劳苦,而亲为农桑之事。夫耕而妻馌其食,夫获而妇涤其场。以公卿之女,采桑养蚕,缫丝织帛,而为公子之裳;制狐貉之皮,为公子裘。其勤事、执劳、恭俭如此。

【注释】(1) 七月:《诗经·豳风》的篇名。

【译文】《诗经》中的《七月》这篇,大半在说女子的劳作。

[笺注白话]《诗经·豳风》中有一篇诗《七月》,讲述大户人家的贵族女子都不辞劳苦,亲力亲为种地和养蚕的事。丈夫耕种妻子去田间送饭,丈夫收割妻子去清扫谷场。虽然是公卿家的女儿,却勤于采桑养蚕、抽丝织布,为公子做衣裳;还缝制狐貉的皮,为公子做毛皮衣。她们是如此勤恳操劳、恭顺节俭。

五噫[(1)]之咏,实赖妻贤。

[笺注]汉梁鸿咏五噫之歌以避世,同妻孟光入吴,夫妇为人舂米。每进食,妻举案齐眉,跪而献鸿。(典出《后汉书·卷八十三·逸民传·梁鸿传》)

【注释】(1) 五噫:东汉梁鸿过京师洛阳,登北邙山,见宫殿之华丽,感人民之疾苦,触景生情,遂作《五噫歌》。

【译文】梁鸿能做《五噫歌》后退隐避世,实际是依赖于妻子的贤能。

[笺注白话]汉朝梁鸿咏《五噫歌》后隐居避世,和妻子孟光搬到吴地,夫妇靠替人舂米为生。每当用餐时,妻子都会举案齐眉,跪着奉食物给梁鸿。(出自《后汉书·卷八十三·逸民传·梁鸿传》)

仲子[(1)]辞三公之贵,已织屦[(2)]而妻辟纑[(3)]。

[笺注]纑,辟草以结绳,纫麻以为线也。齐王欲以陈仲子为相,不受而避于陵。妻辟纑,己织屦以为食。(典出《孟子·滕文公下》)

【注释】(1) 仲子：陈仲子，本名陈定，字子终，先后坚辞不受齐国大夫、楚国国相等职，是战国时期齐国著名的思想家、隐士。(2) 屦〔jù〕：古代用麻葛制成的一种鞋。(3) 辟纑〔lú〕：绩麻和练麻。指辟草结绳纫麻做线。

【译文】陈仲子谢绝位居三公的官位，自己编草鞋，妻子结绳做麻线。

［笺注白话］纑是分草编草绳，纫麻是做麻线。齐王想让陈仲子做国相，陈仲子没有接受，躲到陵地隐居。妻子编草绳做麻线，自己织草鞋，以此维持生计。

少君却万贯之妆，共挽(1)车而自出汲(2)。

［笺注］桓少君，汉鲍宣妻也。始嫁而仆婢妆资甚盛，宣不悦。曰："少君生富骄而适贫贱，吾不敢当。"妻曰："父以先生修德守约，故以妾事君子。惟命是从。"乃归其仆婢衣节，着荆钗布裙，与夫共挽鹿车回里。拜姑舅毕，提瓮出汲。

【注释】(1) 挽：拉，牵引。(2) 汲：打水。

【译文】桓少君退还万贯嫁妆，与夫君一起拉车，亲自去打水。

［笺注白话］桓少君是汉朝鲍宣的妻子。刚嫁到鲍家时使女和嫁妆很多，鲍宣看到不高兴地说："你出身富贵骄惯的家庭而嫁到我这样贫寒的家来，我承受不起。"少君说："我父亲因为您品德高尚生活俭约，所以把我嫁给您。我全听您的吩咐。"于是把仆人和服饰都归还娘家，戴荆条做的钗，穿粗布衣裙，与丈夫一起拉着鹿车回家。拜见公婆后，就提着水罐去打水。

是皆身执勤劳，躬行节俭。扬芳誉于诗书，播令名[1]于史册者也。女其勖诸。

［笺注］勖，勉也。

【注释】(1) 令名：美好的声誉。

【译文】这些都是做事勤劳，力行节俭的女子。她们在诗书中留下光辉事迹，在史册中流传美好的声誉。女子要以她们来勉励自己。

［笺注白话］勖是勉励的意思。

才德篇

【题解】此章讲女子有才必须以有德为基础，对女子的教育不容忽视，列举历史上有德有才女子对社会的贡献。

男子有德便是才，斯言犹可。

［笺注］言人贵有德，不贵有才。有才无德，必非正人。有德无才，不害其为善人也。

【译文】男子品德高尚就是有才了。这话说得还不错。

［笺注白话］一个人重要的是有德行，是否有才干不重要。有才能没有德行一定不是正直的人。德行好而能力差些，不妨碍他成为一个好人。

女子无才便是德，此语殊[1]非。

［笺注］上二句，乃古人之言。首句之言，犹不背理。次句之言，意

虽正而理则非也。盖男女虽殊，其德一也。女尚德而不尚才，理之正也。若云无才便是德，则非矣。

【注释】(1) 殊：甚，极。

【译文】女子没有才学才能做到有德行，这话就太不对了。

[笺注白话] 这两句是古人的话。第一句说的合理。第二句意思对但是道理有错。男女虽然有别，对德行的要求却是一样的。女子重视德行而不要重视才学，这个道理是正确的。如果说没有才学才能做到有德，就不对了。

盖不知才德之经(1)，与邪正之辩(2)也。

[笺注] 才者，德之用也。有德之才为正用，为治国、齐家、修身之道。无德之才为邪用，以博名致富、害人利己而已。

【注释】(1) 经：划分界限。(2) 辩：通辨，不同，差异。

【译文】这是不知道才能和德行的界限，以及邪恶与正直的差别。

[笺注白话] 才能是德行的运用。有德行的才能是正确的运用，是治国、齐家、修身的方法。没有德行的才能是错误的运用，只能用来贪名图利，损人利己而已。

夫德以达才，才以成德。

[笺注] 正心修身，而后齐家治国，德以达才也。格物致知，而后诚意正心，才以成德也。无德，不可以达才。无才，不可以成德。

【译文】德行让才能有用武之地，才能可以成就德行。

［笺注白话］端正修养身心，之后齐家治国，这是德行使才能有用武之地。格除物欲开启智慧，之后可以真诚心意端正用心，这是才能可以成就德行。没有德行不能发挥才能，没有才能不能成就德行。

故女子之有德者，固不必有才。而有才者，必贵乎有德。

［笺注］女子以德为大，才之有无，不足较也。

【译文】所以女子有德行，不一定要有才能。但有才能的女子，一定要重视德行修养。

［笺注白话］女子品行很重要，有没有才能不必计较。

德本而才末，固理之宜然[(1)]。若夫为不善，非才之罪也。

［笺注］凡有才无德，是舍本而务末，必流入于邪而不正，岂才之罪也。

【注释】(1) 宜然：应该这样。

【译文】德行是根本，才能是枝末。这是理所当然的。如果品行不端，不能归咎于有才能。

［笺注白话］凡是有才能没有德行的人都是舍本逐末，一定会堕入邪路迷途，这不是有才能的错。

故经济之才[(1)]，妇言犹可用。而邪僻[(2)]之艺，男子亦非宜。

［笺注］人能以才匡君正家，布德免患，虽在妇人，亦为经济之才。若夫淫佚之词、倾邪之语，非惟妇人之大忌，即男子亦深绝而痛戒之。

【注释】(1) 经济之才：治国安民的才能。(2) 邪僻：乖谬不正。

【译文】所以治国安民的才能，即使是女子具备，也可以用。如果是邪恶背理的才能，即使是男子也不应该有。

［笺注白话］一个人如果能匡正君主善教家人，传播善行免除祸害，即使是女子，也是治国安民的人才。如果是恣纵逸乐的言词、邪僻背理的话语，不光是女子的大忌，即使是男子也应该杜绝防范。

《礼》曰：奸声乱色，不留聪明(1)；淫乐慝礼(2)，不役心志。

［笺注］聪明，耳目也；耳不听恶声，目不视恶色，是也。淫乐，如今之词曲，淫邪之声。慝礼，如趋承媚谄、足恭之礼。皆乱人聪明，丧人心志，所当深戒者。

【注释】(1) 聪明：听觉与视觉。(2) 慝礼：不正之礼。

【译文】《礼记》说：邪恶的声不听，杂乱的色不看。淫荡之乐非礼之礼，不可以放在心里。

［笺注白话］聪明是指耳目。耳不听邪恶之声，眼不看杂乱之色。淫乐就像如今的流行歌曲，大都是淫邪的声音。慝礼是阿谀奉承、取媚于人的礼节。这些都会扰乱耳目，败坏心志，应当彻底戒除。

君子之教子也，独不可以训女乎？

［笺注］以上四句，乃君子所以教人也。在男子尚宜遵守，岂不可以教女乎。女而知此，必无“有才无德”之失。

【译文】以上是君子教育弟子的话，难道不可以教育女子吗？

［笺注白话］以上四句，是君子教育弟子的话。男子尚且应该遵守，难道不可以教育女子吗？女子要是明白这些，一定不会发生“有才无德”的过失。

古者后妃夫人，以逮[(1)]庶妾[(2)]匹妇，莫不知诗。岂皆无德者欤？

［笺注］俗谓女人有才，能败其德，不知《诗》三百篇，多妇人女子之词。其诗皆忠厚和平，怀君慕善，乐而不淫，怨而不怒，岂皆有才无德者哉？

【注释】(1) 逮：到，及至。(2) 庶妾：众妾室。匹妇：平民妇女。

【译文】古代的后妃和贵夫人，以至于妻妾和平民妇女，没有不读诗的。难道都是没有德行的人吗？

［笺注白话］俗话说女子有才能会败坏她的德行，却不知道《诗经》三百篇，大多是女子所做。这些诗都忠实厚道、和谐柔顺，思念夫君仰慕善行，喜悦而不过度，哀伤却没有愤怒，难道都是有才能无德行的人吗？

末世妒妇淫女，及乎悍妻泼媪[(1)]，大悖于礼。岂尽有才者耶？

［笺注］俗言女子无才便是德。今时淫女悍妇，不识一字，而凌虐夫子，忤逆公姑，肆詈乡党者多矣。安在其无才便是德耶？

【注释】(1) 泼媪〔ǎo〕：泼妇。

【译文】各朝代末世的妒妇淫女，以及悍妻泼妇。这些悖逆礼义的女子，难道都是有才能的人吗？

[笺注白话]俗话说“女子无才便是德”，现在的淫女悍妇没有文化，却也欺凌虐待丈夫孩子，冒犯公婆，肆意谩骂乡亲。哪有没才能就会有德行之说？

曷[1]观齐妃有鸡鸣之诗，郑女有雁弋之警。

[笺注]齐风诗曰：“鸡既鸣矣，朝既盈矣。匪鸡则鸣，苍蝇之声。”盖贤妃恐其君视朝之晏，闻苍蝇之声，而以为鸡鸣也。郑风诗云：“女曰鸡鸣，士曰昧旦。子兴视夜，明星有烂。将翱将翔，弋凫与雁。”盖女子警其夫之诗，言鸡鸣将旦之时，明星方烂，而促其夫蚤起，候凫雁之翱翔，而弋取之也。

【注释】(1) 曷：何不，难道。

【译文】何不看一下《诗经》中齐妃所作《齐风·鸡鸣》，和郑女所作《郑风·女曰鸡鸣》。

[笺注白话]《齐风·鸡鸣》中说：“‘公鸡已喔喔叫啦，上朝官员已到啦’。‘这又不是公鸡叫，是那苍蝇嗡嗡闹’。”这是说贤德的妃子怕夫君上朝迟到，听到苍蝇的声音以为是鸡鸣，就叫夫君早起上朝。《郑风·女曰鸡鸣》中说：“女说：‘公鸡已鸣唱。’男说：‘天还没有亮。不信推窗看天上，明星灿烂在闪光。’女说：‘宿巢鸟雀将翱翔，射鸭射雁去芦荡。’”这是女子告诫丈夫的诗，鸡鸣天快亮时，星星还在闪烁，催促丈夫早起，等待鸭雁飞翔时，把它们捕回家。

缇萦上章[1]以救父，肉刑用除。

[笺注]缇萦事见孝行篇。

【注释】(1) 上章：向皇帝上书。

【译文】淳于缇萦上书皇帝援救父亲，并因此而废除了肉刑。

［笺注白话］淳于缇萦的事参见孝行篇。

徐惠谏疏[(1)]以匡君，穷兵[(2)]遂止。

［笺注］唐太宗末年，欲再征高丽。淑妃徐惠上疏，谏帝不可穷兵伐远国，以劳万乘，而耗中国之民力。帝遂止。

【注释】(1) 谏疏：条陈得失的奏章。(2) 穷兵：滥用武力。

【译文】妃子徐惠上奏进谏唐太宗，一桩滥用武力的事情因此被制止了。

［笺注白话］唐太宗在末年时想再次征讨高丽。淑妃徐惠上书劝谏皇帝，不可以滥用武力远征他国，劳顿皇帝尊驾，还耗费百姓的民力。唐太宗因此而放弃此战。

宣文[(1)]之授周礼，六官[(2)]之巨典以明。

［笺注］前秦苻坚时，周礼残缺，遂失其学。太常韦逵母宋氏，年八十余，世习周礼。秦主封为宣文君，升堂讲解周官六则，儒生从讲者数百人。由是周礼之学，大明于世。

【注释】(1) 宣文：宣文君宋氏，前秦女经学家，太常韦逵之母。家传周官学。苻坚曾令学生一百二十人从她受业，使周官学得以保存流传，成为中国古代历史上第一位女博士。(2) 六官：《周礼》以天官冢宰、地官司徒、春官宗伯、夏官司马、秋官司寇、冬官司空分掌邦政，称为“六官”或“六卿”。

【译文】宣文君传授周礼，周礼中六官的重要制度被承传下来。

［笺注白话］晋朝前秦苻坚时，《周礼》遗失残缺了一部分，就快失传了。太常韦逵的母亲宋氏，当时八十多岁了，从祖上世袭学习过《周礼》。苻坚封她为“宣文君”，升堂讲解周朝的六官制度，来听讲的读书人有好几百。因此《周礼》的学问又得到了传承。

大家[1]之续汉书，一代之鸿章[2]以备。

［笺注］后汉班固，作《前汉书》未毕而卒。其妹班昭续成之，世号曰“曹大家”。

【注释】(1) 大家：曹大家班昭，东汉史学家，名姬，字惠班，史学家班彪之女，班固、班超之妹。(2) 鸿章：巨著，大作。

【译文】曹大家续写《汉书》，一代巨著得以完成。

［笺注白话］东汉的班固写《汉书》，没有写完就过世了。他的妹妹班昭续写完成了这部书，世人尊称她为“曹大家”。

《孝经》著于陈妻，《论语》成于宋氏。

［笺注］唐陈邈妻郑氏，著《女孝经》十八篇；女尚宫宋氏，著《女论语》十二篇。见前书。

【译文】陈氏撰写《女孝经》，宋氏著成《女论语》。

［笺注白话］唐朝陈邈的妻子郑氏撰写了《女孝经》十八篇；女尚宫宋氏写成了《女论语》十二篇。

《女诫》作于曹昭，《内训》出于仁孝[1]。

［笺注］曹昭即班昭，曹世叔之妻，曹大家也，作《女诫》七篇。明成祖仁孝文皇后徐氏，作《内训》二十篇。俱见前篇。

【注释】(1) 仁孝：仁孝徐皇后，明成祖朱棣嫡后，明开国功臣徐达嫡长女。

【译文】汉朝班昭写成《女诫》，明朝仁孝徐皇后写下《内训》。

［笺注白话］曹昭就是班昭，曹世叔的妻子，人称曹大家，写成《女诫》七篇。明成祖仁孝文皇后徐氏，作《内训》二十篇。都载入《女四书》中。

敬姜纺绩而教子，言标左史之章。

［笺注］敬姜事见前篇，其词见左丘明《国语》。

【译文】敬姜纺麻线来教导儿子，故事见于左丘明所撰史书中。

［笺注白话］敬姜的事迹见于勤俭篇，故事出自左丘明所著《国语》。

苏蕙(1)织字以致(2)夫，诗制回文(3)之锦。

［笺注］苻秦窦滔，镇襄阳，久不归。妻苏蕙，织锦字回文诗以遗之。其诗周旋反覆，三五七言，环转成文，凡五千余首。滔见诗，即解官归。

【注释】(1) 苏蕙：魏晋三大才女之一，回文诗之集大成者。(2) 致：送达，使达到。(3) 回文：修辞手法之一。诗词的字句，循环往复读之均能成诵。

【译文】苏蕙绣字送给夫君，是上面写着回文诗的刺绣锦缎。

［笺注白话］晋朝前秦人窦滔，镇守襄阳，很久没有回家。妻子苏蕙在锦缎上绣了回文诗送给他。这首诗循环往复，不管是三言五言还是七言，都能成文，共有五千多首。窦滔看到诗后，就辞官回家。

柳下惠[(1)]之妻，能谥其夫。

［笺注］柳下惠卒，门入请诔。妻曰："诔夫子之德，二三子，不如妾之知夫子也。"乃诔曰："夫子之不伐兮，夫子之不竭兮，夫子之信诚而人无害兮。屈柔从俗，不强察兮；蒙耻救民，德弥大兮；虽遇三黜，终不弊兮；恺悌君子，永能厉兮；嗟乎惜哉，乃下世兮；庶几遐年，今遂逝兮；呜乎哀哉，魂神泄兮；夫子之谥，宜为惠兮。"门人从之，不能易一字，遂谥为惠。

【注释】(1) 柳下惠，展氏，名获，字禽，一字季，春秋时期鲁国柳下邑（今山东新泰柳里）人，鲁孝公的儿子公子展的后裔。"惠"是他的谥号，所以后人称他为"柳下惠"。

【译文】柳下惠的妻子，给丈夫写悼词起谥号。

［笺注白话］柳下惠过世了，门生们想写篇悼词。他的妻子说："要讲述夫子的贤德，你们还不如我了解他呢。"就即兴做文道："夫子不自夸，夫子自强不息。夫子诚实守信，对人毫无恶意。夫子柔顺随和，不显得精明强干。蒙受屈辱救民众，品德高尚人人称。虽然三次遭贬官，从来不气馁。和善的君子啊，一直都在激励自己。哎，可惜竟然过世了。多希望他能长寿，现在就走了。哎，魂神散去了啊！夫子的谥号，应该是'惠'。"门生照此做诔文，一字也没有改，于是谥号定为"惠"。

汉伏氏[(1)]之女，传经于帝。

［笺注］汉文帝时，《尚书》残废，诸儒无知者。有老儒伏生，年九十余，知《尚书》言词佶倔，手不能书。有女孙年十三，知祖父之语而能书。帝命伏生于前殿说《尚书》，女在旁录之。书成授帝，大赐金帛。而《尚书》之经，遂传于世。

【注释】(1) 伏氏：伏生，西汉经学者。字子贱，曾为秦博士。秦时焚书，于壁中藏《尚书》，汉初，仅存二十九篇。文帝时求能治《尚书》者，以年九十余老不能行，乃使晁错往受之。西汉今文《尚书》学者，皆出其门。

【译文】汉朝伏氏女子，协助祖父将《尚书》完整流传下来。

［笺注白话］汉文帝时，《尚书》残缺不全，众多读书人都不知道。有一位叫伏生的老人已经九十多岁了，心中熟记《尚书》，但说话困难，手不能写字。他的孙女当时十三岁，能听懂祖父讲话而且能写字。皇帝命伏生在前殿说《尚书》，孙女在旁边记录。书写成后交给皇帝，收到金帛的重赏。《尚书》这部经典才得以完整传世。

信(1)宫闱之懿范，诚(2)女学之芳规也。由是观之，则女子之知书识字，达礼通经，名誉著乎当时，才美扬乎后世。亶(3)其然哉！

［笺注］言女子知书达礼，其贤如此。

【注释】(1) 信：果真，确实。懿范：美好道德风范。(2) 诚：真正，确实。女学：女子教育。芳规：前贤的遗规。(3) 亶：信，确实。

【译文】这些女子确实是后宫和闺中的美德典范。真正是女子教育的好榜样。这样看来，女子读书识字，明白礼节通晓经书，在当时名声显扬，才华美名还流传后世。确实是有道理啊！

［笺注白话］这是说女子知书达礼，能如此贤德。

若夫淫佚之书，不入于门。邪僻之言，不闻于耳。在父兄者，能思患而预防之，则养正[(1)]以毓[(2)]其才，师古以成其德。始为尽善而兼美矣。

［笺注］言父兄能知女子之不可闻邪僻之书、听淫佚之曲，思其患而防之以严，教之以礼，则知书识礼、才德兼全。不亦美乎？

【注释】(1) 养正：涵养正道。(2) 毓：孕育，产生。

【译文】如果淫乱的书不让女子看到，邪僻的话不让女子听到。作为父亲兄长，能防患于未然，就能使她们涵养正气培养才能，学习古人成就德行。这正是尽善尽美了。

［笺注白话］这是说父亲兄长如果能知道女子不可以看邪僻的书、听淫乱的音乐，严格防患于未然，教导她们礼仪，就能培养出知书达礼，德才兼备的人。不也很好吗？

谦德国学文库丛书

（已出书目）

弟子规·感应篇·十善业道经
三字经·百家姓·千字文·德育启蒙
千家诗
幼学琼林
龙文鞭影
女四书
了凡四训
孝经·女孝经
增广贤文
格言联璧
大学·中庸
论语
孟子
周易
礼记
左传
尚书
诗经
史记
汉书
后汉书
三国志
道德经
庄子
世说新语
墨子
荀子
韩非子
鬼谷子
山海经
孙子兵法·三十六计
素书·黄帝阴符经
近思录
传习录
洗冤集录

颜氏家训
列子
心经·金刚经
六祖坛经
茶经·续茶经
唐诗三百首
宋词三百首
元曲三百首
小窗幽记
菜根谭
围炉夜话
呻吟语
人间词话
古文观止
黄帝内经
五种遗规
一梦漫言
楚辞
说文解字
资治通鉴
智囊全集

酉阳杂俎
商君书
读书录
战国策
吕氏春秋
淮南子
营造法式
韩诗外传
长短经
虞初新志
迪吉录
浮生六记
文心雕龙
幽梦影
东京梦华录
阅微草堂笔记
说苑
竹窗随笔
国语
日知录
帝京景物略